世界を変えた10人の女性科学者

彼女たちは何を考え、信じ、実行したか

キャサリン・ホイットロック／ロードリ・エバンス 著
伊藤伸子 訳　大隅典子 解説

TEN WOMEN WHO CHANGED SCIENCE,

AND THE WORLD

by Catherine Whitlock and Rhodri Evans

Illustrations by Stephen Dew, 2019

First published in Great Britain in 2019 by Robinson, an imprint of Little, Brown Book Group.
This Japanese language edition is published by arrangement with Little, Brown Book Group, London through The English Agency (Japan) Ltd.

謝辞

いつも励まし、忍耐強く支えてくれた家族とダンカン・プロウドフッドをはじめロビンソン社の皆さんに心から感謝します。

もくじ

刊行に寄せて

自然科学の分野で女性が初めてノーベル賞を受賞してから、かれこれ1世紀以上が過ぎた。マリー・キュリーがその栄誉に浴した一九〇三年から二〇一九年に至るまで、女性の受賞者はわずか20人〔訳注：二〇二〇年で22人〕（2度受賞したマリー・キュリーも含む）、イギリスではひとりしかいない。ドロシー・ホジキンが一九六四年にノーベル賞を受賞したとき、マスコミは男性受賞者と同じような取り上げ方をしただろうか？　間違いなく、していない。デイリー・テレグラフ紙は「イギリス人女性、ノーベル賞を受賞―賞金1万8750ポンドは3人の子の母に」と報じた。デイリー・メール紙の見出しはもっと短くて「オックスフォードの主婦がノーベル賞を受賞」。オブザーバー紙は「物腰の柔らかな主婦ホジキン夫人」の「まったく主婦らしからぬ才能、結晶構造への大いなる化学的関心に対して」ノーベル賞が授与された、だった。50年を経て読み返すとずいぶんげんなりさせられる字面だが、今どきも大して違わない。二〇一八年には女性が2人受賞した。よい方向へ向かう一歩とはいえ、状況が変わったとはおよそ言いがたい。

本書で紹介される、科学の世界に大いなる貢献をした10人の女性のひとりドロシー・ホジキンに、自分がフェミニストかどうかを考える時間はなかったと思う（晩年ははた目にも平和主義者とわかるほどだった）。ドロシーは、心の底から興味をそそられた対象、すなわち生体分子の構造を研究したい一心だった。本人によると「つましく暮らし、重要な問題に取り組む」ことだけを望んでいたそうだ。重要な問題とは、複雑な分子、とくにインスリン、ビタミンB_{12}、ペニシリンの三次元構造の解明を指すと思われる。男性社会のなかで働く女性として、ホジキンはできるだけたくさん結果を出そうとひたすら研究に打ち込んだ。妊娠も彼女にとっては大した問題ではなく、何の妨げにもならなかった。結婚してからも職場では旧姓のクローフットを名乗り、一九三八年の王立協会の会議では妊娠8カ月で重要な論文を発表した。長年にわたっていっしょに研究をしてきたマックス・ペルツ（ノーベル化学受賞者）はホジキンの告別式で、そのときの姿をこんなふうに紹介している。「ドロシーは、世界中でこれほど自然なことはないというたたずまいで講演をしました。当時は間違いなく型破りな行為でしたが、大それたことをしているという素振りも見せませんでした」

本書ではホジキンのほか、マリー・キュリーを含む9人の卓越した女性の生涯が詳しく紹介されている。出身国はばらばらで、育った文化も背景も異なる。そんな彼女たちの人生にどのような共通点があり、それが、現在成長真っただ中にある若い女性たちにどのような意味をもつのか、注目したい。トップレベルの科学、とくに物理学では恐ろしくといってもいいほど今でも女性が少ない。多様性なぞ依然として限られた話なのである（ノーベル賞受賞者はとりわけそうだし、大きな影響を与える立場の人や各賞受賞者もそう）。本書で取り上げられる10人の女性はみな鬼籍に入っていて、今を生きるロールモデルではない。テレビで見かけたり、インタビュー記事が新聞に掲載されたりする（ソーシャルメディアはいうまでもない）わけではないが、その隔たりゆえに視野が広がり、理解が深まると筆者らは考えているようだ。
情報が超高速で世界中を飛び交う時代になるまでは、彼女たち10人の追究した科学や彼女たちの与えた影響はまず表に出てこなかったし、あまり意識されてもいなかった。科学者の仲間内でもそうだったのだから、一般の人の間ではなおさらだ。各種の情報にアクセスしやすくなった今日においても、彼女たちがいかに重要な科学者で、その影響がいかに大きいかはさほど知られていない。彼女たちと彼女たちの仕事や研究はもっと認められてよいと思う。本人たちが意識していたかどうかはわからないが、皆、なんといっても新たな道を切り拓いた開拓者なのである。

どの科学者の人生においても、それを認めるか、認めないかはさておき、運は重要な役割を果たす。ガートルード・エリオンの場合、彼女がバロース・ウェルカム社に求人を問い合わせる電話をかけたのは父親の勧めがあったからだ。エリオンは化学で修士号を取得したものの、就職の面接にすらたどり着けない日々を過ごしていた。父がこの会社を勧めたのは、自分の歯科医院でたまたま目にした鎮痛薬をつくっている会社だったから。バロース・ウェルカム社に採用されたエリオンはすぐに本領を発揮し、新規の手法である「医薬品設計」を駆使して開発に取り組んだ。そして一九八八年、この業績に対してノーベル生理学・医学賞を受賞した。中国系アメリカ人物理学者の呉健雄は、とある研究に取り組んだときのことを次のように語っている。「創造力と判断力と運だけを頼りに、私たち3人（意欲あふれる化学者と勉強熱心な学生と私）は休みも取らず働きづめで、3週間が過ぎる頃には半透明で大きくて完全なCMN（硝酸セリウムマグネシウム）の単結晶を10個ほどつくりました」。複雑な分子の結晶成長には魔術みたいなちょっとした操作で結果が変わるところがあり、運の入り込む余地があるのだそうだ。

一方で、呉はノーベル賞を受賞する資格を十分にもちながらノーベル賞委員会からは対象外とされた。運がなかった。ノーベル賞を受けてしかるべきだったにもかかわらず与えられなかった女性の一人とされる（本書に登場するリーゼ・マイトナーも）。大きな賞には運の良し悪しもつきものだが、スウェーデンの委員会にはややもすると偏りが見られる。

呉の発言にある判断力は、科学の分野で成功するには誰であっても必ず求められる要素である。科学における判断力の一例としてよく取り上げられるのは、マリー・キュリーが根気よく続けた研究だ。マリーは夫ピエールと一緒に、大量の鉱石ピッチブレンドから、のちにラジウムとポロニウムと同定される、放射線を大量に放出する元素をほんのわずかだけ取り出すことに成功した。ピッチブレンドの放射線量がウラン単体よりも多いことにマリーが判断よく気づいたことがきっかけだった。マリー・キュリーはもちろん知らない人がいないほどの女性科学者で、ノーベル賞を2回（物理学賞と化学賞）受賞したただひとりの女性でもある。

もうひとり、レイチェル・カーソンも、環境汚染に対する懸念を少しでも多くの人に伝えるために思い切った判断を下した。彼女のその断固とした性格は物静かな外見の影に隠れがちだが、美しい文章力に加え心の強さがなければ、ＤＤＴをはじめとする農薬の危険性がこれほど早く認められ、対応されることはなかっただろう。

とはいえ、科学者がまず駆使しなければならないのは創造力と想像力である。研究や発見を成し遂げるには、未知の世界に飛び込む場面が必ず出てくる。答えがすでにわかっているなら、それ以上研究する必要は何もない。確実ではない状況や、精通していない問題に立ち向かう作業は誰にでも向いているわけではないが、本書で取り上げられる10人の女性は皆、そんな白紙の状態をものともせず好奇心のままにぶつかっていき、がむしゃらに、嬉々として取り組んだ。私たちの日々の暮らしのなかでは彼女たちの名前はまず耳にしないが、彼女たちの導いた結果は科学の世界を変えた。

彼女たちは、社会に形成された性差によるいくつもの障害を乗り越え、意義深い結果を出した。その仕事は今日もなお、それぞれの分野で重要なものとされている。私たちは、彼女たちの人生に対する感傷はいったん脇に置いて、彼女たち先駆者に深く感謝し、彼女たちのおかげで、女性科学者があとに続きやすくなったことも正当に評価すべきである。ロレアル社[1]のキャッチフレーズの通り「世界は科学を必要とし、科学は女性を必要としている」。10人の女性の人生にはそれぞれ何かしら考えさせられるものがある。おそらく、科学者の卵たちにも刺激を与えてくれることと思う。

ケンブリッジ大学実験物理学　教授
チャーチル・カレッジ　学長
アテヌ・ドナルド

訳注

[1] ユネスコと共同で、毎年、優れた女性科学者にロレアル―ユネスコ女性科学賞を贈っている。

写真・図　提供

p. 1　ヴァージニア・アプガー 写真　Granger, NYC/TopFoto

p. 27　レイチェル・カーソン 写真　Alfred Eisenstaedt/Life Picture Collection/Getty Images

p. 63　マリー・キュリー 写真　Wellcome Collection

p. 81　マリー・キュリー（研究室）写真　Science Photo Library

p. 98　ガートルード・エリオン 写真　Wellcome Collection

p. 132　ドロシー・ホジキン 写真　Hulton/Corbis/Getty Images

p. 170　ヘンリエッタ・リービット 写真　Royal Astronomical Society/Science Photo Library

p. 196　リータ・レーヴィ＝モンタルチーニ 写真　LaPresse/Empics Entertainment

p. 230　リーゼ・マイトナー 写真　Corbis/Getty Images

p. 260　エルシー・ウィドウソン（研究室）写真　© David Reed/National Portrait Gallery, London

p. 285　呉健雄 写真　Smithsonian Institution/Science Photo Library

p. 305　呉健雄（実験室）写真　Smithsonian Institution/Science Photo Library

p. 76　元素の周期表（2020）　©2020日本化学会　原子量専門委員会

p. iv, v, 1, 27, 63, 98, 132, 170, 196, 230, 260, 285
人物イラスト　©Kameyon

はじめに

「オックスフォードの主婦がノーベル賞を受賞」、今ならば差別的表現として引っかかるはずだ。このような言葉を見出しにつけた背景には性差別の意識が潜むわけだが、それはさておき、そもそもノーベル賞は科学者の業績を判定しているわけではないし、科学者も受賞を目指して研究に邁進しているわけではない。一九六四年、デイリー・メール紙に先のような見出しをつけられたドロシー・ホジキンの場合も目の前の研究（複雑な生体分子の構造の探究）にとにかく忙し過ぎて、賞や報道どころではなかった。ドロシーは自分をフェミニストとは思っていなかったし、どう見られているかなど深く考えてもいなかった。本人に言わせれば「つましく暮らし、重要な問題に取り組む」人生を選んだだけとのこと。が、これはやや抑え気味に言っていると思う。本当のところは、とりこになったテーマに無我夢中で向かい、結婚生活はときに生やさしくはない状況にも陥ったが、自分としてはおおむねつつがなく過ごしたということなのだろう。3人の子どもを生み、関節リウマチで体が不自由になりつつも、人道主義の立場から世界を股にかけた活動も続けた。

ドロシーにとってはどれも決して特別なことではなかった。だから筆者らは迷わず彼女を10人のなかのひとりに選んだ。ほかの人選については少々時間をかけた。子どもを生んだ人物を選んで、女性はすべてを手に入れることができるとほのめかす必要はあるだろうか。あるいは、取り組んでいた科学が本人のなかで何をおいても大事にしたいことだったのだろうか。家庭生活を調べ上げたところで、それは彼女たちの科学を巡る物語の一面に過ぎないだろう。いろいろ迷ったが、本書では研究人生に焦点を当てることにした。

すでに亡くなっている女性のなかから10人を選んだ。時間的距離があることで彼女たちの成し遂げた実績に集中できると考えたからだ。彼女たちの生涯は、同時代を生きた人たちにはあまり知られていない。グーグルが登場する前の話だから無理もない。現在ならば、たとえば二〇一八年、ドナ・ストリックランドのノーベル物理学賞受賞（女性でようやく3人目）のニュースは発表後数秒のうちに世界中に広がった。本書で取り上げる女性のなかで、名前を聞けば誰でもわかるのはマリー・キュリーだけだ。あまりにも有名なのであえて選ばないという選択肢もあったが、放射能に関する彼女の研究はきわめて重要で、核物理学という分野を大きく前進させたし、彼女はほかの女性科学者たちの指標にもなる。もちろん本書に登場するのはマリー・キュリーに勝るとも劣らない女性ばかりだ。

これまでに科学に大きな影響を及ぼした女性科学者はそれほど多くはないが、それでも10人に絞る作業は簡単ではない。10という数字を選んだのはちょうどいい数のように思えたからだ。学問分野も幅広く取り上げられるし、ひとりひとりを深く見ていける。できるだけさまざまな人を紹介して、道を切り拓いた女性たちがいろいろな方面で与えた影響を描こうと筆者らは考えた。10人の専門分野はまったく異なる。実験室で専門性の高い研究をした人もいれば、医学や環境分野の研究者もいる。出身国もアメリカ、イギリス、中国、イタリア、ポーランドと国際色豊かだ。

研究分野だけでなく、性格も各人各様である。恥ずかしがり屋のリーゼ・マイトナー、内気だが弁のたつレイチェル・カーソン、社交的で人付き合いのよいヴァージニア・アプガーに、意志の強いリータ・レーヴィ＝モンタルチーニ。業績を残す科学者にも、いろいろな人がいる。とはいうものの、人柄、科学、生き様について共通する部分もある。

この10人は生まれた年がほぼ50年の間におさまっている。とくに一九〇六年から一九一八年の12年間に多い。ヴィクトリア朝時代に産業革命が起こり、技術の世界が大きく広がって、歴史的な観点からも科学の世界においても激しい変化の訪れた時代を彼女たちは生きた。二度の世界大戦、大恐慌による経済の落ち込み、冷戦は彼女たちの生活にも研究環境にも多大なる影響を及ぼした。

なかなか厳しい環境のなかで、追放という事態に運命を左右された人もいた。国外への追放（リーゼ・マイトナー）、国内での追放（リータ・レーヴィ＝モンタルチーニ）、階段講堂や実験室への立ち入り禁止など、当時の男性中心の環境からの追放（再びリーゼ・マイトナー）があった。実験用の場所が与えられても、寒すぎたり（マリー・キュリー）、暑すぎたり（ガートルード・エリオン）、あるいは健康や安全に対する最低限の対策がとられていないことも珍しくなかった。体も心もまいってしまうような研究の日々だった。

とはいえ、悪いことばかりでもなかった。彼女たちの生きた時代は、現代と同じ様式で研究を認めてもらう必要がなかった。インパクトファクターなど関係なく、研究だけがすべてだった。ときとして今よりもずっと自由に、導かれるままにどこへでも境界を越えていけた。

研究の道に進むきっかけはいろいろなところにあったようだ。真っ先に家庭の影響があげられる。親が知的な環境を整えていたり、あるいは上の世代、とくに教育や仕事の機会を逃していた母親からの働きかけがあったりした。家族からの支援には物心両面から助けられ、学生を終えてもらってい た人もいた。生まれ育った土地の環境や個人的な体験に突き動かされることもある。レイチェル・カーソンの環境に関する研究や著作は、幼い頃に見た田園風景や地元の様子を変えてしまった産業の脅威と切り離せない。近しい家族や友人の病気や死はヴァージニア・アプガー、リータ・レーヴィ＝モンタルチーニ、ガートルード・エリオンを医学研究に駆り立てた。人生の半ばを過ぎてからも恩師や大学の講義、親しい共同研究者が彼女たちの関心にさらなる火をつけた。

10人の女性全員に共通する特徴がある。幼い頃からのあくなき知識欲、粘り強さ（獲物をとことん追いかける狩猟犬のような精神力）、正確な実験操作、知的なものに対する集中力、信念を曲げない気性、そして洞察力。こういった彼女たちならではの人となりはそれぞれの物語を紡ぎ出すと同時に、彼女たちが科学の世界で残した業績に間違いなく寄与した。皆、科学の追究に忙しすぎる日々を過ごし、自らを分析することには目もくれず、自分を売り込んだりもしなかった。伝記の話を持ちかけられたエルシー・ウィドウソンは、誰が興味を示すのかと断ったこともある。リータ・レーヴィ＝モンタルチーニだけは、『In Praise of Imperfection（未完成を讃えて）』[1]と少しばかり皮肉をこめたタイトルの自伝を書いている。ちなみに、リータは天から授かった命を一〇三歳で全うした！ ある意味、完成の域に達したともいえる。

彼女たちはえてして独自のやり方で科学に取り組み、慣習と相容れない場面も少なからずあった。ドロシー・ホジキンは研究室の全員にたがいを姓ではなく名前で呼ぶよう求めた。本書もドロシーに従い10人を名前で記す。ドロシーはマリーやリータと同じく、自分の研究室で女性を積極的に採用した。またいつの時代の科学者にもつきものの後進への知識の伝達については、ヴァージニアとガートルードは教える手腕や細やかで熱心な姿勢を高く評価されている。

このような女性たちを取り上げる場合、いとも聖人列伝っぽく書けそうだが、彼女たちは聖人などではない。呉健雄は研究室のスタッフから「奴隷監督」と呼ばれていたし、彼女の子育てには疑問の余地がなくもない。リータ・レーヴィ＝モンタルチーニは思慮の浅い人を黙って見過ごせず、理屈っぽいところがよく面倒を起こした。こういった事実を積み上げていくとよくわかる。彼女たちはいく度となく回り道をして、不運な出来事や家族の不幸などにもそれなりに見舞われた普通の女性だ。そんな普通の女性が途方もないことを成し遂げたのである。

研究を進めていくうえで特定の研究者との関わりも見逃せない。マリーとピエール・キュリーは生涯を共にするに至ったが、キュリー夫妻以外では研究にかける共通の熱意が研究室を超えてまで広がることはなく、科学を通じた近しい関係が長く続いた。エルシー・ウィドウソンとロバート・マッカンスは60年。リーゼ・マイトナーとオットー・ハーンの物語には複雑でぎこちない関係が見え隠れするが、2人が科学に残したものは今なお揺るぎない。ガートルード・エリオンとジョージ・ヒッチングスの、がん患者の懐に入る能力や、既存の方法とはまったく異なるアプローチで薬を設計する能力には相通じるところがあった。リータ・レーヴィ＝モンタルチーニとヴィクトル・ハンブルガーの場合は、研究に等しく関わりつつも、研究スタイルは違っていて、ヴィクトルの時間をかけてゆっくり進める姿勢が、リータのとかく大胆なやり方を補った。

社会との関わりのなかで科学を見る目は重要である。このことを深く自覚したのはリーゼ・マイトナーだ。自分の研究が原子爆弾の製造に利用されたと知ったリーゼは心を傷めた。リーゼ・マイトナーやマリー・キュリーは母国を離れて研究生活に入った。やむなく外国に移り、すでにできあがっていた壁を乗り越えて研究を続けた。こういった経験から、彼女たちは社会と科学について強く疑問を抱くようになった。言われるままに従っていた研究者にはできないことだった。そういった研究者とは違う視点や経験をもつ彼女たちは、社会の営みのなかで進行する科学に注意を払い、科学はどこに向かっているのか、科学者は科学の進行を上手に導いているのかと思いを巡らせた。

ドロシー・ホジキンは科学を推進させるために国を超えてかけずり回った。冷戦と共産主義の台頭が中国やロシアなどの科学研究に影響を及ぼし発展を妨げていた時代に、人道主義の信条のままに振舞った。リーゼ・マイトナー、マリー・キュリー、リータ・レーヴィ＝モンタルチーニは世界大戦で病人やけが人の治療に携わった。痛ましい状況を前に自分の小ささを思い知らされる経験もたびたびあったが、科学の後ろ盾を利用して行動した。リータ・レーヴィ＝モンタルチーニは生涯を通して女性のために、とくに女性に対する教育を前へと推し進めた。

科学は、隔絶された世界での活動ではない。一般の人を巻き込むこともきわめて重要だ。わが10人の女性たちのなかにも、一般の人々の科学に寄せる関心に気づき、科学の外にいる人たちに熱心に働きかけた人物がいる。レイチェル・カーソンはこんなふうに語っている。「私たちは科学の時代に生きています。ところが科学の知識は、聖職者のように実験室にこもっている、ほんのわずかな人の特権だと思われています。これは真実ではありません。科学とは日々繰り広げられる実際の生活の一部であり、科学とは私たちの経験するあらゆることが、いったい何であり、どうしてそうなるのか、なぜそうなるのかを追究することです」

理想の社会であれば、本書のようなたぐいの書籍は、登場する女性たちが送った興味深い人生に光を当てるだけで十分だろう。わざわざ社会的文化的性差の不均衡を指摘したり、若い科学者とくに女性科学者の意欲をかき立てたりする必要もないはずだ。本書では10人の女性の科学における経験と、彼女たちが世界にもたらした変化を前面に押し出した。決断を下すにせよ、指揮をとるにせよ、関心を絞るにせよ、女性科学者が科学において何をなし得るか、本書がそれを思い起こす手がかりになればと願う。

訳注

［1］『美しき未完成――ノーベル賞女性科学者の回想』リータ・レーヴィ＝モンタルチーニ著、藤田恒夫、赤沼のぞみ、曽我津也子訳、平凡社、一九九〇

第1章　ヴァージニア・アプガー

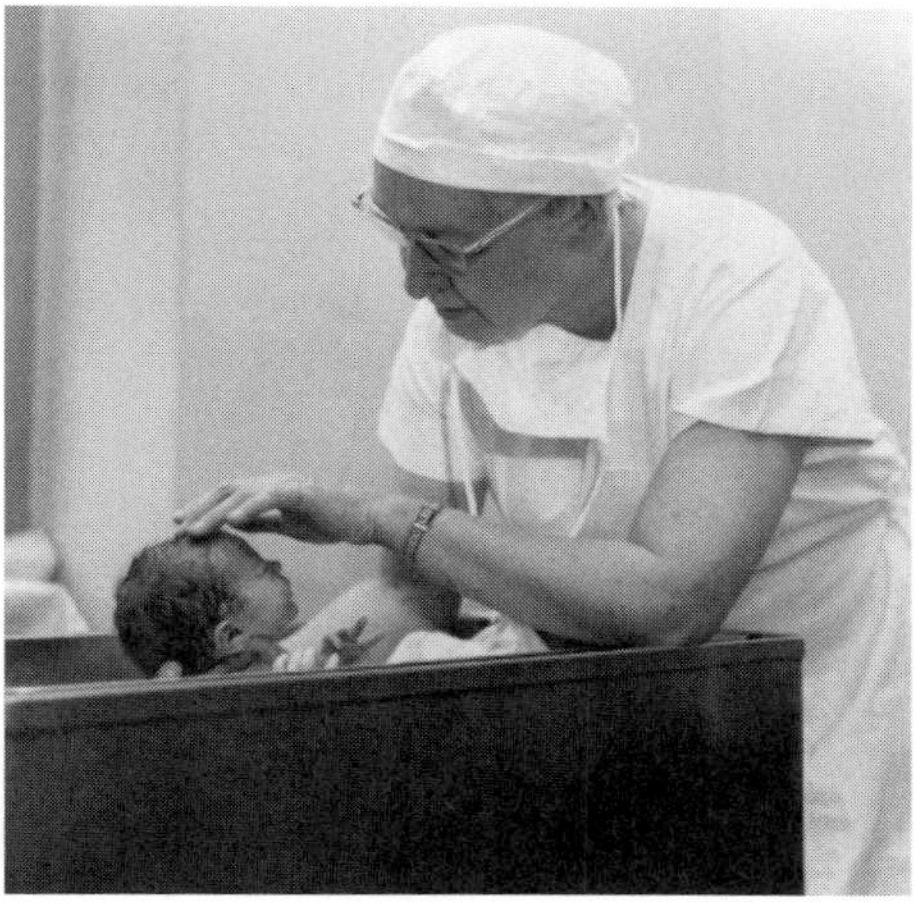

Virginia Apgar（1909〜74）
ヴァージニア・アプガーは小児科学および麻酔専攻の医師・医学者。新生児の出産の際にアプガー指数を導入し、乳幼児死亡率を低下させて世界に貢献した。

「正しいことを、迷わずやる」人物とまわりから評されたヴァージニア・アプガー。そんなヴァージニアとその生き方のおかげで、今も世界中の新生児が生命を救われている。ヴァージニアは現代医学の道に進んだ女性の草分けである。彼女がアメリカで医師になった一九三三年当時、女性医師は5パーセントしかいなかった。ヴァージニアは産科麻酔という新しい医学分野の発展に力を尽くした。また、新生児の健康に向けた関心はアプガーテストの開発につながった。アプガーテストは新生児の健康状態を判断する、5項目からなる簡便な評価方法で、現在では世界中で用いられている。アプガーテストは新生児学の基礎を築いた。さらに、アプガーは出生異常の予防領域研究でも第一人者となり、この分野の啓発に努め、研究を支援する多額の資金も調達した。

医学の分野で画期的な仕事をなしとげる一方、時間を見つけては音楽をはじめ幅広い趣味も楽しんだ。とにかく活動的で、意志の力が強く、並々ならぬ統率力をもつ女性だった。学生時代は経済的に余裕がなく、医学の世界に入ってからはあからさまな性差別を受けたりもしたが決してめげなかった。「女性は子宮から出たら自由の身」とは、ヴァージニアの持論だ。喜びはみんなと分け合い、知っていることはおしみなく誰にでも教える人だった。

ヴァージニア・アプガーは、一九〇九年六月七日、ニュージャージー州ウェストフィールドで生まれた。チャールズ、ローレンスと男の子2人が続いたあとにやってきた女の子だったので、家族の喜びもひとしおだった。アプガー一家は心楽しい人たちで、進取の気性にも富んでいた。誰も「ゆっくり座って過ごすことなどなく」、自分もそんなところを受け継いだ、と本人が語っている。

ヴァージニアの父の名もチャールズだった。父はニューヨーク・ライフ・インシュアランスの保険外交員をしながら、頭の中は科学と発明でいっぱいの人だった。幼いヴァージニアにも、好奇心をくすぐる環境を工夫して用意してくれた。チャールズ自身の好奇心は、ときとして思わぬ事態を呼んだそうだ。アマチュア無線家でもあったチャールズは、第一次世界大戦のさなか、ドイツのUボートの暗号を解読し、大西洋にいた連合国の船舶を救ったことがあったらしい。

チャールズは音楽もたしなみ、こちらでも子どもたちの好奇心を育む環境を整えた。一家はよく居間で演奏会を楽しんだ。ヴァージニアとローレンスは幼い頃から音楽教育を受けていた。ヴァージニアは6歳からバイオリン、その後はチェロを、ローレンスはピアノを習った。2人が一人前の年齢になると、知り合いを招いて自宅で演奏会を開いたり、地元のコンサートホールでリサイタルを催したりした。ローレンスは長じてオハイオ州オックスフィードで音楽教授を務めることになる。

ヴァージニアの子ども時代は幸せな時間ばかりではなかった。上の兄チャールズ・ジュニアが4回目の誕生日を前にして結核で命を落とした。まだ抗生物質がなく、多くの人が結核に倒れていた一九〇〇年代には珍しいことではなかった。2歳上の兄ローレンスは慢性湿疹に悩まされていた。この時代の女性の多くがそうだったように、母は家族にかかりっきりだった。とくにローレンスの湿疹には時間も手間もかかった。

母の注意がもっぱらローレンスに向いていたことで、ヴァージニアは父と一緒に科学への興味を深めていった。ヴァージニアが医師になる決意をいつしたのかは定かではないが、長兄の早すぎる死や父の科学への関心、母の家族を思いやる姿などがすべて決め手になったのだろう。

天性の知性や、数学、ギリシャ語などとの相性のよさも相まって、ヴァージニアは勉強に励んだ。学校では、ディベートが好きで、高校では4年間ディベート部に入っていた。背が高くすらっとしていたヴァージニアは運動も得意で、テニスやバスケットボールに親しんだ。音楽への関心も薄れることはなく、学校のオーケストラの部員としても熱心に活動した。あちらこちらにも顔を出す、並外れたエネルギーは、高校の卒業記念アルバムに書かれた人物紹介にもよく表れている。彼女への文章はこんな問いかけで終わっている。「ずばり聞くけど、どうしてあんな芸当ができるの？」

ヴァージニアが高校を卒業した頃は、女子の大学進学は一般的ではなく、医学部も例外ではなかった。けれども科学と医学への関心を貫こうと決意したヴァージニアは、一九二五年、16歳の若さでマサチューセッツ州サウスハドレーのマウント・ホリヨーク・カレッジ〔訳注：アメリカ最古の女子大学〕に入学した。動物学と化学を専攻し、課外活動にも励み、相変わらず忙しい日々を過ごした。学内のオーケストラでバイオリンとチェロを演奏し、演劇にも参加した。仲間内では親しみをこめてジミーと呼ばれ、何でもこなす学生で通っていた。この頃、両親に宛てた手紙に、はからずも将来の姿が浮かび上がっている。「元気に楽しく過ごしています。けれども1分たりとも息をつく暇がありません」。一九二九年、カレッジを卒業し、次の目標を定めた。医学の学位を取得する。

だが、時期が悪かった。一九二九年八月、アメリカ経済に陰りが見え始め、その年の十月には株式市場が一気に暴落した。大恐慌に突入し、誰も彼も生活に余裕がなくなった。アプガーの家もしかり。ヴァージニアは自分ひとりでやっていくために時々働いた。なかにはめずらしい仕事もあった。マウント・ホリヨーク・カレッジ動物学部の研究室から受けた業務は野良猫の捕獲だった。捕まえた猫は安楽死させて保管したのち解剖実習に使われた。

奨学金と自分で稼いだお金に多少の借り入れをして、一九二九年、ヴァージニアは20歳でコロンビア大学医学部に入学した。全学生69人のうち女子は3人だった。そのうちのひとりで人種差別とも闘っていたヴェラ・ジョセフは、ヴァージニアのことをよく覚えている。「彼女はとても鋭くて、私に自信が足りないことを見抜いていました……わざわざ立ち止まって明るく挨拶をしてくれたり、元気づけるように抱きしめてくれたり、話かけたりしてくれました」

4年後の一九三三年、ヴァージニアは同期の中で4番という成績で卒業し、臨床研修を受けるためにコロンビア長老派教会病院で外科医の職を得た。ヴァージニアの技術と知識に上司たちは目を見張ったものの、外科部長のアラン・ウィップル博士は外科への道を思いとどまらせた。大恐慌のさなか、ただでさえ求人が少ないうえに、女性となると一人前になるにはかなり苦労すると考えたからだ。しかもヴァージニアには借金があった。約4千ドル、現在の相場にして7万ドルを超えていた。

麻酔医に

こういった事情も考慮して、ウィップルはヴァージニアの志望をかなえるべく、麻酔学を勧めた。ウィップルはバージニアの能力を高く評価していた。一方で、この新しい分野には経験を積んだ人を育てる必要があるとも日頃から感じていた。一九二〇～四八年、アメリカでは女性医師が5パーセントにも満たなかった時代に、女性の麻酔医は約12パーセントもいた。ウィップルの他にも女性医師に同じような助言をしていた指導医がいたのかもしれない。あるいは、昔から麻酔は女性看護師が担当していたというわかりやすい理由もあったと思われる。

かつての麻酔学はとても今日の域ではなかった。一九三〇年代、イギリスにごくわずかだが麻酔を担当する医師がいたものの、アメリカには専門医はほとんどおらず、一八八〇年代以降、看護師がその役割を担っていた。現在、アメリカでは「麻酔師」は看護師の領域であり（イギリスでは医師が麻酔師を兼ねる）、医師は「麻酔専門医」と呼ばれる。一九三〇年代、アメリカの大学の外科医は外科の将来を案じていた。確かな腕をもつ有能な看護師がたくさんいたとはいえ、手術が複雑になるにつれ、麻酔学の発展も求められていたからだ。ウィップルはヴァージニアならば大きな働きを期待できると考えた。

一九三四年、25歳になったヴァージニアは次の研修先を探すため、アメリカとカナダの麻酔師協会の本部に手紙を書いた。その返信から当時の状況がわかる。研修医のポストは13人分しかなく、しかも有給は2人だけとのこと。一九三五年に外科の研修を終えたヴァージニアは、コロンビア長老派教会病院にとどまって、麻酔学の基本を看護師から学ぶ方がずっと身になると判断した。一九三七年にはウィスコンシン州マジソンのラルフ・ウォーターズ博士の元で6カ月を過ごした。ウォーターズは一九二七年にアメリカで初めて大学に麻酔科をつくった、麻酔法の第一人者だった。

ヴァージニアにとっては学びに学んだ時代ではあったが、医者の社会はそう簡単にはいかなかった。同期の中で女性はヴァージニアひとり。勤務時間中は受け入れてもらえたが、夕食の席や夜の社交的な催しからは外された。なかなかの男社会だった。女性医師には住宅があてがわれていなかったのもさもありなん。ヴァージニアはマジソンでの6カ月間で3回も引っ越しをした。その後、ニューヨークに戻りベルビュー病院でエメリー・ローブンスティーン博士といっしょに仕事をしたときも、すんなりと住まいが見つからず、病院で下働きをしている女性が寝泊まりする部屋を宿代わりにしたこともあった。

ベルビューでの麻酔医研修を無事に終え、一九三八年、コロンビア長老派教会病院に戻った。一九三九年には30歳でアメリカ麻酔学会２人目の女性会員になり、アメリカで15人目の認定麻酔科専門医となった。その後すぐ、コロンビア長老派教会病院麻酔部門を率いる最初の女性に選ばれた。ヴァージニアは組織を整え、研修制度を確立した。また、麻酔学という分野を支えてきた看護師たちを配置転換することなく、あらたに専門医を採用した。

麻酔分娩学へ

続く十年は麻酔部門を大きくしながらも、麻酔学の知識をさらに深め、麻酔分娩学という新しい分野にも手を広げた。いまやヴァージニアの関心は新しい命の誕生に移っていた。しかしながら、すぐ隣には命の終焉もあった。一九五〇年、ヴァージニア、41歳の年に、最愛の父が世を去った。享年85歳。心から悲しくはあったが、女性医師としての成功を見届けてもらえたことはうれしかった。一九五五年にはコロンビア長老派教会病院麻酔分娩部門の部長を任された。

父がいなくなっても、父から受けた影響は消えてなくなったりはしなかった。ヴァージニアの音楽好きは、もとはといえば父にある。長じてからは、たとえどんなに仕事に没頭していても、ニュージャージーのティーネック交響楽団やアマチュア室内楽団などで定期的にチェロとビオラを演奏した。旅行にもチェロやビオラを欠かさなかった。忙しいスケジュールが許せば、練習をしたり、旅先の室内楽団と一緒に演奏もした。

ヴァージニアの音楽好きは楽器演奏だけでは飽き足らず、一九五六年には隣の道にも足を踏み入れた。自分で楽器をつくることにしたのだ。そんなことを思いついたのは、ひとりの患者との出会いがきっかけだった。音楽仲間でもあったカーリーン・ハッチングスが楽器づくりについて、ありったけの知識を伝授してくれたのだ。時間を見つけるのは簡単ではなかったし、必ずしも静かな趣味というわけでもなかった。寝室に作業台を運び込み木工用の道具を広げて、明け方近くまでハンマーを叩き続けるのだから、近所の人はゆっくり眠らせてもらえなかったらしい。あらたな趣味の成果はというと、バイオリンとメゾバイオリンとチェロとビオラができあがった。

新しい医学の道を進んでいるときも、新生児の治療に取り組んでいるときも、趣味を楽しんでいるときも、何をするにしてもヴァージニアはひたむきに打ち込んだ。ヴァージニアにとって活動し続けることは何をおいても優先すべき事柄だった。学生時代はバスケットボールなどのチーム競技に親しみ、のちにはゴルフ、釣り、ガーデニングにものめり込んだ。ブルックリン・ドジャースの熱心なファンで、野球観戦にもよく出かけた。

楽器をつくるときだろうが、新しいスポーツを始めるときだろうが、あるいは科学や医学への関心を深めるときだろうが、夢中になって学んだ。そんなヴァージニアの姿はまわりにいた人の目にしっかり焼き付いている。師のひとりであり、よき友人でもあったL・スタンレイ・ジェイムズ医師はこんなふうに語っている。「亡くなるその日まで学生でした。彼女の人生の中心にあったのは学ぶことでした。飽くなき好奇心のままに、知らないことにいつも興味を抱いていました。新しい情報を柔軟に受け入れ、状況に応じて自分の考えを変えることも厭いませんでした。決してかたくなな人ではなかったのです。

このような類のない人柄ゆえに、伝統や習慣に阻まれることなく生涯を通して前に進んでいったのだと思います」

手直しする部分を見つけては修正を加えながら、わき目もふらず楽器をつくる姿は医療の仕事に取り組む姿とぴったり重なる。ヴァージニアの人生は創意あふれる発想に満ちていた。簡便なうえに有効な新生児スクリーニング検査（彼女の名を冠したアプガーテスト）もヴァージニアならではの発想から生まれた。

一九三九年から10年間は、ヴァージニアは麻酔学に注力を注ぎ、その技術を高めつつ、産科学における麻酔学の利用にも関心を寄せた。麻酔師の第一人者セルマ・カルマス博士によると、ヴァージニアは「ちょうどよい時期に、ちょうどよい場所で」産科学に足を踏み入れた。一九四〇年代、分娩時の麻酔は一般的ではなかった。ヴァージニアは帝王切開に立ち会うなかで、麻酔が切り離せないにもかかわらず母体と新生児に対する麻酔の影響はあまりよくわかっていないことを知った。当時の帝王切開による出産では、手術中および分娩直後の母体死亡率が受け入れがたいくらい高かった。

新しい局面に出会ったときの、ヴァージニアの柔軟で寛容な姿勢（間違いが起こったときに自分でそれを認めることもできる）にも助けられて、麻酔学という学問はさらに先へと向かい、新しい麻酔学が固まっていた。麻酔が母体と新生児に与える影響をヴァージニアはつぶさに観察し、一九四九年から一九五二年の間は、新生児の生存、健康状態、予測される経過に関する分娩直後からのデータを集めた。

優れた臨床所見力と、麻酔分娩を大きく変える能力と、得られた知識を広める才能をヴァージニアが持ち合わせていたことは、誰の目にも明らかだった。スタンレイ・ジェイムズはのちにこう語っている。

「ヴァージニアはただの医師ではありませんでした。教育者でもありました」。当時、できたばかりの麻酔分娩学に教科書となるような出版物はほとんどなかった。そこで生まれついての、まず実行の人であるヴァージニアは、補助教材として利用できる資料を急場しのぎでこしらえた。古い骨や、ときには、変わった形をしている自分の骨盤も教材にした。とあるオーストラリアの医師は、アプガー医師の骨盤の話は聞いていたが、よくある古い骨格だと思い込んでいたので、本人の骨盤を使って説明された日には度肝をぬかれたそうだ。

アプガーテスト誕生

一九四〇年代後半から五〇年代前半頃のヴァージニアは、分娩室では生まれたばかりの新生児の処置にもっと注意を払う必要があると痛切に感じていた。当時は新生児よりも母体に目がいっていた。分娩の場が家庭から病院へ移りつつあり、出産を無事に切り抜ける母親と新生児が増えていたとはいえ、生まれてから24時間は新生児にとっていまだに不安定な時間だった。

新生児のバイタルサインの検査は求められていなかったし、たとえ検査をしたとしても、その方法は病院ごとにまちまちだった。しかも非科学的で、危険を伴う場面も少なくなかった。新生児の死亡原因の半数を占める酸素不足の兆候を医師が見落とすこともあった。なかには、低体重や呼吸の難しい新生児の死亡は仕方がないと考える医師もいた。ニューヨークのアルバート・アインシュタイン医科大学の小児科教授アラン・フライシュマンによると、「積極的にならないほうがよいと考えられていました。新生児の体を乾かして、ゆする。尻を軽く叩く医師もいましたが、それで終了です」

生まれた直後から心拍数や呼吸数といったバイタルサインを確認する体制がすぐにでも必要だった。そうすれば、手遅れになる前に適切な処置を施せる。

ある朝、病院の食堂で食事をしていたときのこと。その瞬間が訪れた。新生児の健康状態をどう評価したらよいか、学生に尋ねられたヴァージニアは「簡単。こうすればいいだけ」と、調べるべきバイタルサイン5項目をささっと書き出した。当初は新生児スクリーニングシステムと呼ばれ、のちにアプガースコアとして普及することになる検査がここに初めて登場した。

一瞬のうちに新しい評価方法を考えついたように見えたため、尋ねた学生には驚きだったかもしれないが、ヴァージニアにしてみれば何年も入念に観察を重ね、臨床知見を積み上げてきた末に至った検査方法だった。ヴァージニアは麻酔を施術しながら、日々、新生児と密に触れていた。健康そうに見えた新生児が母親から離され、体重などあれこれ計測されているうちにみるみる青くなり、呼吸困難に陥る場面を幾度となく目にしていたのだ。

出生から1分後に5項目のバイタルサインの確認が重要だとヴァージニアは考えていた。項目ごとに結果を0、1、2と点数化し、合計点数が7から10ならば正常、4から6だと、たとえば呼吸などを刺激するために何らかの処置が必要となる。3以下の場合は救急処置の対象だ。出生後1分で10点満点の新生児はほとんどいない。血液循環、つまり酸素を豊富に含んだ血液が手や足の先まで十分に行き渡らず、まだ青いことが多いからだ。

アプガースコア（表）が広く使われるようになり、測定を2回行えば出生後の新生児の健康状態がはっきりすることもわかってきた。異なる時間での点数の比較により、改善状況を追跡できる。現在は

表　アプガースコア（出生1分後と5分後の評価）

観察項目		2	1	0
A	外観（皮膚の色）	全身普通	四肢以外は普通	全身チアノーゼまたは蒼白
P	心拍数	100/分以上	60/分以上100/分未満	なし
G	しかめっ面（刺激に対する反射）	くしゃみ、咳、体を動かす	しかめっ面	反応なし
A	活動性（筋緊張）	活発	腕と脚が曲がっている	動かない
R	呼吸	よい。泣く	ゆっくり、不規則	なし

出生後1分と5分の時点で必ずアプガーテストが行われ、必要な場合は10分後にも繰り返される。

ヴァージニアは千人以上の新生児を対象に実施した評価をまとめ、一九五二年の学会で報告した。また一九五三年には『産科麻酔の最新研究』誌に単著論文を発表して、新生児の生存予測変数としての評価点数について解説をした。ほどなくしてアプガースコアはごく当たり前の検査として定着していった。これほど賞賛され、受け入れられた検査は珍しい。抗生物質の登場ではずみのついていた医学の世界が、さらに前に進む機会を待ち構えていたときでもあった。

10年後の一九六三年、新生児スクリーニング検査は正式にアプガーテストと命名された。デンバーの小児病院のジョセフ・バターフィールド医師が、検査項目の頭文字を並べるとヴァージニアの名字となることから覚えやすいようにと思いついたそうだ。Appearance（外観）、Pulse（心拍数）、Grimace（しかめっ面）、Activity（活動性）、Respiration（呼吸）。ジョセフからの手紙にヴァージニアは「頭文字を見て、大笑いしました。とてもおもしろい。間違いなく私のことです」と返事を送った。ジョセフ・バターフィールド医師は『アメリカ医師会雑誌』でこの名称を発表した。

・Aは Appearance。全身の皮膚の色がピンク色ならば2点。体幹がピンク色で、手足が青色ならば1点。青みがかった蒼白ならば0点。
・Pは Pulse。心拍数が1分間で100以上ならば2点。100未満ならば1点。なければ0点。
・Gは Grimace。足の裏に刺激を加え反射を調べる。くすぐったり、軽く叩いたりしてみて、足がぴくりと動く、あるいは咳やくしゃみをすれば2点。顔をしかめれば1点、反応がなければ0点。
・Aは Activity。手足を活発に動かしていれば筋緊張は2点。手足が曲がっていれば1点。動いていなければ0点。
・Rは Respiration。よく泣いて、強く呼吸をしていれば2点。ゆっくり呼吸をして、苦しそうであれば1点。呼吸をしていなければ0点。

ほぼ2点の高得点ならば健康な新生児。1点が多い場合は、酸素供給などの処置が必要になる。出生5分後にもう一度検査をすると、処置の効果を確認できる。

次にヴァージニアは、状態を回復させる処置、たとえば自発呼吸をしていない新生児に対する蘇生法に目を向けた。新生児に何が必要か、これに気づいたことで、ヴァージニアは蘇生法の大々的な変革にもひと役買った。ニューヨークのコロンビア長老派教会小児病院の小児科教授リチャード・ポーリン医師の方法に従って、侵襲の少ない人工呼吸を行い、薬も減らしてみたところ、新生児の慢性肺疾患が減った。

ヴァージニアはいまや広く一般の人や、なかには著名人にも救命措置を施すようになっていた。一九五八年の冬、出身大学の「マウント・ホリヨーク同窓会」誌に興奮気味のこんな記事が載っている。

二九年卒(ヴァージニアの卒業年)の名前に思わぬところでお目にかかった。AP通信は、この8月に映画・舞台プロデューサーであるマイク・トッドが我らがジミー(医学生時代からの愛称)・アプガーを褒め称えているという内容の記事を配信した。彼の妻、映画スターのエリザベス・テーラーの産んだ未熟児の命を救ったとのこと。ヴァージニア・アプガー医師は「赤ちゃんが大声をあげるまで14分間処置を続けてくれた。人生で一番長い14分間だった」……とトッドは語っている。

新生児であれ大人であれ、生命の維持を何よりも大事に考えていたヴァージニアは、蘇生の経験をうれしそうに友人たちに話していたそうだ。いつどこで気管切開の必要に迫られてもいいように、小型ナイフと気管チューブと絆創膏を必ずカバンに入れていた。気管切開とは、気道閉塞を起こしたとき、首の前部を切り開きチューブを気管に挿入し、バイパスを確保して呼吸を助ける蘇生方法である。ヴァージニアはこの方法で、自動車事故にあった人の生命を救ったこともあるそうだ。その数は16人にのぼる。「私の目の前では誰一人の呼吸も止めさせたりしない」と語っている。

当時はちょうど公衆衛生統計モデルが変わりつつあるところで、アプガーテストはアメリカ全土に広がるにつれて、新生児の状態を計測する最適の基準となっていった。ヴァージニアは研究の範囲を広げ、陣痛、分娩、麻酔薬、酸素欠乏が新生児の状態に及ぼす影響も調べることにした。スタンレイ・ジェイムズ医師をはじめ同僚の協力も得て、心臓病学の最新の知識や、酸素や麻酔薬の濃度を測定する新しい方法などを教えてもらった。

血中酸素濃度が低く、血液が酸性に傾いている新生児はアプガースコアが低かった。さらに、アプガースコアの低い症例は特定の分娩方法とも関連していた。母体に決まった麻酔薬を投与したときだけ新生児に酸素欠乏が起こっていたのだ。麻酔薬シクロプロパンが新生児の呼吸を妨げていることにヴァージニアは気づいた。以後、分娩室からシクロプロパンは一掃され、硬膜外の局所麻酔が開発されることになる。新しい麻酔方法では分娩中も母親に意識があり、意思の疎通を図ることができた。

アプガースコアは新生児個人についての有益な情報を教えてくれるが、数千人規模のデータが集まったいま、重要な相関もいくらかわかってきた。簡単だがきわめて有用なアプガーの点数化法が考え出されるまでは、医師はたとえ何らかの相関に気づいたとしても、それを証明する十分な証拠をもちあわせていなかった。12施設、１万７２２１人分の新生児のデータを集めた共同プロジェクトの結果、アプガーテスト、とくに５分後の評価で、新生児生存と神経発達を予測できることが確かめられた。アプガーテストがさらに広まるにつれて、新生児治療室、新生児用の心拍数モニターや蘇生器具も開発され、治療の必要な新生児に処置が行き届くようになった。

50歳で大学院生に

医師としてひたむきに仕事をこなし26年が経った一九五九年、ヴァージニアは研究休暇を取ることにした。忙しい毎日から抜け出せたにもかかわらず、相変わらず誰かを助けることしか頭になかった。アプガーテストがきっかけとなり、問題を抱えて生まれた新生児の診断と治療に関する研究が進んできたことも大きかった。アプガー評価のデータや、点数と新生児の健康状態との関係を示すデータがたくさん得られ、ヴァージニアはここのところをもう少し追ってみたいという思いに駆られていた。50歳になっていたヴァージニアは、ボルチモアのジョンズ・ホプキンズ大学の修士課程に入り、公衆衛生の研究を始めた。この研究を機に今度は先天性異常という分野に飛び込むことになった。先天性異常をもって産まれてくる新生児の多くは、出生時のアプガー評価が低いことに気づいたヴァージニアは、緊急の処置やその後の長期的な治療の改良を課題にすえた。

一九三八年一月、おもにポリオに感染した子どもを救おうと全米小児麻痺財団が設立された。まだポリオワクチンはなく、アメリカでは年間5万人以上がポリオウイルスに感染して小児麻痺になったり、命を落としたりしていた。自身もポリオにかかり、車いす生活を余儀なくされていたフランクリン・ルーズベルト大統領（在任期間一九三三〜四五年）が立ち上げに尽力し、財団はのちに「マーチ・オブ・ダイムズ」の名で知られるようになる。この名称は、資金集めに奔走したコメディアンのエディ・カンターがニュース映画「マーチ・オブ・タイム」に引っかけて命名したそうだ。

カンターはこんな呼びかけをした。「みなさん、もちろん子どものあなたも、マーチ・オブ・ダイムズに参加して、我が大統領といっしょにこの病気と闘っていきましょう。1ダイムあるいは数ダイムならば寄付できると思います。10ダイムは1ドルにしかなりませんが、もし百万の人が1ダイムずつ寄付するとすれば、合わせると10万ドルになります」。この呼びかけは多くのアメリカ人の心を捕らえ、ひと月後には268万ダイム、すなわち26万8千ドルがポリオ撲滅のために集まった。

財団から支援を受けたジョナス・ソーク博士がポリオワクチンの開発に成功すると、次に財団は先天性異常の研究や未熟児の原因と予防に関する研究を援助すべく資金を調達し、親や一般社会に向けて情報を提供するようになった。最近では、より確実な遺伝子スクリーニング、葉酸補給による二分脊椎症の予防、増加している早産の防止といった活動を展開している。

一九五九年、ヴァージニアは公衆衛生学で修士号を取得すると、マーチ・オブ・ダイムズに加わり、その後、15年にわたってこの組織で仕事をした。一介の研究員から始まり、あっという間に昇格して先天性奇形部門の部長を任された。数十年に及ぶ経験があったし、親身になって取り組む姿勢を考えると当然のなりゆきだった。8年後には基礎研究部門の部長になり、一九七三年、64歳の年には学術情報部門の副理事長となった。

資金調達から公衆衛生促進活動まで、ヴァージニアは財団のあらゆる取り組みに関わった。小さな団体だったマーチ・オブ・ダイムズが、ヴァージニアの旗振りで全国規模の組織になった。ヴァージニアが調達した多額の資金によるところも大きかった。ヴァージニアが在籍していた間に収入は倍増した。またヴァージニアは、先天性異常に対するいわれのない烙印を減らすことと、さまざまな種類の先天性異常に対する市民の意識を高めることにも力を入れようと強く思っていた。それまでは、先天性異常の子が生まれると親は子を施設に連れていき、いっさいの責任を放棄するよう勧められていた。現在から見ると眉をひそめたくなる話だが、当時は見なかったことにして、離れてしまえば情も薄くなるとされていた時代だった。

この頃は周産期学という新しい分野が発展しかけていた。周産期学は胎児や複雑なハイリスク妊娠の治療に関わる、産科学のなかの専門分科であり、母体・胎児医療ともいう。ある種の薬剤やウイルス感染が胎児に及ぼす影響にいち早く気づき、広く注意を促す活動を展開していた人たちのなかにヴァージニアもいた。

薬剤が妊娠に及ぼす影響はサリドマイド事件によってはっきりした。一九五〇年代後半から六〇年代前半にかけて、ヨーロッパの多くの国ではつわり止めや鎮静剤としてサリドマイドが妊婦に投与されていた。一九六二年、四肢の欠損や不完全な発達を伴って生まれた1万人の新生児とサリドマイドとの関係が明らかになった。即座に使用は中止されたが、被害にあった赤ちゃんと家族にその影響は生涯残ることになってしまった。この問題がきっかけとなり薬の規制が強化された。サリドマイドはアメリカでは認可されておらず、マスコミは、運良く免れたと報じたが、核心を突く警鐘が鳴らされていたからである。

アメリカは戦後のベビーブームの真っただ中にあり、新米の親たちが赤ちゃんに関する情報を求めていた。ヴァージニアはあちこちに出かけては両親にも医師にも分け隔てなく直接話をした。この頃ヴァージニアが取り組んでいたのは風疹ウイルスの感染予防だった。風疹ウイルスは先天性風疹症候群を何千件も引き起こしていた。早産、流産、死産だけでなく新生児には心疾患、失明をはじめさまざまな先天性異常が現れる。一九六四年から翌年にかけて大流行し、2万人が先天性疾患を患い、3万人が死産だった。この事態に突き動かされたヴァージニアは、ワクチン接種計画のために走り回り、財政支援と政府からの支援を獲得した。

またヴァージニアは早産の防止にも力を尽くした。これは二〇〇三年からマーチ・オブ・ダイムズが掲げている課題でもある。ヴァージニアが15年にわたり携わったマーチ・オブ・ダイムズでの仕事は、一九六〇年代に彼女がつくった財団のこんな標語にもよく表れている。「赤ちゃんには生まれる前からやさしくしましょう」。ヴァージニアの頭にいつもあったのは、お腹の子どもに母親がいかに関心を寄せるかだった。一九七二年、ジョアン・ベックと共著で『私の赤ちゃんは大丈夫?』を著した。先天性異常は思っているほどまれではない。さまざまな先天性異常の原因と治療を解説し、健やかな赤ちゃん誕生のための妊娠中の注意事項をまとめた。それまでにこの手の本はあまりなく、出版直後から大きな反響を呼んだ。

機知に富む人柄

ヴァージニアはとても魅力的な人だった。会えば誰もが好感をもった。講演会にも引っ張りだこで、仕事でも遊びでも世界中を旅して回った。快活な人柄はすさまじく早いしゃべり方にも表れていて、通訳者はお手上げ寸前のところでなんとか本人の意図を伝え、聴衆はその熱い思いに聞き入ったそうだ。ヴァージニアの関心は幅広く、これがまた一緒にいる人を楽しくさせた。講義でもその真価を発揮し、いろいろな逸話をちりばめながら医学の話をした。お気に入りの話のひとつが、公衆電話ボックスのいたずらだ。

一九五七年、友人のカーリーン・ハッチングスといたときに、その頃つくっていたビオラの背板にぴったりのカエデ材を見つけた。しかし、ひとつ問題があった。そのカエデ材は、すでに病院のロビーの公衆電話ボックスで棚板として使われていた。二人は譲ってほしいと病院に頼み込んだが、当然のことながら拒否される。それでもひるまず作戦を立て実行に移した。もっと安い木材で寸分違わぬ板をつくり、誰にも気づかれないように入れ替えたのだ。ヴァージニアは楽しそうに話していたが、しばらくは内輪話にとどまっていて、20年ほどしてニューヨークタイムズ紙が記事にして広く知られるところとなった。

ヴァージニアの機知に富んだ人柄はテレビを通しても伝わってきた。テレビ司会者たちからの受けもよかった。ヴァージニアは研究者である前に、人を診る医師であった。患者の付き添いで来た人はもちろん、出会う人出会う人を誰彼なく温かく迎え入れた。マーチ・オブ・ダイムズで一緒に働いていたボランティアのひとりは、「彼女の温かさや相手を思う気持ちに触れると、体に触っているわけでもないのに、まるで抱きしめられているような感じがしました」と語っている。

一九七三年、ジョンズ・ホプキンズ大学公衆衛生学大学院の遺伝学部門で講義をした。同大学の医学部で講師になってから14年目のことだった。ヴァージニアは教えることが根っから好きだった。産科麻酔医として病院に入ったその日から自分の知っていることを惜しみなく伝えていた。講義室ではなく病院の廊下や患者のベッドの脇で、ざっくばらんに講義が始まることもよくあった。産科麻酔分野におけるヴァージニアの影響や評判にひかれて、ここで専門を極めようとする若い医師も出てきた。ヴァージニアは喜んで看護学生や医学生と触れ合った。

ヴァージニアが熱心に教えていた様子をスタンレイ・ジェイムズ医師は振り返っている。「新生児について何か新しい知見を得たり、分娩直後の最適な処置方法を思いついたりすると必ず、その新しい情報をできるだけ多くの医師に伝えようとしてくれました」。講義のようなかたちにとどまらず、全米の医師に広めるために短編映像をつくったりもした。一九六四年に撮られた映像には、看護学生にアプガー法を教えるヴァージニアが記録されている。穏やかに、根気よく、励ましながら教えている姿がよく伝わってくる。映像の最後でヴァージニアはこんな言葉を残している。「今回の映像講義で、５つの評価基準のつけ方を簡単に教えられることがおわかりいただけたと思います。登場した若い女性は看護学生です。彼女は今日の朝まで、この方法については何も知らなかったそうです。今は、しっかり理解していると思いますよ」

残した足跡

ヴァージニアは晩年に向けて、いっそう思いやり深く患者に接した。ちょうどこの頃診ていた最後の患者のなかに自分の母親がいた。ヴァージニアは一度も結婚をしなかった。友人によれば料理の腕前は最低で、本人も「料理ができる男性はついぞ見つからなかった」と笑い飛ばしている。母と同じアパートに住んでたがいの部屋を行き来し合い、一九六九年三月十六日、母が最期の日を迎えるその日まで看護した。そのわずか5年後、ヴァージニア自身も重篤な状態に陥った。もう何年も肝硬変を患っていて、当時の写真を見るとやつれて体調の優れない様子がうかがえる。一九七四年八月七日、65歳の若さでヴァージニアは病との闘いを終え、ニュージャージー州ウエストフィールドのフェアビュー墓地で両親の隣に埋葬された。

一九七四年九月十五日、ニューヨーク州のリバーサイド教会で追悼式が執り行われた。友人であり同僚でもあったスタンレイ・ジェイムスは弔辞で、若々しい情熱、誠実な姿勢、飽くことのない好奇心が正直で謙虚な人柄と相まって、すべての同僚ならびに患者から慕われた、と称え「相手から反感を買われることなく、その人を最大限に利用し、本質的な部分をさぐり当て、問題の核心に切り込む人並みはずれた能力」にも触れた。

まだまだという年齢で生涯を閉じたが、ヴァージニアが情熱を傾けて取り組んだアプガーテストと先天性異常に関する研究は今も継続されている。アプガーテストの開発は画期的だった。患者としての新生児に何が必要なのかを見抜く世界初の臨床検査法だったからだ。アプガーテストは一九五〇年代から世界中で当たり前のように使われるようになり、これだけ技術の進んだ現代にあってもなお役立っている。二〇〇二年『ニューイングランド・ジャーナル・オブ・メディシン』誌に掲載された論文で、15万人の新生児を対象にした研究の結果、アプガースコアは「およそ50年前と変わらず現在も新生児の生存を適切に予測する」と結論付けられている。

一九七二年、周産期の健康に関する初めての会議の開催にヴァージニアも力を貸した。マーチ・オブ・ダイムズとアメリカの各医療団体との間で4年にわたり検討が重ねられ、「妊娠の結果の改善に向けて」と題された画期的な研究が行われることになった。残念ながらヴァージニアがその研究の開始を見ることはなかったが、母体と胎児の健康の改善と、乳児死亡率の低下に向けた取り組みが始まった。このとき、アメリカにおける周産期医療の地域化を示すモデルが導入されたのだが、このモデルが大きな成功を収め、続く数十年にわたって新生児生存率が大幅に上昇した。マーチ・オブ・ダイムズは現在も活発に活動し、一九九三年と二〇一〇年に提出された報告によると、プロジェクトも順調に拡大しているそうだ。

アプガーテストがきわめて有効にはたらき、関連して新生児医療も向上したおかげで、アメリカの新生児死亡率（出生後30日以内の死亡率）は88パーセント低下した。同じ傾向はイギリスでも見られ、出生数千人当たりの死亡児数は一九三〇年代には29・4人だったが二〇一二年には2・8人にまで減った。

アプガースコアの確立により、現代の新生児学は根本から変わった。50年以上前に発表されて以来、状況に応じてさまざまな応用も考えられてきた。たとえば新生児の在胎期間、超音波検査の結果、施された処置などを組み合わせることもある。アメリカの外科医であり著作家でもあるアトゥール・ガワンデは10点満点で評価する外科的スコアリング法を開発し、二〇〇七年に発表した。ヴァージニアのアプガースコアをたたき台にして、16歳以上の患者を対象に手術中にいくつかの項目を測定しスコアの有効性を確認した。これにより、ヴァージニアの新生児スコアと同様に術後の死亡あるいは重大合併症のリスクの程度を識別し、適切な治療を挟めるようになった。

ヴァージニアのスコア法と彼女が大きな関心を寄せていた新生児の福祉についてでは、現在ではさまざまな倫理的問題を避けて通れなくなってきている。アプガースコアで得られる情報は技術の進歩とも相まって、病気の乳児に対して何をすべきで、実際に何ができるのかを医師が選ばなくてはならないという難しい問題を突きつける。早産児の場合はとくに厳しい。

アプガースコアの低かった新生児が健康に育つ事例はあるが、大規模な疫学調査を長期間行ったところ、生涯に及ぶ障害と低い点数との間にいくらか関連のあることがわかった。たとえば、二〇〇六年に報告された調査結果によると、出生5分後のアプガースコアが1～3点の新生児は、成人になってもてんかんが治らないリスクが高かった。二〇〇九年に『クリニカル・エピデミオロジー』誌に掲載された論文では、5分後の低アプガースコアと新生児および乳児の死亡リスクの増加、さらに脳性麻痺、てんかん、認知障害などの神経障害との関連が考察されている。

ドイツにいる同僚にあてた手紙から、ヴァージニアも同じような関連に気づいていたことがわかる。「実は、とても驚いたのですが、神経障害の発症と1分後のスコアとの間に大きな相関がありました」。驚いたというのは、彼女はアプガースコアを「1　乳児死亡率を予測し、2　合計が4点以下の場合は心肺蘇生の必要を医師に知らせるための」手段としか考えていなかったからだ。

アプガースコアを検討した二〇〇九年の論文では、アプガースコアは健康と発育の長期予測を目的としたものではないこと、アプガースコアの低い新生児の多くは健康な成人に育つこと、長期にわたる障害（ほとんどの神経疾患の5パーセント未満）の発生する確率がそもそも低いことが確認されている。

先天性異常に対する認識が高まるにつれて、研究が急速に進み先天異常学という名前も知られるようになった。マーチ・オブ・ダイムズでは、ヴァージニアは先天性異常の研究や診断も後押しし、妊娠中の超音波診断も普及させた。ヴァージニアが亡くなった翌年の一九七五年から、周産期小児科学の分野で新生児の福祉に大きな貢献をした個人に対して、米国小児科学会より毎年ヴァージニア・アプガー賞が贈られることになった。栄えある受賞者のひとりに一九九二年に受賞したジョセフ・バターフィールド医師がいる。アプガーテストの名前を思いついた小児科医だ。

ヴァージニアはアメリカの初期の女性産科医の中で一目置かれていたが、それだけでなく影響力と権限のある重要な地位に登用された最初の女性医師でもあった。一九四一年、32歳で米国麻酔学会理事会の経理部長に選ばれ、4年間その職を務めた。一九四六年頃には麻酔学は医療分野として認知されるようになり、一九五〇年二月のヴァージニアの麻酔学教授任命は母校の広報誌でも誇らしげに報告された。

『マウント・ホリヨーク同窓会』誌は、「医科大学院の外科教授、就任おめでとう、ヴァージニア・アプガー。同大学初の女性外科教授誕生。どんなお気持ちですか？　ドクター・アプガー」。ただ、５月の翌号にはすぐさま謝罪記事が出た。外科が麻酔学に訂正されていた。いうまでもなく、麻酔学で最初の正教授であり、正教授になった最初の女性であることに変わりはなかった。

ヴァージニアは生涯でたくさんの賞を受賞した。没後も一九九五年には、ニューヨーク州セネカフォールにある全米女性の殿堂に迎えられた。全米女性の殿堂は、それぞれの分野で大きな貢献をした女性たちを記録し称えるために一九六九年に設立された。ヴァージニアは、ガートルード・エリオン（第４章）、呉健雄（第10章）とともに科学部門で栄誉に預かる68人のひとりとなった。授賞式にはヴァージニアに代わって兄の孫息子が出席した。21年前にヴァージニアが亡くなったとき、わずか10歳だったが、彼女のことははっきり覚えているそうだ。式典では、ヴァージニアの充実した豊かな人生を詳しく紹介した。

同じ頃、ヴァージニアが科学と医学に遺した足跡は、別のところでも称えられる運びになった。ヴァージニアは子どもの頃から切手を集めていて、亡くなったときには５万点を超えていた。一九九四年、没後20年の年に、自分の切手が発行されたと知ったら間違いなく大喜びしたはずだ。ヴァージニアの肖像がハガキ用の20セント切手に採用されたのだ。電子メールがまだない時代に、家々の郵便受けにヴァージニアの肖像がついたハガキが投げ込まれた。

アメリカで切手に採用された女性医師はヴァージニア・アプガーでようやく３人目だった。一九九四年十月二十四日、テキサス州ダラスで開催された米国小児科学会でアプガーの切手がお披露目されたときは、弦楽四重奏団がヴァージニアのお気に入りの曲を演奏して参加者をもてなした。新しい切手を紹介する場所としては少々変わっていたうえに、楽団もひと味違っていた。アプガー・カルテットは4人ともヴァージニアがいちからつくったり、製作に関わったりした楽器（チェロ1台、バイオリン2丁、ビオラ1丁）で曲を奏でた。

ヴァージニアは楽器づくりにいそしんだだけでなく、亡くなる数年前には飛行機の操縦訓練も受けていた。小型の自家用機でたったひとりの乗客になる機会がたびたびあり、いざというときは自ら機体を着陸させなければならないと考えたからだ。一九七〇年七月にカリフォルニアに住む友人に宛てた手紙から、その道のりは順調というわけではなかった様子がうかがえる。「私にはどうも悪い癖があるようです。車輪が地面に着くところをつい見たくなります。これをすると、滑走路にまっすぐ急降下です。今はこの欠点を克服しているところです！」

向こう見ずな気性と、親身になって熱心に取り組む人となりが相まって、ヴァージニアは新生児の医療と、その後の健康を支える医療を根本から変えた。ヴァージニアのおかげで、出生時に異常をもって生まれた新生児を家族内の悲劇に閉じ込めるのではなく、重要な健康問題として対処すべきとする理解が広がった。現在もアプガーテストは行われている。世界中のすべての赤ちゃんは、生まれてまず最初にヴァージニア・アプガーの眼を通して観察されるといわれている。

第2章　レイチェル・カーソン

Rachel Carson（**1907〜64**）
レイチェル・カーソンは、生物学者で作家。農薬で利用されている化学物質の危険性を取り上げた著書『沈黙の春』は、環境問題に世界中の人々の目を向けさせ、警鐘を鳴らした。

身近な自然の中で何が起こっているのかを知りたい一心で、ひるむことなく探求を続けたレイチェル・カーソン。生物学者であり自然保護論者にして作家だったレイチェルは、幼い頃から文筆家としての一面をのぞかせ（10歳で最初の作品が雑誌に掲載された）、成長するにつれて、彼女の綴る文章には自然史に対する関心が織り込まれていった。海洋生物学を研究し始めると、科学の知識と文学の才覚とがうまく溶け合って、海を取り上げた三部作と『沈黙の春』の計４冊が世に出された。一九六二年出版の『沈黙の春』[1]は、「環境を扱った出版物の中で、世界中の人に向けてこれほど警鐘を鳴らしたものはない」といわれている。

出版当初こそ大きな論争を呼んだものの、ジクロロジフェニルトリクロロエタン（DDT）などの農薬の影響を熱く語った内容は、環境破壊に対して世界中の人の目を開かせたと、現在では高い評価を得ている。『タイム』誌も最初は「論拠が薄弱」と評したが、40年後にはすっかり称賛する論調に変わっている。レイチェルが繰り広げた政治的あるいは個人的な闘いについても正しく評価し、「環境保護運動が起こる前、ひとりの勇敢な女性がいて、彼女の手によるとても勇敢な本があった」との記事が掲載されている。

レイチェル・カーソンはペンシルベニア州ピッツバーグ近郊の田園地帯で、一九〇七年五月二十七日に生まれた。「小さくてふっくらして、青い目の愛しい赤ちゃん……誰よりも愛くるしくて、なんていい子」と、母マリアはその日から、３番目の子となるレイチェルに愛情をたっぷり注ぎこんだ。レイチェルが生まれたとき、姉マリアンと兄ロバート（ジュニア）はすでに学校に通う年齢だったので、マリアにはレイチェルにかけられる時間がふんだんにあり、まわりの自然についていろいろなことを教えた。レイチェルのほうもぐんぐん引き込まれていった。

母のマリアは学ぶことの好きな女性だった。教師となるべく教育を受け、地元の合唱団ではピアノを弾いたり、歌を歌ったりもしていた。ある演奏会で、別の合唱団にいた物静かな雰囲気のロバート・カーソンと出会い、やがて二人は結婚をした。このときマリアはやむなく教師の道を諦めた。一八九〇年代初頭のペンシルベニア州では、結婚した女性は教鞭を執ることが認められていなかった。父のロバートは当時、好景気に沸いていたピッツバーグの発展に関心を寄せていた。農業を営んでいたわけではなかったが65エーカーの土地を買い、いずれ区分けをして売りに出すつもりでいた。カーソン一家の暮らす家は1階に2部屋、2階にも2部屋とこぢんまりしていて、必要最低限の家財しか備わっていなかった。トイレは家の中になく、水はわき水をくんできた。冬になればみんなして暖炉のまわりに集まり、夏になれば子どもたちは川に飛び込んで暑さを凌いだ。

レイチェルの子ども時代は物があまりなく、家計も苦しかったが、のどかな田園地帯を楽しむ時間はたっぷりあった。来る日も来る日も野原や森で思いのままに植物や動物と触れ合って過ごした。レイチェルは幼い頃を振り返り、「孤独な子ども」だったけれども、自然と一体になり、目にするものは何にでも強くひかれていたと語っている。野鳥を熱心に観察していたマリアの影響も大きかった。マリアは、まわりの環境を守る意味について、知っている限りをレイチェルに教えた。困った状況に陥っている動物がいたら、できれば助けようという話をした後で、巣を壊されたコマドリを見つけたことがあった。一家はごく自然に自分たちの家に、コマドリのひなの巣となる場所を用意した。

一九一三年、6歳になったレイチェルはスプリングデールの小学校に入学したものの、休みがちだった。ジフテリアや猩紅熱やポリオといった深刻な流行り病からレイチェルを遠ざけたいとマリアが考えたこともあって、たびたび学校を休み、優秀な教師だった母から勉強を教えてもらった。レイチェルは勉強が性に合い、成績はいつもAだった。幼い頃よりたいそうな読書家で、いつからか毎日夢中になってお話を書いていた。書きたいという思いと、生まれもっての書く才能が少しずつかたちになり、10歳になると最初の小説が子ども向けの雑誌『セント・ニコラス』に掲載された。タイトルは「雲の中の闘い」。これでレイチェルも名だたる作家の仲間入りをした。マーク・トウェイン、ルイーザ・メイ・オルコット、F・スコット・フィッツジェラルドも同じ雑誌で小説を発表していた。12歳になった一九一九年の終わりまでに4編の小説が掲載され、10ドルの報酬を得た。作家になる運命は決まったも同然だった。

レイチェルにとって書くことはある種の現実逃避でもあった。寝室が2部屋しかない小さな家には姉とその最初の夫に、第一次世界大戦が終わって帰還した兄もいた。暮らし向きは苦しく、収入が得られると聞けば家族はどこへでも出向いた。母マリアは1レッスン50セントでピアノを教え、若い家族はピッツバーグの工場や発電所で働いた。ピッツバーグの街では大きな煙突から有毒な化学物質が吐き出されていたのだが、その意味をレイチェルが理解するのは環境問題の専門家となってからのことである。

文章を書く世界に足を踏み入れた当初は、レイチェルはいろいろな話題に触れていた。自然を題材にした初めての作品では、最愛の犬パルと一緒に散策する様子が細やかに描かれている。「松の葉を一面に敷き詰めた、よい香りのする」森で、カオグロアメリカムシクイの「宝石のような卵」を見つけて喜んだことなど、身近な自然や野生生物に対するレイチェルのあふれんばかりの思いが、すでにうかがえる。

高校最後の2年間は隣町にあるパルサナス高校まで通った。学業は優秀で、時間を見つけてはバスケットボールやホッケーも楽しんだ。最終学年で提出する論文には「知的浪費」というタイトルをつけ、自然資源の浪費について精神的な側面から手厳しく論じた。この頃からレイチェルには、自分を信じる力が備わっていた。のちに厳しい批判に曝されたときも、その力に大いに助けられた。高校を首席で卒業して両親を喜ばせ、大学での奨学金ももらえることになった。

一九二五年九月、レイチェルは人生の次なる章に足を踏み入れ、ピッツバーグのペンシルベニア女子大学（PCW）で4年間を過ごすことになった。ピッツバーグの街は、工場の煙突から炭塵が絶え間なく立ち上り、汚れた空気に覆われていた。子ども時代を過ごしたのどかな田園地帯とは26キロメートルしか離れていないのに、まったく違っていた。また、レイチェルの母の世代と比べると女子の高等教育は珍しくなかったとはいえ、大学の学長コラ・クーリッジは、相も変わらず学生に礼儀作法や身だしなみの講義を受けるように強く勧めていた。

カーソン家の生活に余裕はなかったが、マリアはレイチェルを学業に専念させるため、同級生がしていたようなアルバイトをさせなかった。かわりに自分のピアノの生徒を増やし、銀食器や陶器などを売り払った。さらにマリアは、週末はレイチェルと一緒に大学の図書館に行き、勉強を手伝ったりもした。他の学生は、これがお気に召さなかったようだ。そもそもレイチェルは、ホッケーやバスケットボールは好きだったし筋もよかったが、他人の顔色を伺ったりせず、仲間にも入らなかった。パーティーもボーイフレンドもどうでもよかった。そのため同級生からはたびたび物笑いの種にされた。服装も本人のいないところで電話を受ける姿をおもしろおかしくまねされたり、ベッドに粉洗剤をばらまかれたこともあった。

大学ではまず英文学を専攻した。創作法を教えているグレース・クロフ助教授の目にとまり、彼女の勧めで学生新聞『アロー』に記事を、文芸雑誌『イングリコード』に作品を投稿した。その文章から、レイチェルのなかで海への関心が高まっていた様子が読み取れる。思いのこもった言葉で「そびえ立つ波」や砕け散る波が綴られている。生まれてから一度も海を見たことがなかったはずなのに、とても鮮やかに描かれていた。

2年目は科学の講義をいくつか取った。生物学の授業を一緒に受けた友人のドロシー・トンプソンは、このとき初めてレイチェルの人となりに触れたという。独立独歩のところはややもすると引っ込み思案と思われがちだが、じつはとても人なつっこくて、話し好きだったそうだ。この頃、レイチェルは自分のなかの海に対する深い気持ちを直感的に感じとっていた。生物学の教員メアリー・スコット・スキンカー女史にもひかれていた。上品で才気あふれるメアリーは、自然の世界に向けるレイチェルの熱い思いをわかってくれた。自然の世界を眺めると文章で書き表せ、生き物を観察すると生物学の言葉で説明できることにもレイチェルは気づいた。

文学から生物学へ

歴史学を専攻していた友人マージョリー・スティーブンソンと語り合ううちに、人は教育の力によって、事実を鵜呑みにするのではなく、考えることができるようになると確信を深めた。レイチェルはわくわくしながら生物学の講義を受けた。知らないことばかりだった。生物学を学んだことでレイチェルは人生の方向を見直すようになった。一九二〇年代のアメリカで、ものを書くという仕事は若い女性からは尊敬に値する職業とされていた。一方、女性科学者はほとんどいなかった。専攻を生物学に変えたいという気持ちが膨らんできた。まわりからは、文学一筋に見えていたかもしれないが、レイチェルは挑戦する気満々だった。同級生は彼女の決意を真に受けず、「あなたみたいに文章の上手な人が生物学に変えるだなんて気が触れたとしか思えない」とも言われた。

レイチェルは新たな道を選んだ。大学生活最後の18カ月は、生物学専攻に必要な科学の講義をいくつか取ることにした。しかし、辛い思いもした。恩師たちが、若い女子学生の教育における科学の重要性を巡って対立したからだ。メアリー・スコット・スキンカーはレイチェルのような学生は科学に専念すべきだと主張し、学長のクーリッジは、主婦となる女性を育てるPCWの本来の目的を科学が妨げていると譲らなかった。

最後の1年間は勉強に精を出した。生物学に加えて物理学と有機化学も受講し、喜ばしいことに卒業生70人中3人にしか与えられないマグナ・カム・ラウディ（アメリカで優秀な成績を修めた学生に与えられる優等賞のひとつ）を授与される運びになった。ところが、だ。レイチェルは大学に借金をしていたため、1600ドルを完済するまでは学位は授与されないという。カーソン家に自由に使える現金はほとんどなかったものの土地はたくさんあったので、スプリングデールの2区画を借金の担保としてPCWに差し出し、いずれ返済することで話をつけた。

一九二九年春、22歳になったレイチェルはメリーランド州ボルチモアにあるジョンズ・ホプキンズ大学大学院の奨学金を獲得した。PCWでも奨学金をもらってはいたが、全授業料まではまかなえなかった。今回は授業料が全額用意されていた。専攻は動物学に決めた。学生新聞『アロー』には、「この奨学金を獲得する名誉が女性に与えられた先例はほとんどない」という記事が掲載された。

レイチェルは新しい環境を心待ちにしていた。今でもスプリングデールの森や野原のそぞろ歩きは楽しかったが、ここもピッツバーグと同じく汚染が進み、工場の排水が流れこんだ川は茶色く濁っていた。レイチェルは、かつて頭の中だけで思いを膨らませて物語に表した、あの広くて力強い海に会いたくてたまらなかった。

スプリングデールを立ち列車でボルチモアに向かったレイチェルは、まず住む場所を探した。大学に用意されていた宿泊施設は希望と合わなかった。寮はあったがひとつだけ、しかも男子専用だった。キャンパスの外で部屋を見つけると、今度はバージニアの山の麓へ向かった。そこには、恩師であり、心から慕う友人にもなっていたメアリー・スコット・スキンカーの住まいがあった。一緒に乗馬や散歩をして過ごし、まわりの人の目には、2人はひたすら話し続けているように映ったそうだ。メアリーは徹底した女性解放論者だった。結婚をしたら今の仕事を続けられなくなると考え、婚約を破棄したこともある。レイチェルも、兄は1回、姉は2回離婚をしていたので、結婚には不信感を抱いていた。

メアリーの家での滞在を終えると、いよいよ生まれて初めての大西洋が待っていた。マサチューセッツ州ボストンの近郊にある、あの海が目の前に広がるウッズホール海洋生物研究所で6週間を過ごす予定になっていた。ここでは研究に没頭した。自分の目で海を確かめ、海について深く考えた日々は、代表作のひとつ『われらをめぐる海』[2]へとつながっていく。研究所はとても和やかな雰囲気だった。男女が一緒に何かをするときにありがちな微妙な距離を感じることもなかった。科学者は研究に忙しく、皆、活発に議論を交わす一方で、研究以外の時間も楽しんでいた。メアリー・スキンカーは水泳を教えてくれて、テニスの集まりやピクニックにも一緒に参加した。

海の生物を観察するのも、同じような関心をもつ科学者に出会うのも、レイチェルには新鮮な経験だった。ジョンズ・ホプキンズ大学から来ていた海洋生物学者R・P・コールズ博士がレイチェルの指導教員のひとりになってくれた。話し合いを重ね、修士論文のテーマは、トカゲやヘビといったは虫類の終神経という、変わった脳神経の研究に決めた。レイチェルは、この研究に詳しい人や、協力してくれそうな人には厭わず会いに行った。また、それまで学んできた生物学に抜けているところにも気づいた。比較解剖学は問題なかったが、遺伝学が弱かった。不足分を補うべく必死に勉強した。有機化学の講義も受けた。70人中女子学生は2人だけ。試験では高得点を上げたが、「私の人生で85点は自慢にもならない」、だそうだ。

一九二九年に世界恐慌が始まると、レイチェルもそれまでのようには勉強に専念できなくなった。職に就けない人が増え、研究職は空いていても対象は男性のみだった。さらにカーソン家の人たちにも、またもや苦しい状況が訪れた。父ロバートは体が丈夫ではなく、母とともにレイチェルを頼って彼女の借りていた家に引っ越してきた。一九三〇年のこと。一家にとってこれが一番の解決策だった。姉マリアンとその娘もついてきた。決して得意な分野ではなかったけれども、レイチェルは家事を手伝わなければならなくなった。そうしてみんなでお金を出しあって、ようやく生活の目処がついた。母マリアは一九五八年、最期を迎える日までレイチェルと一緒に暮らした。家族には不自由を強いたかもしれないが、マリアはほとんどの時間を費やしてレイチェルを支え続けた。母と娘は互いに相手の存在の意味するところをわかり合っていた。

ジョンズ・ホプキンズ大学時代は、家計の足しにと、夏の間は動物学研究室で働いた。実験器具を洗ったり、学生の実習の準備をしたりと特段難しくない仕事だったが、目的は十分果たされた。家計は助かったし、PWCの借金返済にもいくらか充てることができた。2年目は奨学金では授業料をまかなえず、ジョンズ・ホプキンズ生物学研究所で実験助手として働いた。仕事をしながらの学業はなかなか思い通りに進まず、こんな状態で論文を仕上げられるのかと焦りを感じていた。時間の制約もあったため、は虫類に関する研究は再現性のある結果を出せていなかったし、代わりになりそうな研究課題を軌道に乗せることも難しくなっていた。最終的に行き当たったテーマは、ナマズの胚の研究だった。成魚の腎臓が完全な機能を果たす前に、胚の段階で発達する腎臓（前腎）の構造を詳しく調べることにした。何百サンプルも解剖してはスケッチをして完成させた論文は、審査官から高い評価を得て、一九三二年六月十四日、修士号を授与された。

漁業局の職員に就職

次はいよいよ博士課程の研究に取りかかろうとしていた矢先に、父ロバートと姉マリアンの健康状態が悪化した。レイチェルは研究にほとんど手をつける間もなく博士課程を諦めなければならなくなり、非常勤講師の職に就いた。28歳になっていた一九三五年の七月六日、一家の状況が大きく変わった。父が帰らぬ人となったのだ。レイチェルは途方に暮れるなか、またもや家族を最優先に考えた。今回はおもしろい話がまわってきた。漁業局の部長エルマー・ヒギンズがラジオの教育番組の台本作家を探していた。科学の内容を理解していて、なおかつわかりやすく、おもしろく書ける人を求めていたのだ。レイチェルに任されたテーマは海洋生物に関する研究と漁業、番組のタイトルは「水の中のロマンス」。これを機に、一家はメリーランド州シルバースプリングに引っ越した。どんぴしゃりの仕事だったことは、本人にも、番組制作者にも、エルマー・ヒギンズにもすぐにわかった。

『ボルチモア・サン』紙に初めて署名記事も掲載された。漁師の繁栄だけでなく、おいしい数の子を産むニシンの保護も大事だと訴える内容だったが、男女の差別があからさまだった時代を色濃く反映して、名前はR・L・カーソンとされた。レイチェルが優秀な書き手だということはエルマー・ヒギンズにはわかっていたが、一九三〇年代当時は性別は伏せざるをえなかった。

一九三五年、メアリー・スキンカーの勧めで公務員試験を動物学枠で受けた結果、引き続き漁業局のエルマー・ヒギンズの元で常勤の生物学者として働くことになった。年俸2千ドルは一家を支えるには十分ではなかったけれども、非事務系の女性職員2人のうちのひとりだったこと、初めての常勤職に就けたことには大きな意味があった。このあと17年間続くことになる公務員の仕事の始まりでもあった。公務員時代に築いた人脈には、のちに作家一本でやっていくときに、とても助けられることになる。

レイチェルは子どもの頃していたように、まわりの世界を観察しては感じた気持ちや聞こえた音を絵や文章にして書きとめ、このノートを元に漁業局に提出する実情報告をまとめた。とはいうものの記録の大半は『ボルチモア・サン』紙の記事となり、のちには著作の題材にもなった。やがてレイチェルの主題のひとつとなる、産業と汚染が環境に及ぼす破壊的な影響への関心は、この時期からすでに芽生えていた。「私たちは3世紀にわたって湿地帯の水を抜き、木を伐採し、草原を覆う草をすき込み、自然の均衡を乱すことに余念がなかった。野生生物は被害を被る一方だ。だが、野生生物の暮らす場所は同時に私たちの暮らす場所でもある」と記している。

第1作『潮風の下で』

レイチェルの文章は一般の読者だけでなく、書籍編集者の心もとらえた。環境に対する関心が高まってきたレイチェルは、そろそろ本にまとめたいと考えるようになっていた。一九四〇年春、『潮風の下で』[3]の5章分を出版社サイモン・アンド・シュスター社に送ったところ、「すばらしい構想」というコメントをもらい、初めての出版が決まった。前払い金を少しばかり受け取り、2階の大きな寝室で続きを書き進めた。第1稿は手書きだった。声に出して文章を読み上げては、評論家になったつもりで推敲を重ねた。傍らにはいつもペルシャ猫のバジーとキトがいた。

この2匹のおかげで、書き物をするときのレイチェルの視点が変わったのかもしれない。『潮風の下で』でレイチェルは、それまでのやり方を脱することにした。博物学者の視点ではなく、読む人が海の生物そのものになれるように書く方針に変えたのだ。海の生物が感じていることを人間が追体験しているような言い回しで表すことにし、人間の目を通して見た海の世界を描くのはやめた。20世紀屈指のネイチャーライターのデビューを飾る一冊は、環境と、それぞれの生き物が海の生活で果たす役割を称える内容だった。レイチェルの言葉より。

もしあなたが海鳥や魚なら、時計やカレンダーの刻む時間はなんの意味ももたない。光の後に暗闇が訪れ、潮が満ちては引くという自然現象が意味するのは、食べる時間と空腹をこらえる時間、天敵に簡単に見つかってしまう時間と安全に過ごせる時間との違いである。私たちは考え方を変えないかぎり、つまり海の生物の身になって考えないかぎりは、海にすむ生物のすべてを把握などできない。

人間は、自分たちを優れた種だと思っているかもしれないが、多様な野生生物とたがいに頼ったり頼られたりしながら地球を分かち合っていること、そして自分たちのためにも野生生物のためにも彼らを守らなければならないことを忘れてはいけないとレイチェルは痛切に感じていた。『潮風の下で』では、海というすばらしくも決して生やさしくない環境に生息する、3種類の生物（ミユビシギ、サバ、ウナギ）を描いた。科学に忠実な線は外せない。だが、一般の人に読み進んでもらうためにはわかりやすくおもしろいものにもしたい。この方針に多少の不安を覚えていたレイチェルに、ジャーナリストで歴史家のヘンドリック・ヴァン・ルーンがこんな言葉をかけてくれた。「この仕事は賭けみたいなものだ……一般の読者が受け入れてくれるかどうか……誰にもわからない……読んでくれる人が魚好きであることを願おう」。最終原稿は母マリアにタイプで仕上げてもらい、サイモン・アンド・シュスター社に届けた。

レイチェルの心配は取り越し苦労だった。一般の読者も科学者仲間も高く評価してくれた。レイチェルは、自分の方針に確かな手応えを感じた。ところが、その喜びも長くは続かなかった。一九四一年十二月、日本軍が真珠湾を攻撃し、第二次世界大戦の火ぶたが切られ、人々の関心はいよいよ戦争にまっしぐらだった。どんなによく書けた本があっても、誰も時間もお金もつぎ込むどころではなくなった。

レイチェルの本も総売上は2千部止まり。だがレイチェルにとって大事な一冊であることに変わりはなく、彼女は諦めてはいなかった。数年後に再版され、以後、何度も版を重ねている。ちなみに二〇〇七年の最新の版では、一九四一年の初版と同じくボルチモアの画家ハワード・フレッチの挿絵が入っている。

漁業局と生物調査局は一九四〇年に統合されて魚類野生生物局（FWS）となり、一九四二年三月にはその一部がメリーランドからシカゴに移転した。レイチェルはマリアと一緒に引っ越したが、シカゴ暮らしは短かった。一九四三年春、メリーランドに戻り、FWSで再び内勤の仕事についた。ここで画家のシャーリー・ブリッグスと親しくなる。また空いた時間を利用して『リーダーズ・ダイジェスト』などの雑誌に記事を書いた。この頃になると、レイチェルの取り上げる話題はどんどん広がっていた。市場に出たばかりのジクロロジフェニルトリクロロエタン（DDT）も記事にした。DDTは第二次世界大戦の戦場で病気を運ぶシラミなどの害虫を殺すために使われた農薬である。デュポン社が販売していたのだが、長期使用に関する科学的な裏付けはなかった。害虫を一撃で駆除してしまう状況から、DDTが環境に及ぼす影響を案じていたレイチェルは、このあと10年にわたりDDTに関する情報を集め続けることになる。

一九四六年には、FWSの刊行物を担当する部署をまとめる立場になっていた。野生生物の生息地の破壊が進み、絶滅の危機にさらされている動物に焦点を当てた小冊子シリーズ『自然保護の実際』全12巻を6人の職員と一緒に手がけた。このときもレイチェルの頭には、人間と他の生物の共存があった。生息地を保全すれば人間にも野生生物にも自ずと恩恵が及ぶと考えていた。シャーリー・ブリッグス、

FWSの画家ケイ・ハウら友人と一緒に何度か旅行に出かけ、試料を採取したり、写真を撮ったり、スケッチをしたりして、さまざまな種や環境を記録もした。水鳥を調べるために州をまたいでノースカロライナ州や、ボストンの北側にあるパーカーリバー国立野生動物保護区まで足を伸ばしたこともあった。一行はどこへ行くにも、それはもう素晴らしい出で立ちで現れた。そもそもお上品さは二の次だったが、「古いテニスシューズと染みの付いた、ぐしょ濡れのズボン」は、取り組んでいる問題の深刻さとはちぐはぐな感じだった。

レイチェルは時間ができると海に戻った。一九四六年の夏は、ひと月ほどメイン州のブースベイハーバーでコテージを借りた。海の近くのこの場所でいつまでも暮らし続けたいと思ったが、FWSで得られる安定した生活も大事だった。一九四〇年代の終わりには、母が深刻な病に倒れて腸の手術を受け、レイチェル自身もそれほど大病ではなかったが、数回入院をしていた。職場では仕事量が増え、新しい画家を採用した。ボブ・ハインズはやがて近しい友人になるのだが、最初は女性の下で働くことに首をかしげていたようだ。ほどなくしてレイチェルが「管理能力を備えた有能な上司で、ほぼ男性並みの手腕を備えている」ことがわかり、不安は消えたとのこと。レイチェルは、いい加減な仕事はいっさい受け付けなかった。そんな強さの一方で、知識はもたずとも善良で正直な人たちを理解しようとする優しさももち合わせていた。レイチェルを知るにつれて、ボブ流の嫌味なお世辞は影をひそめた。「生まれてこの方、聞いたこともないような優しく静かな声で彼女は『いいえ』と言います。それは難攻不落のジブラルタルの岩のようで、誰も動かすことはできませんでした」と振り返っている。

第2作『われらをめぐる海』

当時、道を切り拓こうとしていた女性たちのご多分に漏れず、レイチェルも性別を理由に差別を受けた。一九四九年、42歳で昇進し編集長に就いたものの、扱いは相応ではなかった。前任の男性と同じだけの給料が支払われなかった。今の本業を辞めて、あるだけの時間を書き物に費やせられれば最高なのだが、本の出版だけで暮らしていく自信はまだなかった。女性として先陣を切る人生はなかなか手強いものだとメアリー・スキンカーから聞かされていた。皆、同じような苦労をしていた。生物学の指導教員であり古くからの友人でもある、そのメアリーががんを患い57歳で他界した。少し前、状態が思わしくないことを知らされたレイチェルはシカゴに飛んで、メアリーの元に駆けつけていた。最期の知らせを受けたレイチェルは、ひとり取り残された思いを抱えながら仕事に戻り、慰めてもらうために、そして励ましてもらうためにひたすら海と向かい合った。

ＦＷＳでの本業を続けるかたわら、２冊目となる、海にまつわる本の出版も計画した。この本では自然史、化学、地質学といったあらゆる面から海をとらえてみることにした。この頃、レイチェルは出版代理人のマリー・ローデルと知り合う。マリーはレイチェルののちの成功に重要な役割を果たすことになるのだが、２冊目の『われらをめぐる海』の出版に際しても奔走してくれた。マリーは歯に衣を着せない人で、出版の世界に通じていて、受けた仕事は献身的にこなすことで知られていた。レイチェルは『われらをめぐる海』では、海がどのようにして生まれ、島がどのようにしてできあがり、植物や動物がどのようにしてさまざまな場所に生息するようになったかを書き綴り、豊かに水をたたえたこの場所に風や雨、潮汐が及ぼす影響を説明した。それは海を科学の目で徹底的に調べる作業でもあり、丹念に掘り起こそうとするレイチェルの姿勢が伝わる作品になった。

ここまで調べ上げるのに8年を費やした。幅広いデータがそろい、なかには第二次世界大戦の水中戦に備えて集められた情報も含まれていた。マリーや同僚たちからも引き続き支えてもらい、そのひとり、海洋学者のウィリアム・ビービがサクストン財団の助成金2250ドルを獲得してくれたおかげで、レイチェルはひと月職場を離れて本の仕上げにかかることができた。レイチェルは話し方こそ穏やかな女性だったが、静かなる決意を胸に、あふれんばかりの冒険心に突き動かされ、海に暮らす生物を夢中で調べた。優れた調査能力を駆使し、またあるときは職業柄培ったつてをたどり、その分野の専門家に協力を仰いだりもした。マイアミ臨海実験所の生物学者と出かけた調査旅行では、潜水用ヘルメットを紐で固定し、足におもりをつけて深みに飛び込んだ。嵐の近づくなか、決して穏やかな海ではなかったが、このときの印象はいつまでも強く残ったようだ。「霞のかかったような緑色の景色は人間のいない、不思議な世界」とのちに記している。海の下に潜った調査旅行に続き、今度はＦＷＳの調査船アホウドリ3世号に乗り込む計画を企てたところ、女性の乗船は初めてだったため、50人の乗組員からも、方々の役人からも反対の声が上がった。最終的には出版代理人のマリー・ローデルも同行するという条件付きで許可された。ひと晩目は2人とも寝られなかった。魚を獲る作業がとてもうるさかった。だが、その落ち着かない船上の生活も、毎晩どっさり引き上げられるおもしろい海の生物が埋め合わせてくれた。

『われらをめぐる海』は、今や81歳になっていたマリアに最終原稿をタイプで清書してもらい、一九五一年七月にようやく刊行の運びとなった。ＦＷＳでの本業に合わせて夜遅くや週末に執筆をしていたので、レイチェルはくたくたに疲れていた。自然の中をそぞろ歩く時間などほぼなかった。そんなレイチェルに今度は称賛の嵐が押し寄せた。グッゲンハイム財団の助成金をもらえることになった。助成額はFWSの給料6カ月分。ブック・オブ・ザ・マンス・クラブの選定図書や全米図書賞ノンフィクション部門にも選ばれた。『われらをめぐる海』は一般の人たちの心を掴んだ。数十億年に及ぶ地質史や自然史を深い味わいのある言葉で表し、戦争で荒廃した世の中とは対照的に人々の気持ちを和ませた。第二次世界大戦が終わってから6年しか経っていなかった。人のありようや、自然界における人類の居場所、人間に大きな影響を及ぼす大地や海を理解したいと思う人たちが確かにいたのだ。『われらをめぐる海』は今日に至るまで最もよく読まれた自然関連書籍の一冊となっている。

批判

著作が注目されるようになると、嫌な思いをすることも出てきた。またもや、世間にはびこる性差別と向き合わなければならなくなった。こんなに深い科学への造詣を、こんなにわかりやすい方法で示したのが女性だとは信じたくない人がいた。『ニューヨーク・タイムズ・ブックレビュー』誌では書評家が、著者の写真がないことから「厳密さが求められる科学の世界をこれほど美しく、正確に書き表したのはどんな姿の女性か拝見したいものである」という文を寄せている。友人の画家シャーリー・ブリッグスが、一般の人が思い描くレイチェル像を描いてくれた。片手に銛、もう片手にはタコを掴み、流れる水の中にすっくと立つヘラクレスのような体つきの女性だ。レイチェルは大笑いをしたそうだ。また、新しい家政婦が応募してきたときは、このような姿の雇い主を見て、自分にはとても務まらないと、玄関からあたふたと帰っていったという話を、レイチェル本人が面白半分に話したこともあった。

レイチェルが研究所に勤務する科学者ではなく、FWSの刊行物を担当する部署にいることを批判する科学者もいた。これはレイチェルには解せなかった。彼女にとって、「科学とは日々繰り広げられる実際の生活の一部であり、科学とは私たちの経験するあらゆることが、いったい何であり、どうしてそうなるのか、なぜそうなるのか」の追究であった。そうかと思うと褒めてくれる科学者もいた。海洋学者でハーバード比較動物学博物館の館長ヘンリー・ビゲローは、レイチェルが集めた膨大な量の資料に舌を巻いたそうだ。一般の読者も深い感動を覚えた。神秘や不思議の広がる世界に想像をはせ、豊かな科学の事実や専門知識と混ぜ合わせるレイチェルの才能にすっかり心を掴まれた。出版から4カ月で10万部が売れ、86週にわたって『ニューヨーク・タイムズ』紙のベストセラーリストを飾った。

性差別主義者や何かしらいいたげな向きの相手をするなか、私生活が度を超して侵害されるようにもなってきていた。もともと控えめで引っ込み思案、近しい人は家族と友人と同僚だけ。知らない人が私生活にまで入り込んでくる事態に、レイチェルは手を焼いた。「本について、皆さんからよい言葉をかけてもらうのはうれしいですが、私についてあれこれ言われるのは、どう考えてもおかしいと思います」。本への対応をこなすだけでなく、胸部の腫瘍除去手術から回復しているところでもあった。このときの病変は良性ではあったが、このあと、厳しい状況が訪れることも告げていた。

生まれて初めて生活に十分な余裕ができたレイチェルは、職場に長期休暇を申請した。気持ちは3冊目の執筆に向かっていた。ホートン・ミフリン社の編集者から聞いた話を元に構想は浮かんでいた。編集者がある日、友人と出かけたニュージャージーの海岸で動けなくなっていたカブトガニを見つけ、大急ぎで海に戻したことがあったそうだ。誰ひとり気づかなかったのだが、それはカブトガニの交尾を邪魔する行為だった。あとで真相を知った編集者は、海辺にすむ生物に関する入門書を企画し、それが延び延びになっていたところでレイチェルに話が舞い込んできたのだった。

レイチェルは自分らしく過ごせる場所に戻ってきた。メイン州からフロリダ州まで続く海岸線を歩きながら、「ある生き物が別の生き物とつながり、さらにそれぞれがまわりの環境ともつながる、複雑にからんだ生命の網」を感じていた。海にひかれ、海に慰めてもらったこともあったが、続く数カ月間は海のはらむその大いなる力が試されることになった。自分に向けられる世間の目を何とかあしらえるようになってきた矢先に、めいのマージョリーの妊娠がわかったのだ。未婚だった。今日とは事情が違い一大不祥事である。自分の名が知られるようになってきたせいで、多くの人の目に曝されるかもしれない。隠し通して、なんとしてでもマージョリーを守らなければならないと考えたレイチェルは、マリー・ローデルにだけ打ち明け、すべてにおいて家庭を優先させることにした。一九五二年九月、マージョリーは息子ロジャー・クリスティーを産んだ。レイチェルは結婚はしなかったが、大事な家族に新たな一員が加わった。

長期休暇の終わりとともに、翌一九五一年、44歳で辞職を決めた。『われらをめぐる海』が売れたおかげで、執筆一本でもやっていけるようになっていた。いよいよ自由契約の身だ。膨らむいっぽうの環境問題への関心を、これまで以上に伝えられる気がしていた。また、新しく大統領に選ばれた共和党のドワイト・D・アイゼンハワー率いる政権に対してもひと言抗議しようと考えていた。FWSの局長だったアルバート・デイの解雇をはじめ、職員が数名入れ替わったことに強い憤りを覚えていたのだ。『ワシントン・ポスト』紙にこんな投稿をしている。「今世紀では類を見ないようなやり方で、私たちの自然資源が襲われつつあります……苦労して前に進みながらやっと手に入れたものが破壊されています。政治以外に目を向けない政権によって、開発と破壊の限りを尽くした暗黒時代に戻されているのです」

第3作『海辺』

そうこうしながらも、海辺にすむ生物を解説する入門書『海辺』[4]が少しずつかたちになってきた。だがそれもまっすぐな道のりではなかった。レイチェルは内容も表現も正しいものを目指していた。大西洋沿岸の生態を科学の視点で正確に探索しなければならない。しかも、創造的な側面も大事にしながらまとめ上げるのは骨の折れる複雑な作業だ。まず対象を深く理解すること。するとこれを境に「対象の命ずるままに、真の創作活動が始まる……著者がすべきは、対象の語りかけてくる話に静かに耳を傾けること」。レイチェルは、海岸ごとの環境の違いに着目した。北部の岩石の多い海岸では潮の干満が動植物相を決め、中部の砂浜では波が重要な役目を果たし、南部のさんご礁の広がる海岸では海流が生き物に影響を与えていた。

レイチェルは、まさに身も心も厳しいなかに置いて仕事を進めた。題材を集めるために、画家の友人、ボブ・ハインズと連れだってメイン州の海岸へ何度か出向いた。冷たい水につかって長い時間調査をするため、終わるとボブがレイチェルを岸まで運ぶこともたびたびあった。寒さのあまり筋肉が動かなくなってしまったのだ。レイチェルはメイン州の海岸をとても気に入っていた。暮らしに余裕ができた今、サウスポート島に土地を買い小さな家を建て、一九五三年七月、母マリアと新しい猫のマッフィンと一緒に移った。

一家は近所の人たちに喜んで迎え入れられた。ドロシーとスタンレー・フリーマンは熱心な自然主義者で、すでに『われらをめぐる海』を愛読していた。ドロシーの温かい人柄に引き込まれ、その後、親しく手紙を交わすようになる。レイチェルは執筆作業を進めながら孤独を感じることがままあり、気の合う人、とくに高齢の親の面倒を見ている人の存在にとても慰められた。

『海辺』は当初は海のまわりの野外観察図鑑となる予定だったが、完成が近づくにつれてレイチェル流の文章がそこここにつまった一冊に仕上がっていった。自然の世界に触れるなかで印象に残った場面が綴られている。潮だまりの調査、容易に近づけなかった洞窟、真夜中の海岸に取り残された1匹のカニなど、自然界に対する親しみのこもった眼差しがうかがえる。前書きによると、彼女が描こうとしていたのは、たとえば海岸で見つけた空っぽの貝殻の裏側にあった命を理解することだった。

「真の知識は、空の貝殻にすんでいた、生物のすべてに対して直感的な理解力を求めるものなのだ。すなわち、波や嵐の中で、かれらはどのようにして生き残ってきたのか、どんな敵がいたのだろうか、どうやって餌を探し、種を繁殖させてきたのか、かれらがすんでいる特定の海の世界との関係は何であったのかというようなことである[5]」

海辺で過ごし、海辺の世界に分け入りながらレイチェルが感じた喜びは、一般の人たちにも受け入れられた。前作『われらをめぐる海』を認めてくれた人たちの期待に応えていないかもしれないと、レイチェルは恐れていたが、その不安も編集者や評論家から「彼女はまたやってのけた」との太鼓判をもらい和らいだ。『海辺』は友人ボブ・ハインズの挿し絵入りで、一九五五年に出版された。これで海を巡る3部作が完成し、レイチェルは「(海の)伝記作家」としての地位を確立した。

科学の世界では著作物はどうしても時代遅れになりがちだが、『海辺』は今でも生態学の名著である。地質学、古生物学、生物学といった分野に人間の歴史を絡ませたことで、レイチェルはまさに水を得た魚のようだった。科学からのメッセージを輝かせる光を見いだしたのだ。『われらをめぐる海』は、最後にして最も知られている著作『沈黙の春』につながっていく。

書き物をする傍ら、他の仕事も引き受けるようになった。テレビの仕事では『オムニバス』という番組で雲に関する回の台本を書いたこともあった。この回は一九五六年三月十一日に放映され、レイチェルは兄の家で観たそうだ。レイチェルにとって家族は今でも生活の大部分を占めていた。八十代後半になっていた病気の母と、やはり病気がちなめいのマージョリーとその息子のロジャーが一緒に暮らせる大きな家を買った。一九五七年、マージョリーが31歳で亡くなり、レイチェルは、5歳だったロジャーを養子に迎えた。ほどなくして、昔からの家族ぐるみの友人だったアリス・ミュランも亡くなった。立て続けに近しい人を失い、レイチェルは深い悲しみに包まれ、ますます家族に目を向けるようになった。途方に暮れる日々を過ごし、書き物に集中などできる気がしなかった。ドロシーに宛てた手紙には「必要なものは、執筆以外で私がこなさなければならないことをすべてやってくれる、双子のようなもうひとりの自分です。そうすれば私は書くことができます」と書かれていた。

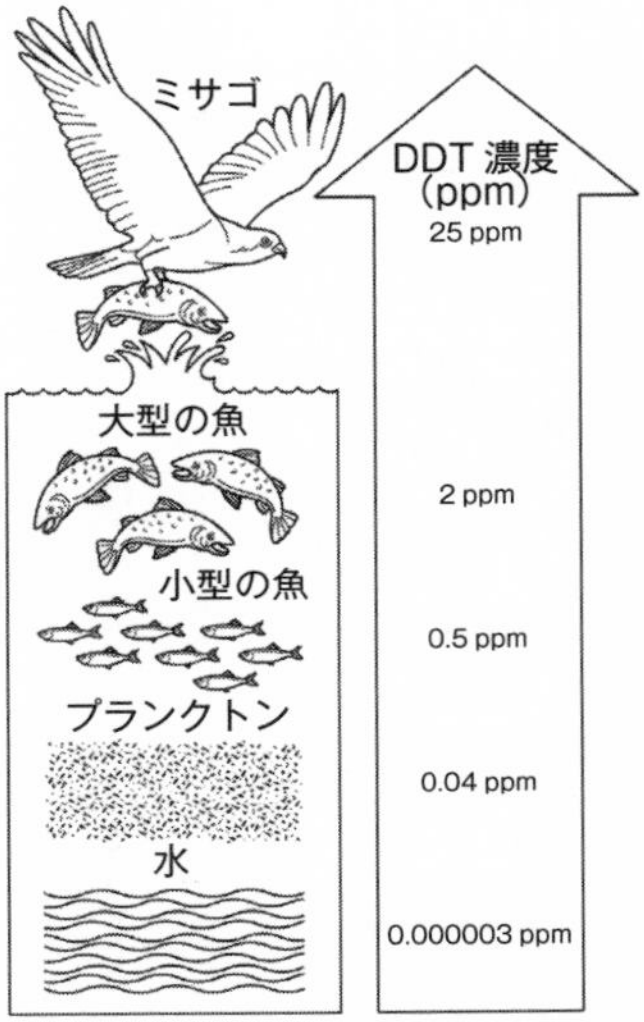

食物連鎖の上位にいくほど殺虫剤 DDT は濃縮される

再びDDTの問題へ

一九五〇年代後半、レイチェルはもう一度DDTの問題に戻ってきた。一九四〇年代、WFS時代に同僚と関心を寄せていた問題だった。DDTは人間のつくり出した合成殺虫剤の第1号である。第二次世界大戦でマラリアやチフスの制御に効果を発揮したことで高く評価され、昆虫が媒介する伝染病や作物に及ぼす害を防ぐ新しい方法として世界中で急速に使われるようになっていた。ところが、科学の目が入っていないことにレイチェルは疑問を覚えていた。DDTの環境への放出については十分な研究がされておらず、ドミノ倒しのような影響の出る可能性が大きいと思えたからだ。

農務省は南部の数州で2千エーカーの土地にDDTを散布してヒアリを撲滅する計画を立てていた。ニューヨーク州ロングアイランドでもマイマイガを退治するために同規模の計画が進められていたが、こちらは市民から訴訟が起こされた。他の昆虫や野鳥に対する被害が明らかになったからだ。ＤＤＴは代謝されにくいため人体に悪影響を及ぼすことも報告されていた。友人オルガ・ハキンズは『ボストン・ヘラルド』紙に投書をし、小鳥が恐ろしい死を遂げたと強く訴えた。オルガの手紙を読んだレイチェルは「ずっと懸念していた問題」にいま一度厳しい目を向けるときだと悟った。

レイチェルは殺虫剤の世界に少しずつ足を踏み入れ、この分野に明るい人と可能な限り連絡を取った。16年に及ぶＦＷＳ勤めのおかげで、あらゆる情報と人脈を利用できた。ロングアイランド訴訟の原告のひとり、マージョリー・スポックとも親しくなった。彼女にはたくさんの研究論文を送ったが、いよいよ多くなりすぎたので大学生のベティ・ヘイニーに報酬を払って論文の要約をまとめてもらったりもした。

一九五七年五月、ロングアイランド訴訟の判決が出た。ＤＤＴの散布中止は却下され、控訴も棄却された。レイチェルは「こうした状況には心理作戦で攻めれば」いいと考えた。「人というものは、とくに専門家になると、何かに反対を表明するには不安を覚えるものである。ましてや、その『何か』が間違っているという確証もなく、せいぜい疑いしかない場合はなおさらだ。したがって内心ではかなり怪しく思っているような計画でもつい協力してしまうものである」。もし自分の著作で、ＤＤＴなどの化学殺虫剤に代わる建設的な方法を説明できれば、そういった薬剤が環境や人間集団にもたらす害についても同意を得やすいと見抜いた。

一九五八年十一月の終わり、89歳の母マリア・カーソンが脳卒中に見舞われ、その数日後に息を引き取った。レイチェルもマリアの孫ロジャーも底知れぬ喪失感に襲われた。温かくもあり、強くもあった母という存在を失い、レイチェルはどうしたらよいのかわからなくなったが、進み続けようと決めた。母ならば自分には貫き通すことを願うはずだと考えた。一九五九年一月の半ば、レイチェルは仕事に戻った。その頃には、DDTの有害な影響に関する、かなりの数の証拠が集まっていた。人体に及ぼす害に関する最も重要な証拠もそろっていた。だがレイチェルは反撃を恐れ、その証拠を公開討論会で提示することはためらった。農務省と化学業界の間には強いつながりがあり、レイチェルが問い合わせた先でも、両者の関係する不穏な物質に触れられるのを嫌がる向きもあった。

一九五九年四月、レイチェルは調査結果を明かしはじめた。『ワシントン・ポスト』への投稿では「地上に降り注ぐ死の雨」というイギリスの生態学者の言葉を紹介した。またコマドリの生息数が大幅に減少している原因は、おもな餌であるミミズに対するDDTの影響だとも解説した。DDTが食物連鎖に及ぼす影響は他の地域でも現れていた。フロリダ州ではハクトウワシの80%が生殖不能になっていた。餌となる魚に残留するDDTのせいだ。医師や科学者の多くも、影響は人間にも及んでいると考えていた。狩猟旅行に出かけた男性が3週間の間、毎日テントの外でDDTを噴霧していたところ、後日、白血病を発症し死亡したという報告もあった。一九五九年十一月、クランベリー騒動がニュースのトップを飾った。クランベリーに頻繁に散布されていた除草剤のアミノトリアゾールが、実験用ラットに甲状腺がんを引き起こしたのである。いよいよ一般の人の関心が高まってきたため、食品医薬品局（FDA）はこの除草剤を散布したクランベリーの販売を禁止した。

一九四五年に広島と長崎に投下された原爆による放射線の影響と、殺虫剤の影響との類似性に、レイチェルも、いまや一般の人たちも気づきはじめた。一九五〇年代に頻繁に行われた核実験による放射線の影響も出始めていた。大気中に放出されたストロンチウム90が食物連鎖を通してアメリカの食卓、とくに牛乳に入り込み、骨がんや白血病を引き起こすといわれた。

執筆作業はなかなか進まなかった。レイチェルはきっちり解決させてから発表したいと望んでいたからだ。「今回は、今まで手がけてきたどの問題よりもはるかに重大かもしれません」とドロシーに宛てている。たとえそのような真実がわかったとしても、それを証明する証拠文書を手に入れていなければならなかった。殺虫剤散布計画に疑問を呈しただけで公務員の職を解雇された生物学者すらいた。さらに、自身の病気にも行く手を阻まれた。潰瘍、肺炎、副鼻腔感染ときて、あらたに乳房嚢胞が見つかり、一九六〇年四月に根治的乳房切除を受けた。術後に腫瘍の所見を尋ねると陰性との返答で、それ以上の治療は勧められなかった。

回復は遅く、できるときはベッドで書き進めたが、カタツムリのような歩みだった。細部にまでこだわるレイチェルの性分を、助手のベティ・ヘイニーはまだ十分に把握しておらず、執筆作業の終わる日がくるとはとうてい思えないでいた。ベティは後日、こう語っている。「私は自分のやり方しか頭になかったので、あのペースで進めるものだとはまだわかっていませんでした……彼女の決意の固さも、その決意がはらんでいる力の大きさも、当時は理解していなかったのです」

一九六〇年十一月、先に手術をした部分に近い肋骨の下あたりにレイチェルはしこりを見つけた。今回は放射線治療と化学療法治療を勧められた。友人でがんの専門家ジョージ・クライル医師に病院との間に入ってもらい、事情を問いただしていったところ、乳房切除手術の後、レイチェルが直接所見を聞いた、あのときからずっと彼女には真実が知らされていなかったことがわかった。当時、がんを話題にすることは、診療室の中でもむずかしかったうえに、女性のがんについては夫とだけで話を進めたがる医師が多かった。レイチェルの治療の選択肢は今となっては前よりも限られてしまっていた。だがレイチェルは恨みには思っていなかった。今ある時間を楽しんで過ごそうと決めた。一番の気がかりはロジャーだった。できるだけたくさんの時間を一緒に過ごすことにした。

集大成『沈黙の春』

一九六一年に入ると体力が落ちてきて、ベッドや車いすで過ごす時間が長くなった。無理のない日は仕事に向かい、再び巡ってきた春に「自然がリズムを刻み続けながら循環していることを思い出して、満ち足りた気持ちに」なった。大きな問題を暴き、歴史に名を残す一冊となる本は完成を間近にひかえていた。化学殺虫剤の使用と、その強力で持続的な影響が野生生物や環境に及ぶ様子を6年にわたって徹底的に調査してきた集大成である。マリー・ローデルの発案で書名は『沈黙の春』になった。レイチェルには最後のひと仕事、第1章の執筆が残っていた。「明日のための寓話」は、自然とひとつになって日々の営みが行われていた町に「見たことも聞いたこともないような事態」が起こりはじめたという話にした。町のあちこちに死が現れ、動物や鳥が消えた。「もの音ひとつしない春」という表現には、本文の中で詳しくまとめた殺虫剤の使用により現実世界で起こっている、一連の環境被害がこめられていた。気づかないままでいると「このような空想の物語はいとも簡単に厳しい現実になってしまう、と誰もがいずれ思い知らされることになる」と戒めた。

一九六二年、『ニューヨーカー』誌が『沈黙の春』を3回に分けて連載し、多くの読者の共感を呼んだ。寄せられた手紙によると、ＤＤＴのような有毒殺虫剤による環境被害をまとめた鮮やかな解説だけでなく、その原因について政府も産業界も無視を決め込んでいるという説明にも衝撃を受け不安に襲われたという。一九六二年八月には単行本として出版された。レイチェルの人生の最終章でもあった。『沈黙の春』は瞬く間に売り上げを伸ばし、その後数十年、最も話題にのぼった一冊となる。『ニューヨーカー』誌の編集者で、レイチェルもその意見に一目置いていたウィリアム・ショーンは「みごとな偉業」と評した。

しかし、なかにはよく思わない人もいた。誹謗中傷をかわすべく、政府関係者や保護団体にはあらかじめ見本を無料配布していたが、それでも反発が起こった。早い時期にレイチェルはかつての同僚から「殺虫剤製造業者からかなりの補助金を受けている害虫駆除関係者にとっては、それが事実であってもどうということはない」と釘を刺されていた。

レイチェルは殺虫剤の使用に全面的に反対しているわけではなく、誤用や過剰使用が問題なのだと訴えていた。科学は殺虫剤を奇跡の害虫駆除法のように説明しているが、引き起こす害をうやむやにしてしまっている点こそ議論すべきだと主張した。この頃、いくらか追い風が吹いた。サリドマイド事件が起こったのだ。反論の余地のない薬害だった。アメリカではサリドマイドは認可されていなかったが、ヨーロッパとカナダではつわり止めに広く処方されていた。サリドマイドの服用によって生まれた、四肢に欠損のある子の衝撃的な姿は有無を言わせなかった。「サリドマイドと殺虫剤はまったく同じ問題です。どちらにも、結果がよくわかっていないにもかかわらず、新しいものとあればすぐにでも飛びついてしまう私たちの姿勢が表れています」とレイチェルは語った。

闘いは本格化した。レイチェルは放射線治療を受けながら、転移したがんとも闘っていた。そして弁護士は、『沈黙の春』にいきり立った化学業界との闘いに向けて準備を進めていた。『ニューヨーカー』誌は『沈黙の春』の連載をやめるよう圧力を受けたし、単行本の発行元であるホートン・ミフリン社には、この本は資本主義を砕くための左翼の陰謀の一貫だと難癖をつけ、出版したら訴訟を起こすと脅しをかける手紙が届いた。

訴訟となると、関係者全員に金銭的な問題が降りかかるので厄介だったが、レイチェルと出版社は化学業界内からの一部支持を得てことを前へ進めた。ジョン・F・ケネディが、大統領に就任してわずか18カ月で『沈黙の春』を公に認めた。政府機関は殺虫剤の毒性調査に取りかかっているのかと記者会見で問われ、「もちろん、カーソン女史の本を読み……現在、調べを進めているところです」と答えた。それから間もなくしてレイチェルは大統領の特別委員会で証言を求められた。

化学業界との論争は続いていて、出版社の弁護士はぴりぴりしていたが、レイチェルは事実は事実であるとして、書いたとおりに説明して、自らの意見を述べた。『沈黙の春』が引き起こした騒動にレイチェルは少しばかり戸惑っていた。目指していたのは生態環境を一般の人に説明することだった。生き物どうしが複雑に関係し合う様子を紹介しながら、殺虫剤に含まれる有毒な化学物質がどのように環境に取り込まれて、標的の害虫と、食物連鎖を通して他の生物をどのように破壊していくか、たくさんの事例をあげた。こういった化学物質やその影響は一般には知られていなかったからだ。そのうえで、「今のまま歩み続けることを望むのか」、自分たちで決めてほしいとレイチェルは考えていたのだった。

そんなレイチェルに非難の言葉が浴びせられた。多くは、殺虫剤の使用を禁じられたり、使用量が大幅に減ったりすると、最も影響を受けそうな化学産業からだった。レイチェルの報告のなかに誤りは見当たらず、いきおい攻撃の矛先はレイチェル個人に向けられた。経済や資本主義を軽んじる共産主義者呼ばわりはいつものことで、性別にからんでくる人もいた。『ニューヨーカー』誌には「小さな虫が数匹死ぬのを怖がるとは、いかにも女性らしい」との投書が掲載された。連邦害虫駆除審査委員会の委員は「彼女は未婚の女性だ。なぜ遺伝のことなど心配するのか」と心ない発言をした。

レイチェルの結婚歴は新聞や雑誌で幾度も話題になった。この問題について尋ねられたレイチェルは、結婚する時間がなかったと答えている。「時々、結婚している男性作家をうらやましく思います。身の回りのことをしてもらって、食事も用意してもらって、つまらない邪魔が入らないようにもしてもらえるのだから」。夫がいないことに何の心配があるのか知らないが、レイチェルの作品のもつ力と、彼女の自然界に対する理解の深さは何ものとも比べようがなかった。

『沈黙の春』は一九六二年十月の月間優良図書に選ばれた。潮目が変わりつつあることをレイチェルは感じとっていた。月間優良図書ということは、これまでそれほど親しんでいなかった家庭にも届いていることを意味していた。さらに『沈黙の春』は、独立した研究といわれていたはずのものの実態を暴いていた。化学系企業から資金を得ていたり、産業界とつながりをもつ政府関係者が関わっていたりする研究が珍しくなかったのである。

レイチェルが科学の教育を受け、「ナマズの胚および仔魚期における前腎の発達」という修士論文もまとめているとはつゆ知らず、レイチェルは傍から見ているだけだと指摘する批判もあった。また、差し引きすれば利になるほうが多いとする意見もあった。殺虫剤は害虫や害獣を駆除し、ある種の病気の制御にも素晴らしい成功を収めている。文章は高く評価されたものの、殺虫剤の使用に対する解釈は一方的だと受け止められ、『タイム』誌では「理性をなくして、強調しすぎている」と書かれた。

化学産業界は即座に守りに転じた。関連団体は小冊子『レイチェル・カーソンに答える』をつくり、モンサント社は『沈黙の春』の第1章をパロディーにして殺虫剤のまったくない世界を描いた『荒れ果てた年月』という本を出版した。一方、レイチェルの分析的な考え方に敬意を払い、彼女がどれだけ心血を注いで科学的な記述に正確を期していたかを知っていた科学者たちは彼女の味方につき、おかげでレイチェルは嫌がらせの嵐を耐えることができた。

私生活に注目が集まりすぎることもあり、電話番号を電話帳から外した。レイチェルは自分に関する新聞報道をいつも気にしていた。手厳しい記事が多かったが、そればかりでもなかった。環境や生命の循環を憂うレイチェルの懸念を深く理解している漫画家がいた。ある日の新聞漫画には、道路で死んでいた犬を調べている男が二人登場して「この犬は、ジャックが殺虫剤をまいた麦から発芽した麦芽を餌にしていたネズミを食べた猫を咬んだ」と話をしていた。

『沈黙の春』は他の国々でもベストセラーになった。レイチェルは自宅でCBS放送の取材を受けた。収録中はずっと痛みを覚えていたそうだが、傍目には穏やかに愛想よく応対しているように見受けられた。一九六三年四月三日の放送を観た人には、たとえ『沈黙の春』を読んでいなくても、レイチェルの訴えがよく伝わった。殺虫剤の濫用のもたらす危険が世界に向けて告げられた。技術の進歩や化学産業とあれば、世界で起こっている問題を何でも制御できるわけではないことが明るみに出された。政府内に新たに設置された殺虫剤を審査する特別委員会が、放送の6週間後に報告書を提出した。内容はレイチェルの主張に大筋で沿うものだった。CBS放送は番組の続編を「レイチェル・カーソン女史には当面の目標が2つありました。まず、一般の皆さんに注意を促すこと。2つ目は政府に発破をかけることです。最初の目標は数カ月前に達成されました。今晩、大統領委員会が発表した報告によって、第2の目標も確かに達成されました」と締めた。

『沈黙の春』のその後

一九六三年の夏、レイチェルは人生の終わりが近づいていることを悟っていたが、穏やかに受け入れているようだった。『沈黙の春』が出版され、内容が十分に理解された今、当初、目指していたことのほとんどをやり遂げたと思っていた。メイン州の海岸沿いの家からドロシーに宛てた手紙で、在りし日に一緒に観察したオオカバマダラに寄せてこんな文章を書いている。「オオカバマダラの寿命が何カ月なのかはわかっています。私たちについては事情が違うので見当がつきません。けれども、どちらについても思うことは同じです。つまり、はっきりした形のない寿命というものが自然な経過をたどり、やがて終わりを迎えるのはあたりまえのことです。不幸などではありません」

一九六四年四月四日、レイチェルは57歳で永遠の眠りについた。最愛の猫は一足先に旅立っていた。レイチェルの一番の気がかりはロジャーの幸せだった。かなりの信託財産があったので、経済面での問題はなかった。ロジャーの面倒を見てもらう候補としてレイチェルは2組の夫婦（ドロシー・フリーマンの息子夫妻、友人の編集者ポール・ブルックス夫妻）を選んでいた。おそらく断られることを恐れてだと思うが相談はしていなかった。フリーマン家にもブルックス家にも十一歳のロジャーと同年代の子どもがいた。ロジャーはブルックス家に引き取られた。レイチェルの遺言「子どもどうしがふれあいながら、愛情深く育ててくれる家族に」、これは叶えられた。

レイチェルが世を去ったとき、彼女が世界に与えた影響はすでに認められていた。その日、上院議員アブラハム・リビコフが、「偉大な女性のご冥福を祈ります。すべての人類が彼女の恩恵に預かっています」という言葉で、環境被害を審議する委員会の公聴会を開いた。この言葉は、その後、数十年にわたって現実のものとなる。一九七〇年、「環境や生物圏に対する損害を防止、除去する努力、および人間の健康と幸福を促す努力」を掲げる国家環境政策法が発効した。同じ年にはニクソン大統領が環境保護庁（ＥＰＡ）を設置し、環境保護の傘の下に入る、すべての連邦活動を調整することになった。現在ＥＰＡという組織があるのは、レイチェルによって環境に対する関心の種がまかれたからである。ウェブサイトには「ＥＰＡはレイチェル・カーソンの長い影であると言っても過言ではない」と書かれている。一九七二年、アメリカでは緊急の目的以外はＤＤＴの使用が禁止された。ＤＤＴの分解産物（ＤＤＥ）が鳥の卵の殻を薄くし、生存率を減少させていることもわかってきた。ＤＤＴの使用禁止により、その後数十年でハクトウワシ、ミサゴ、ハヤブサの生息数が増えた。

『沈黙の春』はアラビア語からスウェーデン語まで20の言語に翻訳され出版された。世界中で読み継がれ、発行部数は２００万部を超えている。自然の世界を細やかに観察して描いた『沈黙の春』の作風は、それまでの作品と一線を画していた。『沈黙の春』は、ポール・ブルックスの言葉を借りると、レイチェルのなかにあった「生命に対する畏怖」と、人類が自然の秩序を無視し、さらには破壊さえもしていることに対する懸念の高まりのうえに成立している。『沈黙の春』と彼女の生涯をかけた仕事は、身近にある生命を守らなければならないと、世界に向けて警鐘を鳴らした。

『沈黙の春』が世に出てから50年以上が経つが、世界は今なお殺虫剤の影響に曝されている。二〇一三年六月、オレゴン州の小さな街ウィルソンビルの駐車場で5万匹以上のハチの死骸が見つかった。世界中でこの授粉媒介昆虫の急激な減少が問題となっているところでもあり、関係者に衝撃が広がった。原因はいたって単純だった。近くの木にネオニコチノイド系の殺虫剤が噴霧されていたのだ。レイチェルは、ハチに対する脅威にも気づいていた。『沈黙の春』のなかでも注意が促されている。殺虫剤は、まさにその性質上ハチにとっても毒である。二〇一二年には特定の殺虫剤、すなわちネオニコチノイドとフィプロニルがハチにとってとくに高リスクであることが明らかにされた。現在EUではどちらも規制され、ハチに対する害を最小限に抑えるために低濃度でのみ使用が認められている。

『沈黙の春』の第3章では、有機リン酸系の殺虫剤に人が期せずして触れてしまう危険も取り上げている。使用ずみの容器に触って中毒を起こすこともあるそうだ。二〇一三年七月、インドの村で殺虫剤の混入した給食を食べてしまい、小学生23人が命を落とし、入院する児童も出る事件が起こった。調理用油ではなく殺虫剤モノクロトホスが間違って調理に使われてしまったのだ。モノクロトホスの使用は多くの国で禁止されていて、インドでも野菜作物への使用は禁じられていたが、綿花にはまだ使われていた。

レイチェルという人は、環境保護運動の象徴としても、また本当の改革を導く仕事をした人としても大きな存在だった。『沈黙の春』のおかげで十分すぎるくらい攻撃の矢面に立ったが、この本が社会にもたらす大きな変化を見届けるには早すぎる死だった。現在も殺虫剤は使われてはいるものの、使用量はかなり減り、かつてに比べると世界中で大幅に規制されている。ＥＵでは流通している殺虫剤はすべて徹底的な評価を受け、環境と、人間および動物の健康に対して保証が確認されている。

殺虫剤の使用が減少している理由のひとつに、『沈黙の春』でも注目されていた生物学的防除法の使用があげられる。レイチェルは、たとえば昆虫のフェロモンを操作して交尾を阻止する方法に触れていた。不妊化した昆虫を放ち、自然由来の殺虫剤を導入する方法だ。レイチェルが勧めているのは自然に抗うことなく、自然と一緒に営んでいく方法である。現在は、生物学的防除法が広く普及してきている。

今も産業界や農家と、環境問題の関連団体との間に多少の溝はある。そのようななかにあって、『沈黙の春』は環境汚染や環境制御の問題に、どう対処すべきかを教え続けてくれる。レイチェルの仕事は、農業方面の科学者や役所のやり方に切り込んで、世界に対する見方を一人ひとりが変えることを求めていた。今なお、核心を突くメッセージが込められている。

訳注

［1］『沈黙の春』レイチェル・カーソン著、青木簗一訳、新潮社、一九六四年。初版時の書名は『生と死の妙薬』

［2］『われらをめぐる海』レイチェル・カースン著、日下実男訳、早川書房、一九七七年

［3］『潮風の下で』レイチェル・カーソン著、上遠恵子訳、宝島社、一九九三年

［4］『海辺』レイチェル・カーソン著、上遠恵子訳、平凡社、二〇〇〇年

［5］文献［4］より引用。

第3章　マリー・キュリー

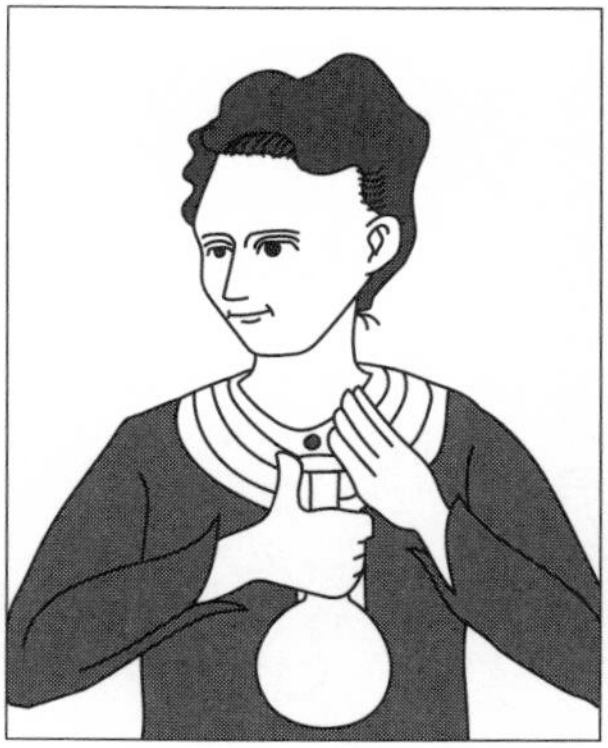

Marie Curie（1867〜1934年）
マリー・キュリーはポーランド出身の物理学者で化学者。放射能を研究し、ポロニウムとラジウム2つの新しい元素を発見した。1903年にノーベル物理学賞、1911年にノーベル化学賞を受賞した。

歴史上の女性科学者は、と尋ねて、おそらく真っ先に返ってくる名前はマリー・キュリー。放射能の謎の解明に一生を捧げ、新しい元素を2種類発見した。だが、その代償として、長期にわたる放射線被爆により健康状態を悪化させた。一九〇一年にノーベル賞が創設されて以来、物理学と化学の2分野で受賞をした科学者は男女問わずマリーただひとりである。フランスで研究生活を送ったが、母国ポーランドを忘れたことはなかった。馬車にひかれて命を落とした夫の悲惨な死を堪え、既婚の科学者と恋に落ちて巻き起こった一大スキャンダルを凌いだ。ソルボンヌ大学で初の女性教授になった。現在、遺体は霊廟パンテオンに移され、フランスの偉人たちと一緒に眠っている。

マリー・キュリーは苦難続きの人生を乗り越えてきた。最初は、生まれ合わせた国である。マリーは、一八六七年十一月七日、ポーランドのワルシャワで生まれ、マリア・サロメ・スクウォドフスカと名付けられた。当時、ワルシャワはロシア軍に占領され、厳しい統制下におかれていた。両親は高等教育を受けていて、ともに教師だった。父ヴワディスワフ・スクウォドフスカは科学を教え、マリーの科学や実験に対する情熱も父から受け継いだ。母ブロニスワバは小学校の校長だった。

占領下のワルシャワではロシアの衛兵が通りを巡回していた。言葉も歴史の授業も、ポーランドにまつわるあらゆることが抑圧され、学校では公用語となっていたロシア語での授業が強制されていた。1日に数回、衛兵が学校に立ち寄り、ロシア語以外使用禁止の規則が守られているかを確認して回った。ロシアによる押さえつけにポーランドの人たちは反発を覚え、自分たちの言葉と伝統を守り抜こうと行動を起こした。教師は当たり前のようにポーランド語で授業をしていた。ロシア兵の巡回を生徒が見張り、姿が見えるとそれを教師に知らせた。すると教師は何事もなかったかのようにロシア語に切り替え、満足した衛兵が声の届かなくなるところまで離れると、またポーランド語に戻した。

マリーの両親も、ポーランド人同胞と同じくロシアに反感をもっていた。ヴワディスワフはあからさまにロシア人を毛嫌いし、自分の子どもたちにも隠し立てしなかった。さらに言えば、ヴワディスワフとブロニスワバは、5人の子どももロシアを嫌悪して反発するよう、そして自分が正しいと思うもののために闘うよう育てた。こうして培われた、闘いに挑む強い意志がマリーの人生を救ったことに疑問の余地はない。意志の力の弱い人ならばあっさりひるんでしまっただろう数々の困難を、マリーは乗り越えていった。

幼い頃のマリーは仕事に出かける父の姿を見るのが好きだった。頭の回転が速く好奇心が旺盛で、とくに科学に興味をもっていたマリーが父とたわいのない話をしていると、そのおしゃべりがいつの間にか授業に変わっていることもたびたびあった。父は子どもたちの競争心を刺激するため、週に1回、数学の問題を解かせていた。マリーは問題が解けるたびに喜んだ。姉や兄よりも早く解けると、なおのこと嬉しかったそうだ。

ヴワディスワフの専門は科学だったが、幅広い教養も身につけていた。子どもたちに詩を読んで聞かせ、5カ国語で話しかけた。子どもたちに伝えたいことが山のようにあったのだ。ヴワディスワフには文筆家の一面もあり、ポーランドにおける自分の家族の歴史を詳しくまとめていた。家族史を記録に残すためだけに書いたのではなかった。ロシアによる占領を背景に、自分の家族のなかに脈打つポーランドの素晴らしい遺産と伝統を保存するという政治的な思惑もあった。

マリーは学校に上がると、すぐにクラスで突出した才気を表した。記憶力も驚異的だった。あるとき、ロシアの衛兵が抜き打ちでやってきた。ロシア語に切り替えた教師は、優等生のマリーに難しい問題を出し、もちろん彼女は首尾よく答えた。マリーは痛快に思いながらも、ロシア人の顔色をうかがってしまったことにやましさも感じたそうだ。

年を追うごとに一家の暮らしは苦しくなっていった。母が結核と診断され仕事をやめざるをえなくなり、父の収入だけが頼りだった。が、その後すぐに、ロシア人上司の指示に背いたとして父が解雇された。家族を支えるために父は自宅で学校を開いた。20人の少年が集まり、うち数人は下宿もした。スクウォドフスカ家は四六時中、人でごった返し、活気に満ちていた。このような環境で、好奇心いっぱいのマリーは成長していった。

だがあろうことか、スクウォドフスカ家の学校は、病気の温床にもなってしまった。姉ゾーシャがチフスにかかり命を落とした。その数年後、母ブロニスワバも結核との闘いに敗れた。屈託のない少女時代も終わり、十代に入っていたマリーは引っ込みがちになり、傍からは、何もかもひとりで背負い込んでいるように見えた。その年の学年末に、母との別れを癒やすために少し休んではどうかと、教師から勧められた。ヴワディスワフは、新たな困難に直面するほうが救いになると考え、厳しいと評判のロシアの学校へマリーを送り出した。マリーはそこでも最優秀生徒として金メダルを受けとった。

15歳になると田舎にすむ叔父の元で1年間暮らした。父の目が届くこともなく、遅くまで起きていてもよかったし、子どものように戸外で遊んだりもした。魚釣りやベリー摘み、ちょっとしたスポーツにダンスと、それまで許されていなかったことをあれこれやってみた。おそらく生涯で一番のびのびと過ごせた時間だったのだろう。

ワルシャワに戻り、上の学校への進学を考えたが、当時のご多分に漏れずワルシャワ大学も女子の入学を認めていなかった。マリーは父と同じ科学の道を目指し、自分で勉強を始めることにした。だが科学という学問を掘り下げるには、手を動かして実験をする必要があった。ありがたいことにヤドヴィガ・ダヴィドワという女性がポーランドの女子を教育するための大学を、非公認ではあったが開設していた。ロシア側の指図から逃れるために、最初は自宅で授業を行っていたが、その後もう少し大きな建物に移り、他の学校の実験室を使わせてもらったりしていた。ヤドヴィガは、見つからないようにたびたび場所を変えた。またワルシャワでも高名な学者たちを説き伏せ、空いている時間に授業をしてもらうこともあった。

マリーと姉ブローニャも授業に参加した。だが、2人ともこれがその場しのぎだとわかっていた。ダヴィドワの学校では公的な資格を取得できなかった。マリーと姉は他の学校を探した。一番よさそうに思えたのはパリのソルボンヌ大学だった。ヨーロッパ随一の大学というだけでなく、女子も受け入れていたからだ。姉妹は順番に進学することにした。まずブローニャがパリへ向かった。マリーはポーランドに残って働き、ブローニャの学費を払い、自分の将来に向けてお金を貯めた。

マリーは住み込みの家庭教師になった。最初の仕事先は、彼女が書き残しているところによると「弁護士の家族でした……勘定を6カ月も払わず、ランプに注ぐ油もけちけち節約しているのに、お金を湯水のように使う一家です。使用人は5人いました。進歩主義を気取っていますが、実は最も愚かな行為に身を費やしている人たちです」。マリーは快く思っていなかった。一八八五年十二月にはいとこのヘンリエッタ・ミハウォウスカに「こんなひどい生活をしている最低の人たちは嫌いです」と書き送っている。

一八八六年一月には弁護士一家の元を去り、田舎で新しい仕事先を見つけた。ワルシャワから80キロメートル離れたシュチュキにあるゾラウスキ家の屋敷だった。ゾラウスキ家には家を出て大学に通っている3人の息子と、まだ家にいる4人の子どもがいた。今回の両親は「とてもよい人」で、年長のブロニカとはすぐに打ち解けた。ブロニカはマリーと同い年だった。毎日忙しかったが、一家にうまく溶け込んでいった。また小作人の子を集めてポーランド語の読み書きを教え始めた。これはとても楽しい経験だった。さらに、ソルボンヌ大学入学に少しでも近づきたくて自分の勉強も続けていた。

一八八八年一月、雇い主宅の長男カジミエシュと心を通わせるようになったことが原因で窮地に立たされた。たがいに結婚するつもりでいたが、ゾラウスキ夫妻からは、自分たちの息子と単なる住み込みの家庭教師とでは身分が釣り合わないと反対をされたのだ。マリーはひとり黙って苦しみ続け、15カ月後にゾラウスキ家をあとにした。一八八九年三月、気分が少しもち直した。姉からはなんの連絡もなかったので、今度はバルト海沿岸の保養地に暮らすフックス家と住み込み家庭教師の契約を交わした。1年後、マリーは久しぶりにワルシャワに戻り、またダヴィドワの大学に通った。その頃、ブローニャから、ソルボンヌ大学卒業と結婚を知らせる手紙が届いた。マリーもパリに来て一緒に暮らし、自分の勉強を始めるようにとも書かれていた。ブローニャは七月に医学学校を卒業していた。同期数千人のうち女子学生は3人だけ。ソルボンヌでうまくやっていくにはどうしたらいいか、ブローニャには、マリーに伝えたいことがたくさんあった。

祖国ポーランドを離れパリへ

そうして一八九一年十一月、24歳をひかえたマリーは列車に乗ってパリに向かった。このとき名前をマリアからフランス風のマリーにあらためた。ソルボンヌでのマリーは水を得た魚のようだった。学業は秀でていたし、新しい環境で自由も満喫した。唯一の問題はブローニャ夫婦との同居だった。狭苦しい共同住宅は診療所も兼ねていたので、1日中患者でごった返していた。6カ月後、マリーはラテン区のソルボンヌ大学近くに自分の住まいを見つけた。最上階の小さな部屋を借りる余裕しかなく、食事もろくにとらなかったので、大学の図書館で倒れたこともあった。冬になると洗面器に張った水が一晩で凍った。夜はありったけの衣類をベッドに広げ、服を幾重にも重ねて眠りについた。

パリにやってきたばかりのマリーはフランス語は多少は話せたが、流ちょうといえるほどではなかった。ソルボンヌには9千人の学生がいた。そのうち女子は210人。理学部に入学した1825人のなかでは23人だった。最初はポーランド出身学生のちょっとした集まりにも参加していたが、1年目が終わる頃には学業に専念するため次第に足が遠のいていった。

ちょうどこの頃、ソルボンヌ大学では大々的な建て直しが進められていた。第三共和政は同大をフランスの教育改革の中心に据えていて、理学部も教室、実験室ともに工事中だったため、授業は近くの仮教室で行われた。建築家アンリ・ポール・ネノの指揮の下、世界最先端の実験室の入る建物が建てられていた。一八七六年から一九〇〇年の間に理学部の教員の数は2倍になった。資金は優秀な人材を引きつけた。「学生に対して教授が及ぼす影響は、その威光よりも、教授自身の科学に対する愛や個人的資質によるところが大きいです」とのちにマリーは書いている。

マリーは卒業したらワルシャワに戻るつもりでいた。いずれ夫となる人と出会うまでは、実家で生活していくものだと思っていた。だが人生は思わぬ方向に向かっていく。首席で卒業したマリーにソルボンヌでの滞在を援助する奨学金の話がもち上がった。数学の学士号を取得のための勉強を続けられる。辞退などできようはずがなかった。科学こそマリーの人生だった。

一八九三年から翌年の冬、この後も長く悩まされることになる問題にぶつかった。実験用スペースの確保である。マリーは数学の学士号取得に向けて着々と準備を進める一方で、奨励金を得て鋼の磁性も研究していた。指導教授ガブリエル・リップマンの研究室で実験をしていたが、手狭で実験器具も充実していなかった。一八九四年の春、マリーの元を訪れたポーランド人の友人ユゼフ・コワルスキー夫妻に不満を漏らしたこともあった。スイスのフリブール大学物理学教授だったコワルスキーは、近くで似たような研究をしている人物に心当たりがあると紹介してくれた。フランス人で名前はピエール・キュリー。ピエールは兄ジャックといっしょに、石英の結晶が電荷をもつことを発見し、21歳にしてすでに名が知られていた。さらに、微少な電流を測定する電位計を発明し、これも広く使われるようになっていた。

ピエールと出会った瞬間、マリーの人生はすっかり変わった。カジミエシュとの苦い経験からこのかた、ひたすら勉学に打ち込んできた。そんなマリーの心をピエールは奪っていった。マリーはピエールに自分に近いものを感じていた。おたがいが離れがたく思うようになるのに、時間はかからなかった。マリーにとってピエールは、これまで出会ったどの男性とも違っていた。知的で穏やかで、科学に対する思いは自分に勝るとも劣らない。マリーの両親と同じようにピエールの一家も教育を大事に考えていた。ただ、方針は少し違っていて、ピエールは学校に通わず家庭で勉強を教わって育った。18歳でソルボンヌ大学から理学の学士号を取得したあとは、同大の教育実験室の助手となり、すぐに独創的な研究を発表し始めた。優れた研究は何度も表彰されていたが、博士号をもっていなかった。そのため待遇はよくなく、一八九三年にはソルボンヌを離れ、新しく設立された工業専門の教育機関、工業物理化学高等専門大学（ＥＰＣＩ）へ移っていた。

マリーに気持ちが傾いていたピエールも、彼女の中に深い知性を見て取っていた。あっという間に心を寄せ合い、ピエールはマリーに求婚した。マリーはピエールを愛していたが、カジミエシュのときのような辛い思いはもうしたくなかった。一八九四年の夏、マリーはワルシャワに戻ることにした。結婚する気にはなれないでいたし、自分の家族に対しても、祖国に対しても使命感を抱いていた。一方、ピエールの思いは強く、この素晴らしい女性を諦めきれないでいた。パリに戻ってきてほしいと手紙を送った。自分がフランスを離れポーランドに行くとまで書いたこともあった。この言葉が何より思いを伝えたのかもしれない。マリーはパリに戻り、ピエールのいるフランスで暮らすことにした。ピエールは自分のアパートで一緒に暮らすつもりだったがマリーはそれを断り、シャトーダン通りのブローニャの診療所の隣に部屋を見つけた。

ピエール・キュリーと結婚

ピエールは博士論文の仕上げにかかり、一八九五年三月、博士号を取得して、ＥＰＣＩでは教授に任命された。その春の終わる頃、マリーもいよいよ心を決め、七月二十六日、パリ郊外、ソーの役所で2

人は結婚式を挙げた。披露宴はすぐ近くにあるキュリー家の庭で行われた。父と姉のヘレナがワルシャワから駆けつけ、ブローニャも夫と一緒に出席した。キュリー夫妻はいとこからもらったご祝儀で自転車を買い、ブルターニュに向けて新婚旅行に旅立った。漁村づたいに自転車を走らせ、「2人とも、ブルターニュの物憂げな海岸と、一面に広がるヒースとハリエニシダのとりこになった」。長い新婚旅行を終えパリに戻ると、マリーが学生時代に住んでいた場所にほど近いグラシエール通りにアパートを借りた。給料の他に発明品からの手数料、奨学金や賞金などが入ることもあり2人の収入はおよそ6千フランになっていた。教師の給料の3倍だった。これだけあれば快適な生活もできたはずだろうに、2人は無駄使いをせず、使用人も雇わなかった。

マリーは磁性の研究に戻り、空いている時間で科学と数学の勉強を続けた。さらに講義を2つとっていた。ひとつは碩学の理論物理学者マルセル・ブリルアンのものだった。一方、ピエールはEPCIで初めて講義を担当した。科目は電気学。マリーによると「パリでも最先端で最高」の講義だった。

新婚当初からマリーとピエールは時間の許す限り一緒に研究を進めた。フランスの数学者アンリ・ポアンカレに言わせると、2人は意見を交換するだけでなく、「エネルギーも交換している。そのおかげで、研究者なら誰でも陥ることのある自信喪失を免れている」。一八九七年の初め、マリーは妊娠に気づいた。頻繁に目まいや吐き気を覚え、仕事が手につかなくなることもたびたびあり、落ち込んでいたところに追い打ちをかけるようにピエールの母の乳がんがわかった。しかも末期だった。赤ちゃんの誕生と母の死が重なってしまったらピエールがどうなるか、それを思うとマリーは心配でたまらなかった。

ブルターニュで短い休暇を過ごし、パリに戻ってくるとすぐに産気づき、一八九七年九月十二日に娘イレーヌを産んだ。マリーの几帳面な家計簿によると、ワインを1本買って祝ったそうだ。ついでながら、使用人の賃金が九月の27フランから十二月には135フランに跳ね上がっている。マリーはイレーヌのために子守と乳母を雇っていた。そして、恐れていたことが現実になった。イレーヌの誕生からわずか2週間後にピエールの母が息を引き取った。ソーからピエールの父が越してきて、息子と義理の娘と産まれたばかりの孫娘と一緒に暮らすことになった。

この頃、マリーは教師になるために必要な資格を取った。一八九七年の後半は、国内産業奨励協会の紀要に提出する鍛鋼の磁性に関する論文の図と写真を整理しながらピエールと相談をして、博士号取得に向けてそろそろ自分の研究を始めることにした。ちょうど2年前から物理学の世界は興奮のさなかにあった。一八九五年、ヴィルヘルム・レントゲンがX線を発見し、これまでに知られていなかったこの奇妙な現象を解明しようと物理学者がこぞって先を争っていたのだ。一八九六年には、X線の発生を調べていたアンリ・ベクレルが、ベクレル線と呼ばれるようになった光線を見つけていた。発見されたばかりのベクレル線についてはほとんど何もわかっていなかったので、マリーはこれを博士論文のテーマに決めた。

ウラン線の新しい研究に着手

この時点でベクレル線について明らかにされていたのは、ウランから放出されること、紙を通り抜け、ある種の物質を暗闇で輝かせることだけだった。にもかかわらず、「ウラン線（ベクレル線）」の研究は勢いを失っていった。一八九六年にフランス科学アカデミーに提出された論文のなかでウラン線を扱ったものは数えるほどしかなく、百報近くあったX線とは対照的だった。当時、ウラン線はX線を生じる現象の一部と考えられ、異なる過程によって生じるとは誰も気づいていなかった。

ピエールが掛け合ってくれて、マリーはEPCIの建物の1階にある古い保管室を実験室として使えることになった。寒くて汚い部屋だったが、自分で選んだ研究に没頭できたのだから、大満足だった。実験ノートの日付は一八九七年十二月十六日から始まっている。マリーとピエールは電離箱をつくり、ウランの放出するエネルギーを測定した。この種のエネルギーの測定は一筋縄ではいかず、ベクレルも失敗していた。マリーは慎重にこつこつ取り組めばうまくいくと考え、その通りやってのけた。

ベクレル線の研究にとりかかった当初の目的は、正確に測定して博士論文にまとめ上げることにあり、新しい発見は期待していなかった。ウランを用いて、謎に満ちたベクレル線の電流を測定し終え、他の元素についても調べることにした。一八九八年二月のとある日、この日だけで金や銅を含む13種類の元素を測定したが、いずれもウラン線を放出していなかった。このときマリーが純粋な元素にこだわっていたら、後に彼女の名を上げることになる発見はなかっただろう。二月十七日、黒くて重い鉱物の塊ピッチブレンドを測定してみた。この試料はドイツとチェコの国境付近にある鉱山の町ヨアヒムスタールで1世紀ほど前に掘り出されたものだった。一七八九年、マルティン・ハインリヒ・クラプロートがピッチブレンドから取り出した灰色の金属元素に、当時、発見されたばかりの惑星、天王星（Uranus）にちなんでつけた名前が「ウラン」だった。

ピッチブレンドにはウランは比較的少量しか含まれないので、ピッチブレンドから放出されるウラン線は純粋なウランに比べるとずっと弱くなるはずだとマリーは予測していた。しかし、結果は逆だった。

失敗したと思い、もう一度確認してみたが結果は変わらない。なぜピッチブレンドの方が強いウラン線を放出するのか？　別の物質をいろいろ調べてみたところ、1週間後にまた予想をしていなかった結果が得られた。トリウムを含み、ウランを含まないエシナイトという鉱物の放射活性が、ウランよりも高かったのだ。謎が2つになった。

ベクレルが発見したウラン線はウランに固有ではなく、もっと一般的な現象ではないかとマリーは思い始めていた。この時点で、ピッチブレンドの中にはウランよりももっと大きなエネルギーのウラン線を放つ元素が含まれていることははっきりしていた。ではその正体は？　ピッチブレンドはさまざまな鉱物からできている。種類が多すぎてまったく同じものを実験室ではつくれない。キュリー夫妻はウランを含む別の鉱物カルコライトも試してみた。これもまた純粋なウランよりも強いウラン線を放出していた。カルコライトはピッチブレンドよりも簡単な組成でできていた。そこでキュリー夫妻はこんな筋道で考えてみた。もし、既知の成分からカルコライトをつくってみて、何か不足しているのであればウラン線は弱くなるはずだ。

リン酸銅とウランでカルコライトをつくったところ、エネルギーはウランより大きくはならなかった。結論ははっきりしていた。カルコライトにもピッチブレンドにも未知の成分が含まれている。マリーがこの発見をまとめた論文『ウラン及びトリウム化合物による放射線の放出』は、一八九八年四月十二日にアカデミーで報告された。アカデミーでは会員しか発表できないことになっていた。マリーもピエールも会員ではなかったが、マリーの指導教授であり、今や親しい友人となっていたガブリエル・リップマンが報告者になってくれた。アカデミーの面々はマリーの発見に興味をかきたてられたものの、今、

元素の周期表(2020)

原子番号	元素記号[注1]
元素名	
原子量(2020)[注2]	

周期＼族	1	2	3	4	5	6	7	8	9	10	11	12	13	14	15	16	17	18	族／周期
1	1 H 水素 1.00784~1.00811																	2 He ヘリウム 4.002602	1
2	3 Li リチウム 6.938~6.997	4 Be ベリリウム 9.0121831											5 B ホウ素 10.806~10.821	6 C 炭素 12.0096~12.0116	7 N 窒素 14.00643~14.00728	8 O 酸素 15.99903~15.99977	9 F フッ素 18.998403163	10 Ne ネオン 20.1797	2
3	11 Na ナトリウム 22.98976928	12 Mg マグネシウム 24.304~24.307											13 Al アルミニウム 26.9815384	14 Si ケイ素 28.084~28.086	15 P リン 30.973761998	16 S 硫黄 32.059~32.076	17 Cl 塩素 35.446~35.457	18 Ar アルゴン 39.792~39.963	3
4	19 K カリウム 39.0983	20 Ca カルシウム 40.078	21 Sc スカンジウム 44.955908	22 Ti チタン 47.867	23 V バナジウム 50.9415	24 Cr クロム 51.9961	25 Mn マンガン 54.938043	26 Fe 鉄 55.845	27 Co コバルト 58.933194	28 Ni ニッケル 58.6934	29 Cu 銅 63.546	30 Zn 亜鉛 65.38	31 Ga ガリウム 69.723	32 Ge ゲルマニウム 72.630	33 As ヒ素 74.921595	34 Se セレン 78.971	35 Br 臭素 79.901~79.907	36 Kr クリプトン 83.798	4
5	37 Rb ルビジウム 85.4678	38 Sr ストロンチウム 87.62	39 Y イットリウム 88.90584	40 Zr ジルコニウム 91.224	41 Nb ニオブ 92.90637	42 Mo モリブデン 95.95	43 Tc* テクネチウム (99)	44 Ru ルテニウム 101.07	45 Rh ロジウム 102.90549	46 Pd パラジウム 106.42	47 Ag 銀 107.8682	48 Cd カドミウム 112.414	49 In インジウム 114.818	50 Sn スズ 118.710	51 Sb アンチモン 121.760	52 Te テルル 127.60	53 I ヨウ素 126.90447	54 Xe キセノン 131.293	5
6	55 Cs セシウム 132.90545196	56 Ba バリウム 137.327	57~71 ランタノイド	72 Hf ハフニウム 178.486	73 Ta タンタル 180.94788	74 W タングステン 183.84	75 Re レニウム 186.207	76 Os オスミウム 190.23	77 Ir イリジウム 192.217	78 Pt 白金 195.084	79 Au 金 196.966570	80 Hg 水銀 200.592	81 Tl タリウム 204.382~204.385	82 Pb 鉛 207.2	83 Bi* ビスマス 208.98040	84 Po* ポロニウム (210)	85 At* アスタチン (210)	86 Rn* ラドン (222)	6
7	87 Fr* フランシウム (223)	88 Ra* ラジウム (226)	89~103 アクチノイド	104 Rf* ラザホージウム (267)	105 Db* ドブニウム (268)	106 Sg* シーボーギウム (271)	107 Bh* ボーリウム (272)	108 Hs* ハッシウム (277)	109 Mt* マイトネリウム (276)	110 Ds* ダームスタチウム (281)	111 Rg* レントゲニウム (280)	112 Cn* コペルニシウム (285)	113 Nh* ニホニウム (278)	114 Fl* フレロビウム (289)	115 Mc* モスコビウム (289)	116 Lv* リバモリウム (293)	117 Ts* テネシン (293)	118 Og* オガネソン (294)	7

ランタノイド	57 La ランタン 138.90547	58 Ce セリウム 140.116	59 Pr プラセオジム 140.90766	60 Nd ネオジム 144.242	61 Pm* プロメチウム (145)	62 Sm サマリウム 150.36	63 Eu ユウロピウム 151.964	64 Gd ガドリニウム 157.25	65 Tb テルビウム 158.925354	66 Dy ジスプロシウム 162.500	67 Ho ホルミウム 164.930328	68 Er エルビウム 167.259	69 Tm ツリウム 168.934218	70 Yb イッテルビウム 173.045	71 Lu ルテチウム 174.9668
アクチノイド	89 Ac* アクチニウム (227)	90 Th* トリウム 232.0377	91 Pa* プロトアクチニウム 231.03588	92 U* ウラン 238.02891	93 Np* ネプツニウム (237)	94 Pu* プルトニウム (239)	95 Am* アメリシウム (243)	96 Cm* キュリウム (247)	97 Bk* バークリウム (247)	98 Cf* カリホルニウム (252)	99 Es* アインスタイニウム (252)	100 Fm* フェルミウム (257)	101 Md* メンデレビウム (258)	102 No* ノーベリウム (259)	103 Lr* ローレンシウム (262)

注１：元素記号の右肩の*はその元素には安定同位体が存在しないことを示す。そのような元素については放射性同位体の質量数の一例を（　）内に示した。ただし，Bi，Th，Pa，U については天然で特定の同位体組成を示すので原子量が与えられる。

注２：この周期表には最新の原子量「原子量表（2020）」が示されている。原子量は単一の数値あるいは変動範囲で示されている。原子量が範囲で示されている13元素には複数の安定同位体が存在し，その組成が天然において大きく変動するため単一の数値で原子量が与えられない。その他の71元素については，原子量の不確かさは示された数値の最後の桁にある。

備考：原子番号104番以降の超アクチノイドの周期表の位置は暫定的である。

考えると最も重要な2つの点を見落としていた。

まず、マリーは、放射線量が増える原因はピッチブレンドとカルコライトに含まれる未知の元素にあると推測していた。この発想は、未知の元素を検出する新しい手法の開発につながっていく。つまり、物質の放射能特性は、未知の元素の存在する可能性を示唆していたのである。現在、天然に存在する元素は92種類が知られているが、一八九八年当時はずっと少なかった。未知の元素の存在は、一八六九年にドミトリ・メンデレーエフが化学の世界に持ち込んだ周期表の「空欄」で予言していた。メンデレーエフのこの先駆的な研究以来、年を追うごとに空欄がどんどん埋まっている最中だった。

次に、マリーはこの論文で「すべてのウラン化合物には放射活性がある……その強度が増すほど、一般に、その化合物はウランを多く含む」とも主張していた。つまり、明言こそしていなかったが、放射線は原子のもつ性質であることを意味していた。この考えは後に正しいことが明らかとなる。ところが、アカデミーの会員は、新しい成分の存在に納得していなかった。当時、新しい成分の存在を証明する方法は新しい成分を単離すること、すなわちその成分が新しい元素である、これしかなかった。この線で研究を進めるとなると、マリーとピエールはベクレルと関わらないわけにはいかなかった。2人は少々複雑な立場にいた。ベクレルの助けを借りて研究室を立ち上げる資金を得ていたし、ベクレルが友人であることに間違いはなかったのだが、マリーは軽んじられている気がしてならなかった。ベクレルが相手にしていたのはいつもピエールで、マリーではなかった。それだけでなく、ベクレルは何の断りもなくマリーの考えを使って、マリーと競合する実験を進めたりもしていた。

ベクレルはライバルではない、とピエールは妻を説得したが、マリーには夫よりもふつふつと湧いてくるものがあった。自分の発見は誰とも分かち合いたくなかった。とくに、女性科学者を見下す男性ばかりのアカデミーの連中とは。そんな思いを胸にマリーはベクレルよりも先に新しい元素を発見すると決意した。先の論文がアカデミーで発表された数日後、マリーとピエールは実験室に戻り、ピッチブレンド100グラムを細かく砕いて、謎の新元素の単離に取りかかった。ピッチブレンドをさまざまな化学物質で処理し、反応生成物の放射線強度を測定した。最も強い生成物をさらに調べ、2週間後、放射活性をもつ反応生成物を十分に単離したところで分光法による原子量の決定にとりかかった。これで新しい元素かどうかははっきりするはずだ。

だが期待も空しく、未知のスペクトル線（光スペクトルの中に現れる明るい線。元素を同定する指紋のような役割をする）は確認されなかった。マリーの推論が間違っていて、新しい元素は存在していなかったと結論することもできたが、マリーは単離が不十分だったと考えた。ＥＰＣＩの実験室長のひとり、ギュスターブ・ベモンに、ピッチブレンドの化学的な分離と精製を手伝ってもらうと、すぐにうまくいった。ギュスターはまず、ピッチブレンドの新鮮な試料をガラス管内で加熱してから放射線強度の強い生成物を蒸留していった。一八九八年五月の初め、ピッチブレンドよりも放射線強度の強い画分〔訳注：蒸留して分離・回収された成分〕を見つけた。

この頃、マリーとピエールは作業を分担していたことが実験ノートからわかる。まもなく、ウランの17倍強い画分を2人で見つけ、六月二十五日にはマリーが300倍強い画分を見つけた。ピエールのほうも330倍強い画分を単離した。ピッチブレンドには未知の元素は1種類ではなく2種類含まれているとキュリー夫妻は考え始めていた。それぞれビスマスとバリウムに近い化学的性質をもつと思われた。

ビスマスに近いと思われる元素のほうを十分に単離し、分光法の専門家ウジェーヌ＝アナトール・ドマルセイの助けを借りてもう一度分析してみたが、新たな分光特性は何も検出されなかった。証拠を見つけることはできていなかったが、夫妻は、ビスマスと同じ画分に未知の元素が隠れていると確信していた。一八九八年七月十三日、ピエールは実験ノートに重要な書き込みをしている。仮想の元素「Po」、正式名「ポロニウム」。マリーの母国に敬意を表した名前を2人は先に決めていたのだ。

その5日後、アンリ・ベクレルがキュリー夫妻に代わり、アカデミーで論文を口頭発表した。「私たちは」（という表現を夫妻は許した）「放射能の強い物質をビスマスとまだ分離できていません」。しかし「ウランの400倍強い物質を得ました」。「ピッチブレンドから抽出した物質が、分析特性においてはビスマスと同種である、未知の金属を含むと私たちは考えています。この金属の存在が確認されれば、私たちのひとりの母国にちなんでポロニウムと命名するつもりです」

この論文『ピッチブレンドに含まれる、放射能をもつ新物質について』で、初めて「放射能」という言葉が使われた。放射能はすぐに広まり、「ベクレル線」、「ウラン線」は消えていった。

先に触れた実験ノートはポロニウムの論文あたりで終わっている。それから3カ月は何も得られなかった。新しいピッチブレンドが届いていなかったし、高等教育機関の習慣にならって、パリを離れ夏期休暇（グランド・バカンス）を過ごしていたからだ。

ラジウムの発見

研究に戻ってからは急いで作業を進めた。一八九八年十一月の終わりには、バリウムに隠れていた、放射線強度の高い画分を分離し、ベモンに手伝ってもらってウランの900倍の強度になるまで精製した。今回は分光法の専門家ドマルセイが、待ちに待っていたものを見つけた。既知の元素とは一致しないスペクトル線がはっきり現れていたのだ。十二月半ばを過ぎた頃、ピエールは実験ノートの真ん中に、第2の新元素の名前を書いた。ラジウム。

間違いなく新規の元素であると証明するには、もうひとつ作業が必要だった。原子量の測定だ。ところが、数週間をかけてもラジウムを含むバリウム試料と、バリウムの質量の差を検出できなかった。ラジウムの量が少ないためだと彼らは推測した。年の瀬が近づく頃、次の論文をアカデミーに送った。

キュリー夫妻とギュスターブ・ベモンの共著、『ピッチブレンドに含まれる強力な放射能をもつ新物質について』。ドマルセイの分光分析の報告も付されていた。これまでにない分光特性を見つけ、さらにそのスペクトル線の「増大とともに放射能の強度が増加していた……この現象を、われわれの物質の一部に含まれる放射能に起因すると考える、重大な根拠がある」。そして、このスペクトル線は「いかなる既知の元素にも帰属されないようである……［このスペクトル線により］キュリー夫妻が抽出した塩化バリウムに含まれる、少量の新元素の存在が裏付けられる」

この発表を機に夫婦は仕事の進め方を変えた。2人一緒に同じ課題に取り組むのをやめて、別々の実験を進めることにした。年が明けるとマリーはラジウムの単離に取りかかり、ピエールは同じ実験室で、放射能の性質をさらに追い始めた。ピエールが物理学的な側面を、マリーが化学的な側面を担当した。

ロモン通りにあったキュリー夫妻の実験室。備品や実験器具は足りなかったが、この寒くてただっ広い空間こそ、マリーの成功になくてはならなかった

マリーはラジウムをなんとしても単離したい一心だった。懐疑派を納得させるには新元素を単離するほかなかったのだ。

マリーは工業的方法にほぼ近い作業をこなさなければならなくなり、もっと大きな実験室が必要となった。夫妻でソルボンヌ大学に頼み込んだのだが、かつて解剖実験室だった建物しか提供してもらえなかった。がらんとした大きな空間に暖房設備はなく、冬になると恐ろしいほど冷えた。２人は小さなストーブを持ち込み、体を温めてはまた寒い場所に戻って作業を続けた。化学処理で発生する有毒ガスを排気する換気口がなかったので、マリーの作業は中庭でやらざるをえなかった。天気の悪い日は、建物の中で窓を開けて行った。一八九九年の春までにはマリーは必要な実験材料をすべてそろえていた。マリーはのちにこんなことを話している。「1回の作業で扱う材料は20キログラムにもなりました……このため小屋には、沈殿物を満たした容器や液体を満たした容器が所狭しと並んでいました。容器を動かして液体を移し替え、鋳鉄製の釜の中で沸騰している材料を、1回につき数時間、鉄の棒でかき混ぜる作業はそれはそれは疲れるものでした」

ビスマスからポロニウムを分離するよりも、バリウムからラジウムを分離するほうが簡単にできることが、かなり早い段階でわかっていた。たいそう時間のかかる根気のいる作業だったにもかかわらず、マリーはこの挑戦に生きがいを感じていた。ラジウムを単離するなかで、思わぬものも見つけた。濃縮したラジウム化合物が自ら光を発していたのだ。夕食の後、2人して実験室まで戻り、そのぞっとするような不思議な光をうっとり眺めていた日もあった。世界中の科学者仲間に少量だがラジウムを送ったりもした。

夫妻は危険に気づかないまま、ガラスの瓶にラジウム塩を入れて家に持ち帰り、ベッドの隣に置いていた。何カ月か経ち、マリーもピエールもベクレルも放射性物質のもたらす、よからぬ性質に気づく出来事があった。ベクレルがラジウム塩入りのガラス管を上着に入れて持ち運ぶようになって数週間後のこと、上着越しにラジウムと接していた皮膚がやけどを負っていたのだ。

ピエールの作業も着々と進んでいた。ピエールは、ラジウムの放出に磁場が及ぼす影響を報告し、夫妻は論文を続けて提出した。パリで開かれた一九〇〇年国際物理学会議では、2人はそれまでで最も長い論文を発表した。『放射能を有する新物質』。この論文では自分たちの発見に加え、イギリスとフランスで行われていた研究も総括した。この頃までには、放射線には磁石によって進行方向が変化するものと、変化しないものがあることは知られていた。厚い障壁を通り抜ける放射線もあれば、通り抜けない放射線もあった。放射性元素は他の物質に放射能を「誘導する」こともわかった。つまり、夫妻の実験室にも放射能の影響は及んでいたということだ。とはいうものの、どのような仕組みで起こる現象なのかは誰も理解していなかった。先の論文では「自然状態における放射線の放出は不可解であり、深い驚きを覚えるテーマである」と記されていた。

ピッチブレンドからラジウムを単離する作業は、ひどく疲れるうえに時間もかかった。その間に、マリーは2報（一八九九年十二月と一九〇〇年八月）の経過報告をアカデミーの『コント・ランデュ』誌に投稿した。そして一九〇二年、ついに、塩化ラジウム0・1グラムの単離に成功、の報をマリーは告げた。この論文では、ラジウムの原子量を225（現在認められている226に近い）と決定し、「原子量に従うと、［ラジウムは］メンデレーエフの［周期］表ではアルカリ土類金属の列のバリウムの次に入る」と結論づけた。

マリーによるラジウムの単離は、粘り強さの末に達成した偉業にとどまらず、放射能に対する理解を深めるうえでもとても重要だった。物理学者ジャン・ペランは一九二四年に次のように指摘している。「誇張ではなく、現在、放射能に関するいっさいは［マリーによるラジウムの単離という］礎石の上に乗っている」

マリーはこれまでの研究をまとめ、学位論文としてソルボンヌ大学に提出し、一九〇三年五月、博士号を授与された。そのうれしい日に、たまたま妻と一緒にパリに滞在していたイギリスの物理学者アーネスト・ラザフォードと出会うことになった。ラザフォードは、一八九〇年代半ばにケンブリッジのキャベンディッシュ研究所でいっしょに研究生をしていたポール・ランジュバンを訪ねてきていた。ランジュバンはラザフォード夫妻とキュリー夫妻を食事に誘った。ラザフォードの記憶によると、食事を終え、一同が庭に出たところで、ピエールが「一部を硫化亜鉛で覆われた試験官を取り出した。中には大量のラジウムを含む液体が入っていて、暗がりの中で、明るく輝いていた。忘れられない一日の素晴らしい締めくくりだった」

ノーベル物理学賞

一九〇三年八月、マリーは博士号を取得した2カ月後に流産した。相次ぐようにしてブローニャの2番目の子も髄膜炎で亡くなり、悲しみに暮れた。さらにマリーは貧血を患い、仕事に戻るまでに数カ月かかることになる。十一月、夫妻の未来はめまぐるしく変わり始めていた。十一月五日にロンドン王立協会からハンフリー・デービー賞を授与されるとの知らせが届いた。化学界で年間を通して最も重要な発見に与えられる賞だ。マリーは体調が優れなかったため、ピエールだけがロンドンに向かった。ロンドンから戻ってくると、アンリ・ベクレルとともに夫妻に一九〇三年のノーベル物理学賞が授与されるとの手紙がスウェーデン・アカデミーから届いた。

ノーベル賞は設立されてまだ間もなかった。最初の物理学賞は一九〇一年に、X線を発見したレントゲンに授与されていた。一九〇三年の物理学賞は「自然発生する放射能の発見」に対してベクレルに、「アンリ・ベクレル教授によって発見された放射現象に関する共同研究」に対してキュリー夫妻に授与された。放射能が物理学の領域なのか、化学の領域なのかを巡って、スウェーデン・アカデミーでは若干議論があったようだ。最終的には物理学と判断され、将来の化学賞の可能性を残しておくために、ラジウムの発見には触れないこととされた。マリーはノーベル賞を受賞した初めての女性となり、娘のイレーヌが一九三五年に受賞するまでは科学の分野でただ一人の女性受賞者だった。

ピエールはスウェーデン・アカデミーに謝意を表しつつも、自分もマリーも講義があり、重要な研究もしなければならないため授賞式には参加できないと返事をした。マリーの具合も思わしくなかった。ベクレルはといえば、スウェーデンを訪れ、受賞スピーチではキュリー夫妻の研究にほとんど触れなかった。だが、新聞各紙は初の女性ノーベル賞受賞者としてマリーを大きく取り上げた。キュリー夫妻はこの騒ぎにうんざりしていたものの、うれしい話も舞い込んだ。ソルボンヌ大学がピエールに教授の椅子を用意し、マリーには今よりも環境のいい実験室が与えられた。さらにピエールはフランス科学アカデミーの会員にもなった。

そうこうするうちにラジウムがどんどん単離されるようになり、世界中がこの摩訶不思議な物質に恋をした。こんなにきれいに光る物質ならば体にもいいに違いないという思い込みのまま、あっという間に万能薬扱いされていた。高ラジウム水を買い求める人もいたし、暗がりの中で光らせるため、踊り子の衣装にはラジウム塩が縫い込まれた。パリのモンマルトルではレビューに「メデューサのラジウム」という演題がつけられ、アメリカのサンフランシスコでは、「かわいいけれど姿の見えない踊り子80人がみごとに全員同じ動きを披露する」という出し物もあった。「真っ暗な劇場のなかを音を立てずに歩き回り、衣装につけた化学物質だけがところどころで光っていた」。文字盤にラジウムを塗った時計もあったし、ラジウム入り口紅を売り出した会社もあった。この頃はまだ、この物質がもたらす害に誰も気づいていなかった。だが、マリーとピエールは忍び寄るものをうすうす感じていた。

素手でラジウムを扱っていたため手がひどく荒れてしまったピエールは、自分で着替えができなくなっていた。骨が痛み、歩く姿は20歳も30歳も年をとっているようだった。マリーもよく体の力がすうっと抜けた。不思議なのだが、2人の健康状態の悪化と扱っている放射性物質とを誰も結びつけなかった。ピエールは、閉鎖空間で放射性物質の放射物を吸い込んだ実験動物が数時間のうちに死んだことを報告し、「われわれは、呼吸器系に取り込まれたラジウム放射物による毒性作用の実際を確かめた」と結論する論文を書いてもいるのに。マリーは度重なる脱力症状や健康状態の悪化にもかかわらず、一九〇四年十二月に2人目の娘エーブを産んだ。キュリー夫妻はノーベル賞の賞金で少しばかりの贅沢を楽しみ、子どもたちと過ごす休暇を増やすようにした。賞金は約7万7百クローネ、二〇一七年時点の約45万ドルに相当する。いつもより少し上等な服を買い、マリーはかなりの額をポーランドに住む家族に送った。いよいよ個人としても専門家としても幸せを見つけたようだった。

夫ピエールの死

その幸せも一九〇六年四月、ある雨の日に粉々に砕けた。会議に出席するため、ソルボンヌ大学に向かったピエールが、ラジウムの影響でうまく歩けず、往来の激しい道路にさしかかったところで立ち止まり、大型の馬車にひかれた。御者は精一杯避けようとしたのだが、ピエールは頭を轢かれ、頭蓋骨が押しつぶされた。その悲劇をマリーが知ったのは数時間後、仕事から戻ったときだった。当然のことながら、マリーは打ちのめされた。

マリーに少しずつ悲しみを忘れさせてくれたのは研究だった。ソルボンヌ大学はマリーにピエールの教授職を用意し、彼女はソルボンヌで初めての女性教授となった。最初の講義は一九〇六年十一月五日の午後一時三〇分からだったが、この歴史的な催しをひと目見ようと、大学の鉄門の前には正午にもならないうちから数百人が詰めかけていた。扉が開くといっせいになだれ込み、席を埋め尽くし、通路には立ち見もいた。マリーはノーベル賞受賞によって名を知られ、研究を続けると決意したことでフランスの人たちの心に深く刻み込まれた。

悲しみを癒やす術を探していたマリーは、パリを離れ田舎に引っ越すことにした。ピエールと暮らしたアパートには思い出が詰まりすぎていた。新しい土地では娘たちに家庭教師をつけた。イレーヌは幼い頃から科学と数学に才能の片鱗を見せ、両親と同じ道を歩むだろうことははっきりしていた。エーブのほうは音楽に夢中だった。

ややあって、マリーがもう一度恋をしていると友人の間で話題になった。相手はポール・ランジュバン、ピエールの元学生だった。ランジュバンは結婚をしていた。マリーからの思いを綴った手紙を見つけた妻は、この不倫相手の命を奪うと夫を脅した。マリーはランジュバンに離婚を迫ったが、ランジュバンのほうに家庭を壊す覚悟はなかった。彼は妻に、研究者という立場以外では二度とマリーには会わないと約束をした。同じ年、マリーはフランス科学アカデミー初の女性会員に推薦され、一九一一年一月、投票の結果、落選した。友人たちはたいそう憤慨したが、本人は一笑に付した。

一九一一年十一月、ブリュッセルで開かれたソルベイ会議にマリーは出席した。アルバート・アインシュタイン、ラザフォード、ベクレル、レントゲン、ランジュバンらそうそうたる物理学者たちも参加していた。2人の関係を終わらせたという夫の約束を疑っていたランジュバンの妻は激怒し、マリーから夫への手紙を新聞社に公開した。スキャンダルにまっしぐらだった。マリーがパリに戻った翌日、「愛の物語：キュリー夫人とランジュバン教授」という見出しが『ル・ジュルナル』紙の一面を飾った。それから数日の間、フランスの新聞各紙は2人の恋愛話でもちきりだった。おかげで2度目のノーベル賞受賞というマリーの歴史的な偉業のニュースがかすんでしまった。「ラジウムの単離によるラジウムとポロニウムの発見及びラジウムの性質とラジウム化合物の研究」に対して、今回は化学賞が授けられた。ランジュバンとの話はノーベル賞委員会にも伝わり、委員のひとりからは辞退を求める手紙が送られてきた。マリーは、自分の私生活は研究の内容とはなんの関係もないと返事を出し、もちろん自分で直接、賞を受け取りに行くつもりだった。一九一一年十二月、授賞式には姉ブローニャと娘イレーヌも同席し、マリーはスウェーデン国王からノーベル賞を受け取った。

十二月二十九日、マリーは病院に担ぎ込まれた。重い腎臓病を患っていた。一九一二年一月の大半は、ブロメ通りの聖マリア修道女会の世話になり、その後、家に戻ったものの回復せず三月に入院し手術を受けた。体重は47キロしかなかった。3年前より9キロも減っていた。ソルボンヌ大学の学部長に休暇を願い出る手紙を書いた。向こう6カ月間の講義もできそうになかったし、ひどくなる一方の脱力感にも悩まされていた。現在なら放射線障害とわかるが、当時は、原因は謎だった。ランジュバンとの関係は終わったものの、スキャンダル話はそんなに簡単には消えなかった。かつてはマリーを褒めそやした世間もやすやすとは許してくれなかった。ランジュバンを不倫に引きずり込んだ、ふしだらな女。マリーの家の窓には石が投げられ、新聞は中傷記事を載せ続けた。

第一次世界大戦勃発

マリーは研究の進展に後れをとらないよう目を配りつつ、偽名を使ってあちこち移動した。娘たちは住み込みの家庭教師の女性に預けた。そうこうするうちに新聞も、ふしだらなキュリー夫人に興味を失い、次なる話題に関心を移していった。今ならパリに戻っても、風当たりはきつくなさそうだった。一九一四年夏、イレーヌが大学入学資格試験に合格しソルボンヌ大学入学を控えていた。イレーヌは相変わらず科学に秀でていて、大学での専攻も理学を希望し、母とは相棒のような関係になっていた。2人とも、いつの日か一緒に実験台に向かうものだと思っていた。ところが世界情勢が邪魔に入った。フランス政府が設立した、マリーの研究に特化したラジウム研究所（のちにキュリー研究所と改称）が開設になった、ちょうどそのとき第一次世界大戦が勃発したのだ。

一九一四年八月、パリに脅威が迫り、フランス政府は「パリの科学部教授、キュリー夫人の所有するラジウムはきわめて価値の高い国家資産である」と告げた。ついては、マリーは九月三日、フランスで得られたすべてのラジウムを鉛のスーツケースに入れてボルドーまで運び、ボルドーの大学の金庫に隠した。パリに戻る途中でマリーは、ドイツ軍の撤退を知った。マルヌの戦いが始まっていたのだ。フランス軍は、パリから前線までタクシーで移動してきた兵士たちとイギリス軍との援護を受けてドイツ軍を制圧し、マルヌ会戦を勝利した。パリは無事だった。当面は。

戦争というものは、それまで思いもしなかった目標や機会をもたらすことがあるとマリーは知った。危機的な状況にあっては、ソルボンヌ大学教授の道徳を逸脱した行為など取るに足らないという気さえした。ランジュバンとの顛末で負った心の痛みを戦争が忘れさせてくれた。マリーはロシアとドイツの主戦場となっていた母国ポーランドを救う方法も探っていた。開戦から16日ほど経った頃、ロシア皇帝はポーランドに自治を与えると宣言した。これを受けてマリーは「ポーランド統一とロシアとの和解という、問題解決に向かうとても重要な第一歩」だと『ル・タン』紙に投稿した。

マリーは、いかにも彼女らしく完璧に、並々ならぬ力を注いで戦争を支援した。出費を細かく記録した家計簿からは、方々に寄付をしていたことがわかる。ポーランドに援助金、フランスに支援金、「兵士」へ、「兵士の毛糸」として、貧しい人の避難所に。エーブによると2度目のノーベル賞の賞金でフランスの戦時国債を購入していたが、これは最後はただの紙切れになった。さらにメダルも寄付しようとしたが、溶かすことなどできないとフランス銀行側から断られたそうだ。

優れた放射線科医アンリ・ベクレールと話を交わした折りに、自分の専門知識を生かした援助方法を思いついた。ベクレール医師の話では、X線装置が不足していて、「あったとしても状態のよいものが少なく、うまく扱える人もいない」らしい。マリーは、前線や前線近くで負傷した兵士用のX線装置をつくることにした。もちろん放射線科医ではなかったが、X線装置のつくり方はわかっていた。イレーヌに送った手紙には「まっ先にひらめいたのが、病院に放射線装置一式を設置することです。研究室や、動員された医師の部屋で使われないまま放置されている装置を利用して」と書かれていた。

病院に出入りをしているといろいろなことを教えてもらえた。ベクレールからはX線検査の基礎を学び、その知識をマリーは自分で募ったボランティアに伝えた。病院に通ううちに、本当に必要なものはX線と関連装置をまとめて運べる移動車だと気づいた。フランス赤十字とフランス婦人連合から車を1台、寄贈してもらえることになった。あとは装置を見つければよかった。一九一四年十月には2台目の車が寄付された。マリーは放射線車を正式に前線に向かわせるために、軍と交渉をした。事務手続きに数週間かかったものの、十一月一日、陸軍大臣から許可がおりた。マリーとイレーヌ、整備工のルイス・ラゴ、運転手が放射線車第2号に乗り込んで、パリの北東、コンピエーニュの前線から32キロほど離れたクレの第二軍野戦病院に向かった。その後、マリーは放射線移動車を18台用意し、負傷した兵士を1万人検査して戦争を支えた。一九一六年までには、運転免許も取得し、必要とあれば自分で運転をかってでた。

放射線装置は扱い方を習得しないと使い物にならなかったので、マリーは操作方法を教えるところから始めた。軍からはX線技師の養成を依頼されたが、続く数カ月は戦況がそれを許さず、かわりに看護師に教えることにした。一九一六年十月、マリーは女性放射線技師の養成学校を開き、終戦までにおよそ150人を教育した。みな6週間のコースを終えると、国内各地の放射線のある施設に派遣された。

この頃の出来事をマリーは著作『放射線と戦争』にまとめ、そのなかでイレーヌを褒めちぎっている。イレーヌは戦争の間、マリーのすぐそばで一緒に働き、わずか18歳で女性放射線技師養成学校の教師を務めた。戦後、2人の協力関係は実験室に場所を変え、マリーが最期を迎えるまで続いた。一九一六年九月にはイレーヌは、ドイツに占領されていなかったベルギーの小さな町ホーフスターデで放射線技師として独り立ちしていた。素晴らしいことにイレーヌは学業もなんとかやりくりをしてすべての科目で優秀な成績を収め、一九一五年に数学、一九一六年に物理学、一九一七年に化学と、ソルボンヌ大学から学士号を取得した。

アメリカへの旅

一九一九年にベルサイユ条約が調印され、ポーランドは123年を経てようやく主権国家となった。「たくさんの命の犠牲のうえに得られた勝利の結果、大きな喜びが訪れた」とマリーは記している。

戦後は科学界にも及んでいた戦争の傷を癒やす力になりたいとマリーは願っていた。国際連盟の知的協力委員会にこわれ、12年にわたって委員を務めた。インタビューの依頼を受け、アメリカの意欲的なジャーナリストのマリー・メロニーと知り合った。メロニーは、「シャンゼリゼ通りの白い宮殿に」おさまった、フランス科学界の偉大な女性に会うつもりが、目の前に現れたのは「設備の整っていない実験室で研究をこなし、フランスの大学教授のわずかばかりの給料で質素なアパートに暮らす、飾り気のない女性」だった。このとき、メロニーはマリーには援助が必要だと察し、マリーのほうはアメリカに行けばラジウムを手に入れられるかもしれないと気づいた。

メロニーによるとマリーは「アメリカにはラジウムが約50グラムあります。このうち4（グラム）はボルチモア、6（グラム）はデンバー、7（グラム）はニューヨーク」、さらに貯蔵場所を残らず挙げていったそうだ。そして、自分の実験室には「1グラムあるかないか」とも。メロニーは、ラジウムを1グラム寄贈できるだけの資金を調達すれば、マリーの役に立てるとその場で思いつき、「貧困にあえいでいる」マリー像を前面に押し出しながら、資金集めに着手することにした。事実を少々ねじ曲げてはいたが。

メロニーの目標はほぼ達成され、ラジウム1グラムを買うための10万ドルが集まった。メロニーは、翌年の五月にマリーのアメリカ訪問を手配した。いくつか講演をして、名誉学位を受け、ホワイトハウスでウォーレン・G・ハーディング大統領からラジウム1グラムを進呈される運びだった。マリー本人はそんなに早い時期の旅行はどうも気乗りがせず、十月を強く希望した。メロニーはフランス科学アカデミーの最高責任者に手紙を書き、マリーに五月訪問を承諾するよう説き伏せてもらった。最後はマリーが折れて、一九二一年五月四日、娘たちと一緒に客船オリンピック号に乗りこみ、シェルブールから旅立った。10週間の間に、いくつもの昼食会、夕食会、授賞式、合間をぬってナイアガラの滝とグランドキャニオン観光が予定されていた。ニューヨークではあふれんばかりの人が埠頭に集まりマリーを歓迎した。最初こそ心も躍ったが、じきにひどい疲れが押し寄せた。その数年前のアルバート・アインシュタインのアメリカ訪問と同じように、マリーもあちらこちらで熱狂的な扱いを受けた。ただし、すべてではなかった。

行く先々の大学で名誉学位を授けられたのだが、ハーバード大学の物理学部では投票の結果、何もないことが決定されていた。その理由をハーバード大学元学長チャールズ・エリオットにメロニーが尋ねたところ、ラジウム発見の功績はすべてがマリーにあるわけではなく、夫が亡くなってからの彼女は大したことをしていないと物理学者は考えている、と返された。とはいえ、ハーバード大学自体はマリーを暖かく迎えたので、おそらく本人は舞台裏の事情にまでは考えが及ばなかったと思われる。

五月二十日、マリー・キュリーはホワイトハウスの青の間で開かれた歓迎会に出席し、ハーディング大統領から緑色の革製の箱と鍵を贈呈された。箱の中には、「ラジウム1グラム分の象徴」と刻まれた砂時計が入っていた（本物のラジウムは別の実験室で安全に保管されていた）。このときのマリーからの挨拶は短かった。あわただしい旅の日々は体にこたえ、疲労のためいくつかの約束をやむをえず取り消した。イレーヌとエーブが母に代わり名誉学位やメダルを受け取る場面もあった。マリーの疲れた様子を巡っては、「軽いむだ話」に耐えられないとか、人とのつきあいに不慣れだとか、実験室を離れた経験があまりないといった憶測が飛びかっていた。だが、一番の原因は間違いなく、長期にわたって浴び続けた放射線だった。旅の途中、マリー本人が非公式の場で「ラジウムの研究……とくに戦時の研究によって私の健康はひどく損なわれました。そのため、あちこちの研究室や大学を訪れることができません。心の底から興味をそそられているのに」と語っている。一行は西部を回ってからオリンピック号でフランスに向かい、マリーの愛するラジウム研究所に戻った。

ラジウム研究所

ラジウム研究所は、そもそもは放射能の研究施設を要望する、パスツール研究所とソルボンヌ大学から持ち上がった話だった。多少の込み入った事情を経て、結局、2つの研究所が建てられることになった。ひとつはソルボンヌ大学が資金提供、運営を引き受け、マリーが所長となり、放射性元素に関する物理学と化学を研究する。もうひとつは放射能の医療への応用研究を行う。こちらの方はパスツール研究所が資金提供、運営を引き受けた。研究所長はリヨン出身の医学研究者クラウディウス・ルゴー医師だった。2つの建物は隣り合わせで建てられた。

一九一四年の設立当初から大勢の女性が研究をしていた。一九三一年には37人いた研究者のうち12人が女性だった。これほど女性の多い研究施設は世界でもまれだった。多くが、女性の数も少ないうえに、男性による本当の研究に必要な計算をする「計算機」扱いをして、女性を一段低く見ていた時代だった。

どこもマリーの研究所とはかけ離れていた。ここでは女性が男性と同等のパートナーとして一緒に研究をしていた。一九三九年、研究員のマルグリット・ペレーが元素フランシウムを発見した。マルグリットはのちに科学アカデミー初の女性会員に選ばれた。マリーが却下されてから51年が経っていた。

放射線に伴う危険は、第一次大戦後数年で研究所の内外でだんだん明らかになってきていた。一九二五年、アメリカ、ニュージャージー州の工場で時計の文字盤に夜光塗料を塗っていたマーガレット・カーラフという若い女性が、雇い主の米国ラジウム・コーポレーションを相手取って訴訟を起こした。唇で筆先を整える作業が原因で健康状態が著しく損なわれ、回復の見込みがなくなってしまったと訴えた。訴訟が進むにつれて、同じ工場で文字盤に塗装をしていた人がすでに9人亡くなっていたことが明らかとなり、全員放射線に原因があると結論づけられた。一九二八年までには15人の塗装工がラジウムの被爆により命を奪われていた。

マリーの研究室でも放射線による深刻な被害が表面化し始めていた。一九二五年六月、技師のマルセル・ドゥマランダーとモーリス・ドゥメニトゥルーが医療用放射性物質に被爆し、4日のうちに相次いで息を引き取った。「指、手、腕と次々に切断」しなければならなくなった放射線技師もいたし、視力を失った人、さんざん苦しんだあげく亡くなった人もひとりやふたりではなかった。一九二五年十一月、イレーヌは日本の科学者、山田延男からの手紙を受けとった。ラジウム研究所で一緒にポロニウム源の調製をしていた間柄だった。国に戻ってから2週間後に意識を失い、それ以来、病床にあると書かれていた。その2年後、山田は他界した。

マリーは否定したが、健康状態が悪化していたことは、本人にも近しい人にもわかっていた。けれどもマリーは隠し通そうとした。ブローニャに宛てた手紙には「これは私の問題です」と書かれていた。「誰にも言わないでください。どうしても世間に知られたくありません」。一九二〇年が明けると視力は衰え、四六時中耳鳴りがしていた。目がよく見えないことも何とかして隠し続けようとしていた。自分の器具には色で印をつけ、講義ノートには大きな字で書き込んだ。「細い線の写った実験写真を学生が見せに来ると、まず厳しい質問を浴びせて、うまく情報を聞き出し、頭の中でその写真像を組み立てていた。それから、ひとり離れた場所でガラス板（写真乾板）を手に取り、しげしげと眺めた。その姿はあたかも線を観察しているかのように見えた」とエーブは書いている。

合わせて3度の白内障の手術をしたマリーは、エーブに「私が目を悪くしたことは誰も知らなくていい」と言った。たとえ放射線で健康が損われても引退するつもりなどさらさらなかった。一九二七年、ブローニャに宛てた手紙で、「時々、気持ちが萎えることがあります。仕事を辞めて、田舎に住んで、庭いじりをしてみようかと思ったりもします。けれども私はたくさんのつながりに支えられています……仮に執筆仕事があったとしても、研究室なしではとても生きていけそうにありません」と打ち明けている。

一九二九年に、もう一度アメリカを訪れた。母国、ポーランドに新しくできる研究所のためにラジウムをさらに1グラム購入する資金を、アメリカの女性団体が集めてくれたからだった。この研究所は一九三二年に開設されることになる。マリーにはハーバート・フーバー大統領から、ポーランド行きのラジウムの送り状が贈呈された。滞在中、数人の友人とは会ったものの、先回のような旅の日程をこなすには体調が悪くなりすぎていた。

マリーの体は一気に弱っていった。一九三四年一月、イレーヌやその夫フレデリック・ジョリオといっしょにサボアの山へ旅をした。イースターの間はキャヴァレールの自宅でブローニャと最後の時間を過ごしたが、気管支炎を発症し、休暇どころではなくなった。5週間後、快方に向かったのでエーブの待つパリに戻った。たびたび熱と悪寒に襲われ、エーブの目に映る母の様態は五月あたりから日に日に悪くなっていった。X線で昔の結核の影を見つけたパリの医師に、サボアのサナトリウムに行くよう勧められた。途中、列車の中でマリーは気を失った。サナトリウムで診察を受けたところ結核の兆候は見つからなかったが、血液を調べたスイスの医師は「ひどく進んだ悪性貧血」と診断した。七月四日の夜が明ける頃、サボアの澄んだ空気のなかに建つ静かなサナトリウムで、マリー・キュリーは永遠の眠りについた。少しずつ蓄積していた放射線によって全身がむしばまれていた。

マリーは、男女の別なく偉大な科学者として歴史に名を残している。女性科学者の草分けでもある。女性で初めてノーベル賞を受賞した。ソルボンヌ大学で初めての女性教授になった。女性として初めて名だたる科学研究所の指揮を執った。パンテオンに埋葬された初めての女性でもあった。また母親と、常勤の研究職とを同時にこなしたさきがけでもある。マリーが切り拓いた道に、今、数え切れないほどの女性が続いている。

第4章　ガートルード・エリオン

Gertrude Elion（**1918～99**）
ガートルード・エリオンは製薬産業における化学者のパイオニア。白血病、マラリア、HIVなど数々の難病の治療薬を発明した。1988年にノーベル生理学・医学賞を受賞。博士号を取得していない初めての受賞者だった。

広く名が知られているわけではないが、私たちの生活に大きな影響を及ぼす発見をしたガートルード・エリオン。製薬産業における化学者の草分けである。数々の「新薬の設計開発」に果たした重要な役割に対して、ジョージ・ヒッチングス（写真・左）、ジェームス・ブラックとともに一九八八年、ノーベル生理学・医学賞を授与された。女性としては15人目だったが、博士号を取得していない初めての受賞者だった。

ニューヨークで生まれ育ち、ニューヨーク大学化学部を卒業した。祖父の死をはじめとする、いくつかの悲しい経験に突き動かされて研究の道を歩んでいった。大学卒業時には、科学研究に向かおうとする女性の前に立ちはだかっていた社会にはびこる性差の壁にぶつかり、それを乗り越えるまでに7年を待った。ガートルードの開発した数多くの画期的な薬のなかには、小児白血病を治療する薬、臓器移植に伴う拒絶反応を抑制する薬、世界で初めての痛風の症状を抑える薬、人体に害を及ぼすことなくウイルスの活動を阻害する薬などがある。ガートルードの切り拓いた薬剤開発の新しい手法によって、世界中の数え切れない人に恩恵がもたらされている。

ガートルード・エリオンは一九一八年一月二十三日、ニューヨークで生まれた。家族や親しい友人からはトルーディーと呼ばれた。赤毛のトルーディーは生まれたその日から元気いっぱいだった。幼い頃は勉強と音楽に明け暮れ、10歳にして、大好きな父親と一緒にメトロポリタン歌劇場のオペラの舞台に立った。

父ロバート・エリオンは代々続くラビ〔訳注：ユダヤ教における宗教的指導者で学者〕の家系に生まれ、12歳でリトアニアからアメリカにやってきた。ロシアとオーストリア・ハンガリー帝国の迫害から逃れてきたユダヤ人200万人のうちのひとりだった。ニューヨークに到着したユダヤ人のほとんどが50ドルほどしかもっておらず、皆、真っ先に仕事を探した。ロバートは昼の仕事に加え夜も薬局で働き、倹約に務め、大学の学費を貯めた。一九一四年、ニューヨーク大学歯学部を卒業してからは歯科医としての腕を上げ、やがて医院を数軒開業して、株式や不動産に投資できるほどの収入を得るようになっていた。

母も移民だった。14歳でポーランドからやってきたバーサ・コーエンは、わずか19歳でロバートと結婚した。2人はニューヨークの大きなアパートで新婚生活を始め、ロバートはここでも医院を開いた。ガートルードが5歳のときに弟ハーバートが生まれ、その2年後に一家はブロンクスのグランドコンコースと呼ばれる通りに引っ越した。姉と弟はアパートのまわりの空き地で遊んだり、近くの公園に出かけたりして過ごした。ブロンクス動物園もお気に入りの場所だった。

ロバートは分別のある賢い人として知られていて、ことあるごとに移民仲間が相談に来ていた。家にじっとしているのが得意ではなく、ガートルードといっしょに地図や時刻表を見ながら、よく旅行の計画を立てていた。しかし、経済的な事情から、豪勢な旅行というわけにはいかなかった。ロバートは大変な倹約家だったので、バーサは家計をうまい具合にやりくりしなければならなかった。ガートルードも年端もいかないうちに金銭感覚を身につけた。「ちょっとしたお小遣いをもらうのも、助成金の申請をするような感じでした。ちゃんと説明をして、要するにお願いをしなければなりませんでした。好き勝手に買ってくることなどできませんでした」

このような事情もあってか、バーサはガートルードによい給料をもらえる仕事を見つけ、自活してほしいと思っていた。両親はともに教育熱心だった。それは経済報酬の期待できる、おもしろそうな職に就けるという理由だけでもなかった。バーサも学者の家系の生まれだった。先にアメリカで生活を固めた姉たちを追って移住してきた。夜間の学校に通い英語を学ぶ一方で、現実を見通して裁縫の仕事も見つけていた。ガートルードはのちにこう語っている。「母は高等教育を受けていませんでしたが、私が知るなかでは最も良識のある人でした。彼女は私に仕事に就いてほしいと思っていました。だからいつも私を支えてくれました。母と同世代の女性に母のような人はあまりいませんでした」

そんな両親の影響もあり、ガートルードは幼い頃から学ぶことが好きだった。分野を問わず興味を覚え、むさぼるように本を読んだ。とくに2人の科学者にいたく心を動かされ、2人にまつわる話とあらばどのようなものにでも熱心に目を通した。ひとりは放射能の研究でノーベル賞を2度受賞したマリー・キュリー（第3章参照）、もうひとりは伝染病の原因が微生物にあることを突き止めたルイ・パスツール。お気に入りの一冊はポール・ド・クライフの『微生物の狩人』[1]だった。初期のころの微生物学者たちが紆余曲折を経ながら成し遂げた研究の足跡を描く、世界的ベストセラーだ。科学だけが特別好きだったわけではなく、万能選手タイプだったが、『微生物の狩人』を読んでがぜん科学がおもしろくなり、研究職にも興味をもつようになった。のちにガートルードは、科学者というものの実態をよく知るために、子どものうちにクライフの本を読んだ方がいいとアドバイスしている。

もって生まれた好奇心と知性に導かれるように、学校の勉強は同級生のみるみる先を行った。12歳で高校レベルに達し、数学年飛び級をした。飛び級には刺激を受けたが、その一方で十代半ばにありがちな男の子への関心や、あれやこれやに忙しい同級生とは歩調が合わなかった。ガートルードは自分のことに集中するようになり、勉強していると心が和んだ。

どの科目にも熱心に取り組んだが、なかでも英語と歴史が得意だった。教師たちからは、将来は作家か歴史学者かと思われていたらしい。とりたてて科学に関心があるようには見えていなかったので、のちに科学者となったことを知り皆、驚いたそうだ。「女子校だったので、生徒たちが仕事を続けていくのかどうかは先生方もよくわからなかったのだと思います。私のまわりには教師になった人もたくさんいたし、科学研究の道に進んだ人もいました」とガートルードは語っている。

高校卒業が近づいてもガートルードは将来を決めかねていた。父からは歯学や薬学を勧められていたが、解剖の授業が苦手だった。研究人生を歩むきっかけとなったのは、仲のよかった祖父の存在だった。祖父は、ガートルードが3歳のときにロシアから移住してきて一緒に暮らしていた。博学な時計職人で、イディッシュ語をはじめ数カ国語を話すことができた。年をとるにつれて視力が衰え仕事を続けられなくなったが、ガートルードとはどんどん近くなり、2人で公園を散歩しながらイディッシュ語もまじえて話を交わすこともあった。

祖父の死と進路

一九三三年、弱冠15歳で高校を卒業したちょうどその頃、祖父に死期が迫ってきた。「病院に運ばれ、しばらくたってから面会が許されました。病室で祖父に会ったときのことを覚えています。変わり果てた姿に言葉を失ってしまいました。病というものがどれほど恐ろしいか、あのとき初めてわかりました」。祖父は胃がんを患っていた。じわじわと弱っていき、痛みを訴え、いよいよ最期のときを迎える祖父を前にガートルードは、恐ろしさと大きな悲しみに襲われた。そんななかで将来の方向が見えてきた。「私の人生を考えるうえでとても重要な時間でした……高校を卒業したばかりで、ちょうど自分の将来についてある程度の進路を決めなければならない時期と重なっていました。祖父の死にはとても衝撃を受けました、まさにあの時が決定的でした。もう少し早かったら、そうはならなかったと思います」

ガートルードは悲しい別れを4度体験し、そのたびに進む道に大きな影響を受けることになるのだが、祖父の死はその最初だった。「高校で科学は好きでしたが、15歳のとき、祖父ががんで亡くなったことに胸を衝かれてがんとの闘いを誓った私にとって、化学専攻はごく自然のなりゆきでした」。祖父にはただ耐えるほかなかった、あのような状態から患者を救いたかった。「それを人生の目標にして、できるなら自分でなんとかしてみたいと心の底から思っていました」

化学を学ぶ道を進んでいくのは簡単ではなかった。内容がむずかしかったからではなく、学費をまかなえなかったからである。一九二九年十月、ウォール街の株式市場が暴落したのはガートルードが11歳のときだった。このときから、エリオン家も生活が苦しくなり始めた。世界経済、とりわけアメリカ経済は大恐慌に引きずり込まれ、一九三三年の冬頃は衰退しきっていた。株式市場に多額の投資をしていたロバート・エリオンは破産宣告をせざるをえなかった。歯科医院のほうの収入はあったものの、ガートルードの大学、さらにその先の学費まではとても捻出できなかった。

ガートルードは、自分の決断に迷いはなかったし、家族も応援してくれていた。「ユダヤ人移民の間では成功への道は教育でした……最も尊敬される人は最も高い教育を受けた人でした。とくに私は第一子だったし、学校が好きで成績もよかったので、上の学校に行くのは当然のことでした。私が大学に行かないとは誰も思っていませんでした」

運のいいことに、ニューヨーク市立大学のハンター校が一九三三年に授業料を無償化していた。ガートルードはやる気持ちを胸に入学した。同校は一九三〇年頃は女子にしか入学を認めておらず、一九五一年に完全に共学となった。ガートルードが大学生だった頃は、トップクラスといわれる大学はプロテスタント階級にほぼ限られていたので、ユダヤ教徒などの子弟は市立大学に通っていた。それ以外に選択肢はなかった。弟のハーバートも市の教育制度を利用し、ガートルードに続いて市立大学で物理学と工学を学び、のちに生物工学と通信工学の会社を経営する。

ガートルードはハンター校の刺激的な環境が気に入った。とくに化学の講師オーティス博士には励まされた。博士は、科学者を目指す女子学生のために勉強会を立ち上げていた。定期的に雑誌会を開いて、学術雑誌に発表された最新の知見について意見を交わした。今でこそ科学系の課程では当たり前だが、おそらく当時は、とくに女子学生に対しては珍しい教育方法だった。学生を思うオーティス博士の姿はガートルードの頭に焼き付いた。のちに自分が学生を受けもったときには、同じやり方で指導した。

一九三七年、19歳になったガートルードは化学の学士号を取得した。同期のほぼトップの成績で卒業し、女性に対して研究職の門戸があまり開かれていなかった時代に、履歴書は文句なしだった。科学を専攻した女子学生の進路はおもに看護師か教師だったが、ガートルードは別の道を考えていた。祖父が亡くなって以来、化学研究者になってがんの治療薬を見つけることしか頭になかったのだ。マリー・キュリーの存在もずっと刺激になっていた。女性だって科学の世界でマリーのように大きなことを成し遂げられる。自分にもできるはずだとかたく信じていた。75人いた卒業生のうち科学者になった女性は、ガートルードを含め6人ほどしかいなかった。

卒業後はまずは職探し、そして研究の道に進むには、当時も今も博士号の取得が待っていた。ガートルードが出願した大学院は15を下らなかった。輝かしい成績だったにもかかわらず、どこも通らなかった。企業の研究職の採用面接では、かわいらしすぎるので男性研究員の気を散らせると言われたことすらあった。すっかり気落ちした。「精神的にぼろぼろでした。女性であることが不利なのだと、生まれて初めて実感しました。怒りを覚えなかったのは、今でも不思議なくらいです」

気持ちは沈んだものの、行く手をすっかり阻まれているわけではなかったので、将来を見すえて、さしあたり学費を稼ぐことにした。職探しは簡単にはいかなかった。一九三七年、大恐慌の影響がまだ感じられた。求人は少なかったし、イギリスと同様、アメリカでも女性が家の外で働くことは歓迎されない時代だった。一九三七年から四四年まで、職を転々とした。秘書養成学校（女性に求められる技能を習得する目的の学校）で6週間、特別講習の講師をしたり、看護師に生化学を教えたりしたこともあった。

親元で暮らしながら、ニューヨークのデンバー・ケミカル社で1年ほど働いてお金を貯め、一九三九年、ニューヨーク大学の化学の修士課程に進学した。圧倒的に男子のほうが多かった。「化学専攻の大学院の同期のなかでは女子はひとりだけでしたが、誰も気に留めていませんでした。私もそれがおかしいとはまったく思っていませんでした」

学費を賄うために仕事も続け、この頃は高校で化学と物理を教えていた。日中、授業をしてから、夜、大学に通った。休んでいるひまなどなかった。週末になると暖房の消された研究室で、厚手のコートを着込み、ブンゼンバーナーに火をつけて暖をとるガートルードの姿がよく見られた。仕事は忙しかったし、相変わらず学費のやりくりに追われていたが、それで諦めるようなガートルードではなかった。さらに、それよりももっと大きな心配事がいくつかあった。とりわけ、重くのしかかることになる2度目の悲しい別れがすぐそこにあった。

二度目の別れ

修士課程を過ごすうちに、人生をともに歩みたいと思う人との出会いがあった。レオナード・カンターは同じく市立大学で統計学を専攻する優秀な学生だった。ゆくゆくは、投資銀行のメリルリンチに就職し、しばらく他の国で仕事をしてから帰国して、ガートルードと結婚するつもりでいた。ところが2人の将来は突然ついえてしまった。レオナードが急性細菌性心内膜炎（心臓の弁や心内膜に細菌が感染する病気）に襲われたのだ。死に至る病だった。一九四一年当時はペニシリンなどの有効な救命処置はなかった。ドロシー・ホジキン（第5章参照）が構造を研究していたペニシリンは、第二次世界大戦が終わるまでは兵士以外の個人には投与されていなかった。

レオナードの死によって深い痛手を負ったガートルードは、科学に生涯を捧げると決めた。弟のハーバートによると、レオナードとの別れは「胸がはりさけるほど悲しくて、彼女が完全に立ち直ることはありませんでした……レオナードほどの人はどこにもいませんでした」。のちにガートルードは研究対象の化合物を「子ども」と呼ぶことがあった。研究室のスタッフや学生がガートルードにとっては家族のような存在となり、そういった人たちや弟家族との関係を大事にした。

結婚しないつもりではなかったし、もし結婚していたら違う人生を歩んでいたかもとも思う、と回想している。「家族と仕事の両方を女性がたやすく手に入れられる時代ではありませんでした」。「今は違うと思います。どちらも手に入れている女性を何人も知っています。ですが、あの頃は、結婚した女性が働いていたり、子どもを生んでから研究室に戻ってきたりすると眉をひそめられていました」。

一九四一年、23歳で化学の修士課程を修了した。同期で女性はひとりだった。アメリカが第二次世界大戦に参戦したその年の終わりに、研究の仕事にまだ関心があるかと尋ねる電話が職業紹介所からかかってきた。のちにガートルードはこう語っている。「関心⁉　もちろん、まだまだありましたよ。絶対に就きたいと思っていた職業です。男性が戦場に行くようになってからですが、ようやく必要だと気づいてもらえました！　戦争がすべてを変えました。研究室で女性を雇うことにどうこう言っている場合じゃなくなっていました」

一九四二年、当時レートアトランティック・アンド・パシフィックティー社（A&P、アメリカのグロッサリー・チェーン）の子会社だったクェーカー・メイド社に食品化学者として入社した。研究室という環境に身をおけたのは嬉しかったが、仕事の内容は同じ作業の繰り返しで知的好奇心は今ひとつ満たされなかった。「ピクルスの酸度を測定したり、冷凍イチゴのカビを調べたり。マヨネーズに使う卵黄の色も確かめていました。思っていた仕事とは違っていましたが、方向は間違っていませんでした」

製薬会社への就職とヒッチングスとの出会い

A&Pで18カ月、その後、医療関連会社ジョンソン・エンド・ジョンソンで半年働き、26歳になった年に運が巡ってきた。向こう40年近く勤め上げることになる企業に採用が決まる。きっかけは父ロバートだった。自分の歯科医院にあった鎮痛剤エンピリンの見本品が目に入り、製造元の製薬会社バローズ・ウェルカム（現在のグラクソ・スミスクライン）に研究助手の仕事でもないか、電話をしてみたらどうかと娘に勧めたことから始まる。ガートルードはあまり期待していなかったが、電話をかけて事情を話したところ、土曜日に会社に来るようにと言われた。大学を出てから7年、面接にこぎ着けることさえむずかしかった長い時間を経て、バローズ・ウェルカムに通じる道があっさりと開けた。

製薬会社というと、人道的な理想を脇に置いてもっぱら利益を追求している、と芳しくない風評も立ったりするが、バローズ・ウェルカムは違っていた。一八八〇年にイギリスで創業されて以来（創業者はヘンリー・ウェルカムとサイラス・バローズ）、重篤な病気を救うための薬の開発を企業理念の中心に置いていた。医薬品の本格的な製造は世界でもまだ始まったばかりだった。一九〇〇年になる頃にはルイ・パスツールやロベルト・コッホらの発見により、病気を引き起こす微生物が21種類同定されていた。バローズ・ウェルカムは、新薬を研究開発するために科学者を雇った最初の製薬会社だった。一九一二年には世界各国に8つの支社を抱え、ニューヨークには一九〇六年に進出していた。

一九四四年、運命の電話の後、ガートルードは手持ちのなかで一番いい服を着て、バローズ・ウェルカムに出かけ、ジョージ・ヒッチングスと面接をした。研究所には75人が在籍していて、その中から女性もひとり同席していた。同性の姿を見つけほっとしたものの、とんとん拍子には進まなかった。その化学者エルビラ・ファルコが反対したのだ。ガートルードによると「彼女は彼（ジョージ・ヒッチングス）に、私を不採用にするよう言いました。身なりが上等すぎたそうです」。どうみても妬みに駆られたいいがかりだった。ガートルードは「では、あなたは一番いいスーツを着ないで面接を受けるのですか?」と言い返した。気詰まりな出会いだったが、のちにはよい友人となったそうだ。

ジョージ・ヒッチングスはエルビラの言葉をあっさりかわし、ガートルードを生化学の助手として採用した。ガートルードは博士号をもっていないことを気にしたが、ジョージはそれは本質的な問題ではないと判断した。ジョージ流の、慣習にとらわれない仕事の進め方は所員も知っていて、彼の決定には皆、一目置いていた。ガートルードのありあまるほどの知性に知識、そして気骨を気に入ったジョージは希望通り週給50ドルを約束した。当時にするとかなりの金額だったが「それだけの価値がある」とジョージは言ってくれた。

ジョージとガートルードは何から何まで意気投合していたわけではなかったが、2人の強い結び付きはその後40年に及ぶことになる。職場ではジョージはいつもガートルードの一歩先を歩いていた。彼が昇格するたびに、ガートルードはその後任についた。一九六七年、ジョージが定年を迎えると、ガートルードが実験的治療部門を束ねることになった。今や世界をリードする製薬企業の一大研究グループを導く、アメリカで初の女性となった。

バローズ・ウェルカムの研究環境は自由で、研究者は思うように問題を追究してよかった。ガートルードにぴったりの職場だった。学ぶ意欲にあふれていたガートルードは、社内でも生き字引きのような存在になっていった。現在の科学者はひとつの分野だけで専門を極めがちだが、ガートルードの歩んだ科学の道を振り返ると、有機化学、生化学、薬学、免疫学、ウイルス学など幅広い分野に及んでいる。

最初に入った研究室の環境は少々難があった。階下にベビーフードの製造工場があり、年がら年中食品を乾燥させていた。床から猛烈な熱が伝わってきたが空調設備はなかったので、ガートルードはゴム底の厚いナースシューズを履いた。だからといって転職をしようとは一度も考えなかった。「科学とは、絶えず学び続ける分野です。学ぶことをやめなくていい、いつも何か新しいことがある仕事こそ私の念願でした」。研究人生を終える頃には特許を45件取得し、論文を２００報以上発表し、名誉学位を23も受けていた。もちろんノーベル賞も。

ジョージは、医薬品をやみくもに探すのではなく合理的につくり出す方法に関心があった。この考え方は当時はかなり珍しかった。ほとんどの製薬研究者は特定の病気に着目し、さまざまな化合物の効果の有無を根気強く調べていた。いわゆる試行錯誤というやり方だ。ジョージは逆から攻め、まったく新しい新薬の開発方法を確立した。現在では合理的薬物設計と呼ばれ、広く一般的に用いられている。まず1種類の化合物に着目し特性を理解したうえで、治療薬とするにはどのように開発していったら一番よいかを考えた。

現在の合理的薬物設計では、標的とするタンパク質の特定が欠かせない。タンパク質の正確な立体構造がわかれば、その形に合う構造の薬を設計できる。当時はドロシー・ホジキン（第5章参照）らがタンパク質の構造を明らかにする前だったので、ジョージにそのような発想はなく、彼は代謝拮抗薬に注目していた。古典的な抗菌薬といわれるスルホンアミドが、細菌の生命維持に必須の代謝を遮断していることはわかっていた。

一九四四年、ガートルードがジョージの研究室に入ったときは、遺伝情報を運ぶ物質である核酸の代謝に関する研究が進められていた。ただ、核酸を扱ってはいたものの、新しい治療薬への筋道がはっきり見えていたわけではなかった。一九四四年といえば、核酸の一種であるデオキシリボ核酸（DNA）が遺伝子の重要な成分であることを、オズワルド・エイブリーが慎重に示唆したばかりだった。ジェームズ・ワトソン、フランシス・クリック、ロザリンド・フランクリンがDNAの構造を解明し、細胞が増殖する際に遺伝情報がどのように複製されるかを明らかにするのはさらに9年後のことだ。

ガートルードもジョージもすっかり見通していたわけではなかったが、細胞の増殖にはすべて核酸が必要であることと、無制限に増殖するがん細胞には、他の細胞よりもはるかに大量の核酸が必要であることはわかっていた。がん細胞はとても速く増殖をするので、DNAの生成や修復も速い。このためがん細胞は、増殖の過程を混乱させるような化合物に対して弱いという特徴がある。

DNA（およびリボ核酸、RNA）は大きな分子だが、簡単な化合物である塩基からできていることをジョージは知っていた。この塩基のうちアデニンとグアニンという2種類のプリン塩基がガートルードの担当になった（アデニンとグアニンはそれぞれ、ピリミジン塩基であるチミンとシトシンと対になりDNAのらせん構造をつくる化合物）。プリン塩基に似せた塩基をつくれば、がん細胞や細菌の細胞などの素早い増殖を阻止できるとジョージは考えたのだ。

時代の先を行く研究だった。「あの頃、プリン塩基の合成に関心のある研究者はほとんどいなくて、頼りにしていたのは古いドイツの論文に書かれていた方法でした」とガートルードは振り返っている。ジョージとガートルードが合成しようとした塩基は、天然に存在する塩基と同じくDNA分子をつくるけれども、複製の仕組みを妨害する点で大きく異なっていた。このような分子を2人の間では「ゴム製のドーナッツ」と呼んだ。見かけも振る舞いも本物そっくりだが、中身はまったく違う、いわゆる拮抗剤である。

ガートルードはプリン塩基を薬剤の候補として研究し、さらに、当時はほんの思いつきだったが代謝経路を明らかにするための研究ツールとしても利用した。「自然が隠そうとしている答えを、薬が教えてくれます」と語っている。

この2種類の塩基は、時代に先駆けた合理的薬物設計において大事な役割を果たすことになるのだが、日の目を見るまでには時間がかかった。「最初は」、「化合物をつくる方法を見つけるのが私の仕事でした。したがって、どう進めたらいいのかを調べるために図書館に通いました……どうにかして目的の化合物をつくるほかありませんでした。そして問題は、そう、その化合物をどう利用すればいいのか、で した。作用があるのなら、どうすればそれを確かめられるか」。以下ではガートルードとジョージの開発した、あまたある薬のなかからほんの一部を紹介する。

最初の課題は、新規化合物のなかから候補を見つけるための生物学的方法を探し出すことだった。2人は微生物を利用して選別する方法を思いついた。既知のプリン体（プリン骨格をもつ化合物の総称）混合物を栄養源として成長するラクトバチルス・カゼイ（チェダーチーズの製造に使われる害のない細菌）を使って調べることにした。合成したプリン体のなかでジアミノプリンが、ラクトバチルス・カゼイの成長を大きく阻害した。マウスの腫瘍や、組織培養した腫瘍細胞で調べたところ、こちらでも阻害作用を示した。一九四八年のことだった。

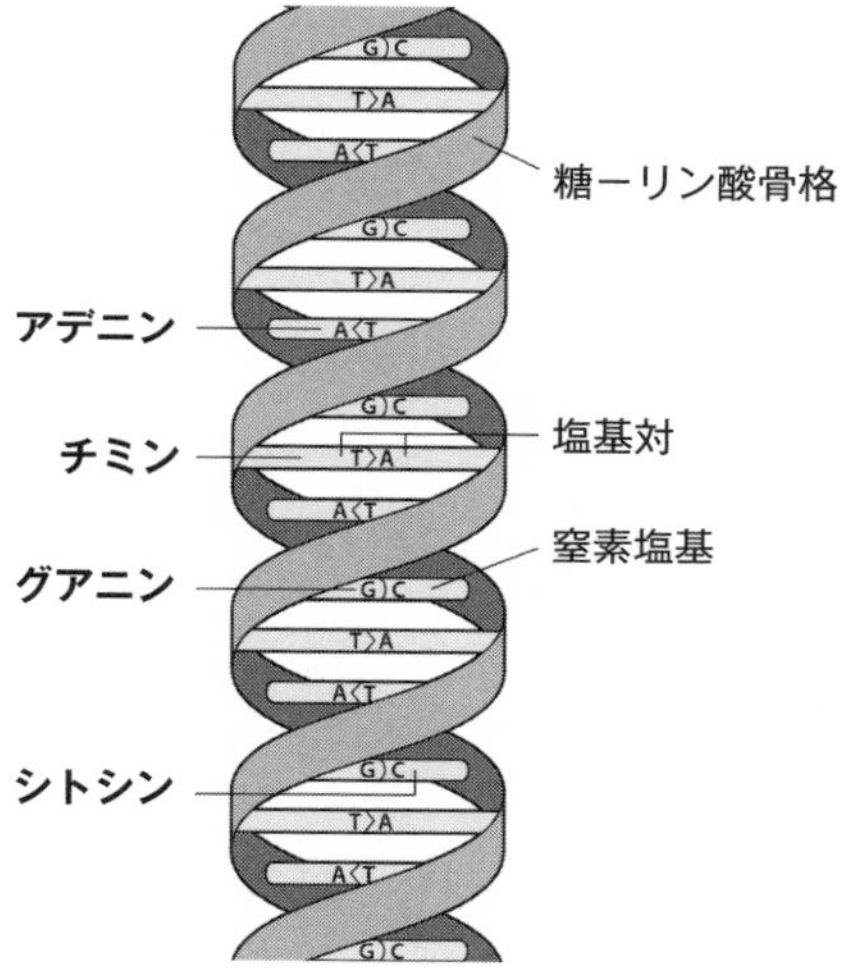

二重らせん構造のDNA。ピリミジン塩基（チミン、シトシン）と相補的なプリン塩基（アデニン、グアニン）が結合し塩基対をつくっている

同じ年、ニューヨークのスローン・ケタリングがんセンターで、がんの治療薬として最初の臨床試験を行った。滑り出しこそ順調だったが、患者は精神的にも肉体的にも、ジェットコースターに乗っているような浮き沈みを繰り返した。ジアミノプリンに耐えられる患者は多くなかった。強い毒性があるため猛烈な吐き気を催したのだ。症状が好転するもわずか2年で再発する患者もいた。

ガートルードとジョージは患者1人ひとりの話を聞き、それぞれの抱く不快感を自分のことのように感じていた。この姿勢は2人の研究の大きな特徴である。治療のすべての段階に関わり、今日の薬の開発研究者と比べるとはるかに患者の近くで仕事をしていた。研究室からベッドまで、すべての経過に目を配った。同僚のクレニスキーによると、当時はとくに珍しいやり方というわけではなかったが、「トルーディーはとくに長けていました。医療に関わる人たちとも意見を交わしたし、ＦＤＡ（食品医薬品局）とも議論をしていました」

3回目の別れ

ジアミノプリンの初めての臨床投与には、悲しい別れが待っていた。ガートルードの人生に大きな影響を与えた3度目の出来事である。23歳の女性患者JBはこの新薬を服用して快方に向かっているように見えた。がんは消えたと思われ、結婚をして一児をもうけた。ところが、がんは潜んでいた。JBは闘いに敗れた。化学療法の治療計画と、がんの経過観察との間には当時は大きな隔たりがあった。初期治療のあと、JBに薬は投与されなかった。現在ならば、他の薬を投与したり、投薬計画を調整したりするところだ。そうすればJBも子どもの成長を見届けられたかもしれない。ガートルードはひどく気落ちしたが、研究を先に進めることをあらためて決意した。効果が高く、なおかつジアミノプリンよりも正常細胞に対する毒性の低い薬を見つけるつもりだった。

ガートルードは、科学の発見について現実に即した見方をする人だった。「研究はしんどい仕事です。それはどうしようもありません。ですが、うまくいかなくても対処の仕方次第で、その先が変わってくる可能性があります。科学の場合、うまくいかなかったことに対しては複数の方向から取り組むのみ……決してどん底と思わないこと。少しすれば前よりも知識や技術が身についています。そうしたら、もう一度やってみましょう。必ずやり直せます。私はそうしてきたし、それでうまくいきました！」

治療薬で初めて大きな成功をおさめたのは32歳のときだった。このときもがんが相手だった。ガートルードの研究人生はがんに駆り立てられていた。この病気は今も研究者に課題を突きつけている。一九四〇年代、五〇年代は急性リンパ芽球性白血病（白血球のがん）を発症した子どもの半数が数カ月以内に亡くなっていた。

6MPの効能を発見

一九五〇年代に入った頃には、ガートルードとジョージが合成して、ラクトバチルス・カゼイで選別したプリン体は100種類を超えていた。グアニンは2つの環構造からなるプリン体である。環の特定の位置の原子を別の種類の原子で置換すると性質の違う分子ができる。グアニンの6位という位置にある酸素を硫黄で置き換えた6-メルカプトプリン（6MP）がプリン拮抗薬になることを2人は見つけた。6MPを、かねてから協力を仰いでいたスローン・ケタリングがんセンターで試験してもらったところ、げっ歯類のさまざまな種類の腫瘍と白血病に有効とわかった。

マウスに対する効果と毒性を調べてから、子どもで治験を実施した。成功だった。40パーセントが寛解した。この深刻な病気の治療薬がようやく見つかった。時間をおいて再発した患者も少なからずいたが、とても高い効果が見られたため、FDAは6MP、プリントール®を一九五三年に認可した。合成してから2年経つか経たないかのことで、FDAはこの薬に関するデータをすべては入手していなかった。現在から見ると、かなり簡便な手続きですんだ。

今日の薬の開発にはもっと時間がかかり、しかも研究者個人が関わる作業はずっと少ない。最初から最後まで10年や15年費やすのはざらだ。病気に関係する標的遺伝子やタンパク質を選び、1万種類もの候補物質を調べあげ、ようやく1種類の承認薬にたどり着く。そこから前臨床試験としてコンピュータモデル、試験管での細胞培養、動物を使った生体試験などを経て、治験を3段階行う。第1相では20から100人の健康なボランティアで毒性などの安全性を調べる。第2相では100人から500人の患者で効果を確かめる。第3相では数千人の患者で大規模臨床試験を行い、安全性、有効性、リスク対効果に関してさらに情報を得る。

6MPは今も使用されている。細胞内でのDNAの生成や修復を妨げる代謝拮抗剤という化学療法薬のグループに含まれる。病気そのものを治すのではなく進行を遅らせて、他の薬に効力を発揮する時間を与える役割を果たす。14歳以下の急性リンパ芽球性白血病患者に6MPと他の薬を併用すると、現在、5年生存率が90パーセントを超える。6MPは世界保健機関必須医薬品モデル・リスト（基本的な医療制度において必要とされる最も重要な薬）にも記載されている。さらにクローン病や潰瘍性大腸炎に対する免疫抑制治療薬としても使われている。

その後も2人は新規化合物の改良研究を続けた。6MPが抗がん剤として作用する仕組み、つまり体内での代謝過程や、がん細胞だけが影響を受ける理由、特異な効果のさらなる改良方法などを追究した。だが6MPの代謝の研究はおいそれとはいかず、時間だけが過ぎていった。有効性をあげたい一心で7年間ねばり、ようやく改変に成功した。一九五〇年代後半、6MPの誘導体であり、現在はアザチオプリン（イムラン®）と呼ばれる物質に、臓器移植の際の免疫応答におもしろい効果のあることがわかった。他の研究者からも関心が寄せられた。

免疫の薬

臓器移植はまだ始まったばかりで、一九五四年に双子の腎臓で、血縁者間の臓器移植が初めて行われたところだった。遺伝子の一致しない臓器の移植は拒絶反応を起こすが、遺伝的に同一の双子の移植ならば問題ない。免疫系は体の外から入ってきたあらゆる物質に応答するよう設計されていて、細菌やウイルスなどの微生物も、「異質な」遺伝子特性をもつ移植臓器も異物と認識する。したがって、移植患者と近い遺伝子をもつ提供者を見つけることは臓器移植を成功に導くための大事な第一歩となる。提供臓器の遺伝的な不一致の度合いが高いほど、移植患者の免疫応答は速くかつ攻撃的になり、移植臓器の拒絶に至る。

一九五八年、ボストンのウィリアム・ダメシェクの元で研究していたロバート・シュワルツは、実験動物に注入した6MPの誘導体アザチオプリンがアルブミンに対する抗体応答を妨げることを見つけた。抗体とは、体の外から入ってきた抗原、つまり免疫応答の標的と特異的に結合する、B細胞（白血球の一種）のつくるタンパク質である。ガートルードとジョージはロバート・シュワルツの協力を得て、抗体応答を利用した選別試験に取りかかり、用量、投与のタイミング、応答の特異性など、重要な要因を決定していった。

ロバート・シュワルツの話は、イヌを使って腎臓移植の拒絶反応を調べていたイギリスの若い外科医ロイ・カーンの耳にも届いた。アザチオプリンの効果を確かめたいと相談を受けたガートルードは、#57-322と書いた小瓶をロイに渡した。その中身を、血縁のないイヌから腎臓を移植したロリポップという名のコリーに投与したところ、拒絶反応を起こさなかった。ロリポップはその後、子犬も数匹産んで、自然のままに一生を終えた。小瓶の中身は、試験の結果がはっきりする一九五九年まで伏せられていた。

一九六二年、血縁関係のない提供者と患者との間で行われた腎臓移植でイムラン®（アザチオプリン）が使われ、移植は成功した。世界初だった。以来、世界中で25万件もの腎臓移植が行われてきた。その多くがイムランに助けられ、さらに肝臓、心臓、肺などの臓器も同様にして移植できるようになった。現在、臓器の拒絶反応を防ぐために、免疫抑制薬が当たり前のように投与されている。近年ではシクロスポリンなども使われるようになっているが、腎臓移植では今でもアザチオプリンが頼みの綱だ。

アザチオプリンの免疫抑制効果はさまざまな免疫系で調べられ、とくに自己免疫性溶血性貧血、全身性エリテマトーデス、自己免疫性肝炎、関節リウマチといった自己免疫性疾患で研究が進んでいる。自己免疫性疾患は、健康な細胞を免疫系が誤って外来性と認識し攻撃することによって起こる。原因はよくわかっていないが、遺伝要因と環境要因とが関係しているようだ。関節リウマチの場合、アザチオプリンが免疫系の異常な応答を抑え、その結果、炎症が軽くなり、ひいては炎症による関節の損傷が生じにくくなる。関節リウマチに対するアザチオプリンの使用は一九六八年三月、FDAに認可され、今なお使われ続けている。これも世界保健機関必須医薬品モデル・リストに載っている。

痛風の薬

一九五〇年代後半から六〇年代の初めにかけて、ジョージの研究室では6MPの効果を高める化合物を研究していた。このときガートルードが調べていたプリン体のアロプリノールは新たな成功物語を紡いだ。ガートルードは6MPの代謝研究を進めるなかで、キサンチンオキシダーゼという酵素が6MPの異化反応（複雑な分子を単純な分子に分解する反応）に関わっていることに気づいた。酵素とは生体に備わっている触媒で、化学反応には使われず反応の速度を上げる物質である。キサンチンオキシダーゼは6MPの酸化だけでなく、尿酸の生成にも関わっている。その流れで、ガートルードとジョージは、アロプリノールが血清と尿中の尿酸を著しく減少させることを発見し、痛風の治療薬の開発というまたとない機会を得た。

痛風はわりとよく見られる関節炎の一種で、イギリスでは成人の２・５パーセントが罹っている。尿酸の結晶が関節にたまることにより、ある日突然、関節が赤く腫れ上がり激しい痛みに襲われる。尿酸は食物が消化される過程でプリン体から生成され、尿酸塩として血液に乗って体を循環する。増えすぎると尿酸結晶が関節に蓄積して炎症を起こす。アロプリノール（ザイロプリム®）はキサンチンオキシダーゼに作用するので、その結果、尿酸の生成が抑制される。

他の薬もそうだが、アロプリノールはとくに服用期間が長期に及ぶため、いろいろな要因を考慮しなければならなかった。尿酸の生成を持続して減少させられるだけの血中半減期（体内で物質の濃度が半分に減少するまでに要する時間）を示すか。生合成経路に干渉して毒性の高い物質や尿酸のような不溶性の物質をつくったりしないか。長期にわたる影響はどうか。他の薬と相互作用するか。腎臓疾患などの持病があると、どのような問題が起こるか。

こういった可能性を含め、さらにいくつもの要因を、動物を用いた試験と、人間に対する臨床試験とで慎重に調べた。その結果、アロプリノールは痛風の長期治療薬として一般に安全で、効果が望めることが明らかとなった。痛風を治療せず、血中の尿酸濃度が高いままだと腎臓結石を生じたり、場合によっては尿細管閉塞を起こしたりする。アロプリノールが開発されるまでは、アメリカだけで毎年１万人以上の痛風患者が尿細管閉塞で亡くなっていた。

ガートルードとジョージは度量が広く、自分たちの得た知見を誰にでも喜んで提供した。10年後に、まったく異なる病気、リーシュマニア症やシャーガス病（原因はトリパノソーマ・クルージ）といった寄生虫感染症にアロプリノールが使われるようになったのは、そのいい例である。

寄生虫感染症の治療薬の研究は、寄生虫と哺乳類の酵素の特異性がまったく異なるという事実に基づき、プリン誘導体を用いれば標的指向型の治療法が可能になることを示した。大学で薬学を研究し、製薬会社の重役でもあったJ・ジョセフ・マールは、アロプリノールが寄生虫リーシュマニア・ドノバニの成長を阻害することを見つけた。ガートルードとジョージはこの思いもよらぬ作用の生化学的根拠を探った。リーシュマニア症は、寄生虫リーシュマニアに侵入されたサシチョウバエが媒介する熱帯の寄生虫感染症である。人間では数種類の病態を示す。もっとも多いのは皮膚がはれてひりひりする皮膚リーシュマニア症と、いろいろな臓器（おもに脾臓と肝臓、骨髄）に障害をもたらす内臓リーシュマニア症だ。

寄生虫の例に漏れず、リーシュマニアも宿主を食い物にして栄養を得る。そこで、その食事に治療薬アロプリノールをしのばせる。リーシュマニアは自らはプリン体を合成しないが、哺乳類の血液に存在するプリン体を利用する。宿主である人間をごちそうになると、アロプリノールも取り込まれる。リーシュマニアの代謝に組み込まれたアロプリノールはタンパク質合成を阻害する。その結果リーシュマニアの成長は抑制され、リーシュマニア症は発症しない。いわゆる下流効果の仕組みをガートルードとジョージは発見した。ガートルードはバローズ・ウェルカムの研究者に、衰弱性寄生虫疾患であるリーシュマニア症の治療薬の研究を続けるよう強く促した。寄生虫薬はどうみても大きなもうけ仕事にはつながらなさそうだったが、経済的な利益ではなく社会的良心に従ってのことだった。

抗ウイルス薬

一九六九年、ガートルードは一九四八年以来ずっと気になっていた研究に戻ることにした。最初にがん治療薬として取り組んでいたジアミノプリンの抗ウイルス活性だ。ウイルスによって起こる感染症は治療がむずかしい。理由はいくつかある。ウイルスは宿主細胞の中でしか複製できず、宿主細胞の免疫系からはうまく逃れていることが多い。口唇単純ヘルペスウイルスなどの持続感染するウイルスは、最初の感染後に神経末端で休眠し、紫外線などが引き金となって、突然めざめたように症状を引き起こす。ウイルスは宿主の細胞の複製機構を乗っ取り、自分のコピーをつくらせる。新たにできたウイルスは細胞を壊して外に出て来て、免疫系に捕まるまでさらに多くの細胞に感染し続ける。またウイルスには、すぐに変異して、特異的な免疫応答を避ける能力がある。ウイルスのこの能力は、ワクチンの設計において大きな課題となっている。

当時はほとんどの研究者がワクチンに着目していたが、ガートルードとジョージには別の考えがあった。一九七〇年、研究所がノースカロライナ州に移転すると新しい同僚が加わった。そのひとり、有機化学部門の部長ハワード・シェファーや、英国ウェルカム研究所のウイルス研究者ジョン・バウワーといっしょに、単純ヘルペスウイルスに対しても、天然痘（牛痘）を起こすウイルスに対しても効果の高い、けれどもジアミノプリンよりも毒性の少ない化合物の研究を進めた。

アシクロビル（ゾビラックス®）はグアノシンの誘導体で、ウイルスの成長を阻害する代謝拮抗剤として作用する。厳密には、ウイルスのＤＮＡ複製に関わる酵素ＤＮＡポリメラーゼの働きを妨げる。ガートルードがとくに強く引きつけられたのは、アシクロビルが、他のウイルスではなくヘルペスウイルスに感染した細胞にだけとても高い特異性を示すことと、さらになにより感染していない細胞には損傷を与えないことだった。ガートルードらは化学構造と反応経路を徹底的に調べあげ、その理由を明らかにした。ヘルペスウイルスのもつチミジンキナーゼだけがアシクロビルを活性型のアシクロビル3リン酸に換えることができたのだ。

一九七八年、カリフォルニアで開かれた学会でアシクロビルはお披露目された。ここから抗ウイルス研究は大きく発展していくことになる。会場の中央ロビーに提示された13枚のポスターには、新薬アシクロビルの構想から始まり、作用機序と効力に関する発見までのすべてが詳しく解説されていた。70人を擁するガートルードの研究チームは部外秘扱いでアシクロビルの研究を進めてきた。ここにようやく日の目を見ることになったのだ。バローズ・ウェルカムは特許を取得し、他社の製造を阻止した。

現在、アシクロビルは口唇ヘルペス、性器ヘルペス、帯状疱疹（水疱・帯状疱疹ウイルスの再活性化によって起こる）、そして深刻な問題にもなっている、免疫機能の低下した患者に発症する単純ヘルペスウイルス疾患の治療に広く使われている。アシクロビルはガートルードにとって「最後の宝石でした……こんなことができるようになるとは想像すらしていませんでした」。抗ウイルス剤の第1号であるゾビラックスは世界初の10億ドル規模の薬となった。

一九八〇年代、ゾビラックスの成功を受けて、とくにその高い選択性に注目していたバローズ・ウェルカム研究所は、一九八一年に初めて報告された新たな病気、エイズ（後天性免疫不全症候群）の治療薬の探索に参入した。エイズは、免疫系で中心的なはたらきをするヘルパーT細胞にヒト免疫不全ウイルス（ＨＩＶ）が感染して起こる。ＨＩＶはT細胞の表面にあるCD_4という目印にしがみついて細胞に入り込み破壊してしまう。CD_4^+T細胞の数を減らすと、今度は種々の感染症と闘う力が弱くなってしまうのでやっかいだ。当初、エイズの研究には難色を示す向きもあった。治療の難しさだけでなく、ＨＩＶ以外に原因があると考える人たちがいたからだ（科学者のなかにも）。ウイルス研究の体制が整っている製薬会社の研究所も数えるほどしかなかったし、うま味があるとみる企業となるとなおのこと少なかった。

ガートルードは一九八三年に第一線を退いたが、相談役として研究に関わっていた。ガートルードのグループは米国国立がん研究所のサミュエル・ブローダー博士と共同で研究を進めた。博士はガートルードやバローズ・ウェルカム研究所が「薬の開発に、口だけでなく意欲的に取り組んでいた」ことをよく覚えている。「進んで情報を交換してきたし、試してみたい薬があれば渡してくれました。いい薬を開発して、製品化しようと一生懸命だったことは、傍から見てもよくわかりました」

これまで研究してきた化合物がたくさん手元にあり、出番を待っていたのも幸いした。ガートルードは公には関わっていないが、有益なアドバイスを与えたとされている。「方法論を教えただけです。うまくいったならその仕組みはどうなっているのか、うまくいかなければその理由は、あるいは何が邪魔をしているのか、といったところから深く掘り下げる方法を伝えました。あの研究はすべてあの人たちの仕事です」と本人は控えめに語っている。だが、エイズ治療薬アジトチミジン（ＡＺＴ）の開発に携わっていたウイルス研究者マーティー・セント・クレアは違う。「トルーディーは最初から最後までＡＺＴに関わっていました。たしかに表向きは引退していましたが、研究所で私たちと一緒に研究をして、相談にも乗ってくれました。私たちがしている研究の進行も的確に把握してくれていました」

ガートルードの合成したプリン誘導体のひとつであるＡＺＴはヒト培養細胞でＨＩＶの増殖を阻害し、最初のエイズ治療薬として認可された。逆転写酵素の阻害剤として作用し、ウイルスＤＮＡの伸長を停止させ、血中のウイルスの量（ウイルス負荷）を減らす働きがある。ＡＺＴは一九八七年に記録的な速さでＦＤＡに認可された。動物実験のあと、通常は人間で臨床試験を3回行うところだが、偽薬《プラセボ》を投与した患者がＡＺＴを投与した患者よりも先に亡くなったため19週で切り上げ、1回で終えた。ＡＺＴに副作用がないわけではなかったが、ＨＩＶの増殖を有為に遅らせた。一九九一年までは認可された唯一のエイズ治療薬だった。現在、ＡＺＴ（レトロビル®）は標準的な混合薬のひとつとして使われている。ＨＩＶ感染はもはや死に直結する病気ではなくなった。

一九八三年に63歳で部長職を退いてからもガートルードは名誉研究員や相談役という立場で研究所に在籍し、エイズはもちろんエイズ以外の研究会やセミナーにも積極的に参加した。さらにデューク大学で医学・薬学分野の研究教授となり、腫瘍の生化学と薬学の研究に関心のある医学専攻の3年生を指導した。「どのように研究をしていくのか、こういったことを医師が学ぶのはとても大事だと思いますよ……医学部では時間を割いては教えていませんが。医学生は問題への対処の仕方についてはさほど学んでいません……研究生活を1年体験してみるのは医学生にとって非常に価値のあることだと思います」と語っている。

ガートルードは、プリン塩基に始まる種々の関連化合物を生涯にわたって研究した。そのなかで機会をうまくとらえて、さまざまな治療に応用できる薬を世に送り出した。粘り強い仕事ぶりと、知識欲の塊のような姿はまわりの人を刺激した。若い科学者たちの偉大なお手本でもあった。親しみやすく、ざっくばらんな人柄に皆、親近感を抱きつつも、数々の発見には心から称賛の目を向けた。
おいのジョナサン・エリオンによると「ガートルードは学生にいつでも応じられるように準備に余念がありませんでした」。「彼女が、科学における女性の地位向上を唱えていたと聞かされることがあるのですが、私にはちょっと驚きなんですよ。彼女は科学におけるすべての人の地位向上を唱えていると私はいつも見ていましたから」。学生たちともごく自然に交流した。「私の職業人生は一巡して元に戻ったみたいです。最初は高校で教え、今は新しい世代の科学者たちと研究経験をわかちあっているところです」とガートルードは語っている。教えたり指導したりすることにガートルードが向けた思いは、現在は賞というかたちで残っている。そのひとつ、ガートルード・B・エリオン・医学生奨励研究賞は保健医療関連の研究プロジェクトに関心をもつ女子医学生を支援している。

「長い間、私を駆り立ててきたことに、今も刺激をもらっています。病気の人を治したい。子どもたちには科学の世界にひたってもらいたい。かつて私が覚えた感動や楽しみを子どもたちにも味わってほしい。子どもたちの人生のなにかしら役に立ちたい」と一九七七年に語っている。

誰から見ても充実した研究人生だった。特許を取得した薬のリストは45件を超えたし、論文は２００報以上執筆した。製薬研究の世界であげた功績は数えたら切りがないほどだ。ところが、本人は順調な科学者人生ではなかったと思うこともあったようだ。二十代後半、博士課程への進学を目指したが、ジョージ・ヒッチングスの研究所で職を得、やむなく勉強を断念していた。

博士号取得を望んではいたが、ようやく出会った大事な仕事は手放したくない。だが、そうして下した決意が正しかったことは研究人生の後半になって証明された。受け取った名誉学位の数は25を超えた。

科学にもたらした成果は賞というかたちでもたくさん認められた。一九六八年にはアメリカ化学会よりガルヴァン・メダルを受賞した。アメリカ化学会は一九八〇年までは、この名誉ある賞以外に女性には賞を与えておらず、ガルヴァン・メダルの受賞は科学者共同体から認められた印でもあった。ガートルードはこの栄えある受賞に、ことのほか感激し目頭を熱くしたそうだ。

ノーベル生理学・医学賞受賞とその後

その20年後、一九八八年十月一七日、朝六時三〇分、ガートルードが浴室にいると電話が鳴った。ノーベル賞受賞を知らせる新聞記者からだった。ジェームズ・W・ブラックとジョージ・H・ヒッチングスとの同時受賞と聞くまでは冗談かと思ったそうだ。3人は「薬物療法における重要な原理の発見」に対してノーベル生理学・医学賞を受賞した。ジェームズ・ブラックは、高血圧と心疾患のβ遮断薬と、消化管潰瘍のH2受容体拮抗薬という2種類の薬を発見していた。

ガートルードは今や70歳になっていたが、授賞式だからといって権威にひるむような人ではなかった。その年ただひとりの女性ノーベル賞受賞者だったガートルードは、一同、黒と白の衣装に身を包むなか、青いシフォンのドレスを着て人目をひいた。総勢11人の家族も一緒だった。おいとめいの一家に、5歳に満たない子どもも4人いた。ガートルードは子どもたちも晩餐会に出席させてもらえるよう担当者に食いさがった。「ホテルの部屋でひと晩過ごすためにあの子たちをはるばるスウェーデンまで連れてきたわけではありません。親とは離れたテーブルを用意してください。子どもたちから親が見えて、親からも子どもたちが見えるくらいの場所がいいです。そうすれば行儀よくするはずです」。果たせるかな、子どもたちは上品に振る舞い、列席した人たちを感心させた。

ガートルードは誰にでも気さくに話しかける人で、重要な研究をしたとか、製薬会社の優秀な社員だとか、ノーベル賞を受賞した女性などといった片鱗を伺わせなかった。自分が発見した薬のなかでもっとも重要だと思う薬は、と尋ねられると、「自分の子どもをえり好みするようなものですね」と答えた。どの薬の「誕生」にも同じようにわくわくしたし、どの薬も大事に思っていた。「その時々でどれも革新的な意義をもっていました」

晩年を迎える頃のガートルードは満足げに人生を振り返っている。ジョージ・ヒッチングスといっしょに薬の開発方法に革命をもたらし、2人の開発した薬は何百万という人の命を救い、病気を治した。一九五〇年代、急性リンパ性白血病に罹った子どもは先を見通せなかったが、6-メルカプトプリンがその闘いに大きな前進をもたらした。アシクロビルは世界初の抗ウイルス剤だった。一九四二年からジョージが取りかかった、合理的薬物設計プログラムの重要な成果でもあるエイズの治療薬AZTは、現在も世界中で使われている。イムラン®は今や臓器移植になくてはならない薬である。「そういうはたらきをする化合物を最初から目指していたわけではありません」。「先入観をもたないでじっと耳を傾けていると、うまくいくものです。そんなことの連続でした」

ガートルードはノーベル賞の受賞演説を次のような言葉で終えている。「化学療法剤には薬としての目的はありますが、同時に自然の謎に通じる扉を開けて、じっくり調べる道具としての役割もあります。私たちはこんなふうに考えてきました。そして、そういった取り組みがうまく機能した結果、新たな領域の医学研究に入っていくことができました。選択性については今も取り組んでいる課題であり、その基礎を解明することが将来につながると考えています」

核酸を生成する反応を途中で変える化合物があれば、その化合物を手がかりにして反応の仕組みとその下流効果を探った。わずかな力で大きな効果を得る、てこの作用のようなこの手法は、ガートルードとジョージの薬物設計法の鍵のひとつだった。現在も、バローズ・ウェルカムから発展したグラクソ・スミスクライン（GSK）で踏襲されている。たとえば、希少なタイプの白血病やリンパ腫で治療方法の選択肢がいよいよ尽きたときに用いられるネララビンは二〇〇五年にアメリカで承認されたが、そこに至るまでの道のりは一九八〇年代から始まっていた。小児腫瘍の研究者ジョアン・カーツバーグ博士が小児患者のために新しい薬を開発しようとしていた頃までさかのぼる。「彼女（ガートルード）が小さなガラス瓶を2本くれました。よく覚えています。黒い蓋でした」。このうちの1本にネララビンの前駆物質が入っていた。ネララビンは万能薬ではないし、抗がん剤の例に漏れず毒性がある。しかし、骨髄移植に大きな可能性を開いた。

ガートルードは、新しい治療法を切実に必要としているがん患者を救いたい、ただそれだけで6MPに始まる薬探しを続けてきた。GSKで一緒に研究をした腫瘍研究者のニール・スペクター博士は「彼女の言葉が今でも聞こえてきます。『ニール、あなたはいつも患者さんを視野に入れておくこと。そうすればあとは会社が滞りなくやってくれます』」と語っている。

ガートルードとジョージの開発した数々の薬に助けられて、バローズ・ウェルカムは医学研究に大きな貢献をした。ウェルカム・トラストも同じく恩恵にあずかった。一九三六年にサー・ヘンリー・ウェルカムが亡くなったとき、彼は2つの遺産を残した。バローズと一緒に設立した製薬会社と、医学研究の支援をするウェルカム・トラストである。バローズ・ウェルカムの唯一の株主がウェルカム・トラストだった。第二次世界大戦が勃発すると、バローズ・ウェルカムはイギリスの戦争にかかる資金を支えたため破綻寸前になった。健康のための研究支援を使命とするウェルカム・トラストの運営は配当金が頼りだったので、バローズ・ウェルカムの行く末が直接影響する。

一方、バローズ・ウェルカムのアメリカでの経営は親会社とは独立に行われ、戦争の間も利益を上げていた。そのおかげでイギリスの親会社は危機を乗り越えることができた。ひいてはその後の数十年にわたる成長にもつながった。この点については、なんといってもガートルード・エリオンとジョージ・ヒッチングスの努力と、2人の発見した画期的で、高い利益を上げることになる薬によるところが大きい。バローズ・ウェルカムは一九八五年にグラクソと合併、一九八六年に株式を公開し会社としての価値を上げ、その後15年にわたって資産の分散を進めた結果、ウェルカム・トラストは医学研究を支援する今や世界最大級の助成財団となっている。

ガートルードは一九八三年にバローズ・ウェルカムを表向きは退職したが、その後も指導を続け、さらに世界保健機関の仕事も引き受けた。リーシュマニア症やシャーガス病、マラリアの薬を開発したガートルードには適任だった。熱帯病研究部門をはじめ各種委員会の仕事を熱心にこなした。WHOでの仕事は、発展途上の国々にもガートルードの研究成果を確実に広げていった。

ガートルードにとって自分の残した最大の遺産は、開発に携わった薬の数々だった。ノーベル賞受賞について尋ねられると「素晴らしいと思いますが、それがすべてではありません。賞を軽んじているわけではありません。受賞したことでいろいろな恩恵も受けました。でも、もしもらっていなかったとしても、大して違っていなかったと思います……移植した腎臓で25年過ごしてきた人と出会えたら、それでもう私は十分です」と答えている。「自分の仕事が誰かの人生に影響を与えている、これ以上にうれしい話はありません。手紙をよくもらうんですよ。白血病を患っている子どもとか。そんな子どもたちの願いをかなえたいと思わずにはいられません」。届いた手紙より。「私はとても重い帯状疱疹でしたが、ゾビラックスのおかげで視力が回復しました。もし報われないと思うようなことがあったときは、どうぞこの手紙をもう一度読んでください」

こういった手紙をもらうたびに、自分の研究がいろいろな人の命を大きく左右している事実にあらためて思いを馳せていた。そのなかには自分に近しい人もいた。がんという病気は、ガートルード自身の人生にも大きな影響を及ぼしていた。一九三三年に胃がんで他界した祖父に始まり、4度目となる悲しい別れは母とだった。母は一九五六年、子宮頸がんに倒れた。ガートルードはまだ38歳だった。ガートルードの薬の発見を母がどれほど喜んで感謝していたかは、あとで知ったそうだ。

ガートルードの成功に仕事中毒が果たした役割は小さくないが、案外、仕事以外の生活も楽しんでいた。退職すると好きなことに費やす時間が増えた。写真撮影、オペラ鑑賞を兼ねた小旅行、弟家族（めいがひとりとおいが3人いた）と過ごす時間。近所に住んでいた親しい友人のコーラ・ヒマディと連れだって旅もした。訪れた国はアフリカ、アジア、ヨーロッパ、南米に及ぶ。一九七〇年から住んでいた2階建てのタウンハウスは各地で集めてきた美術品であふれていた。

ある日、ガートルードは散歩の途中で倒れ、突然帰らぬ人となった。81歳を迎えて少し経っていた。ノースカロライナの病院で一九九九年二月二十一日の真夜中に息を引き取った。彼女を知る人たちはみな急な最期に驚きを隠せなかった。のちにおいのジョナサンがガートルードの郵便物を整理していると、患者や同僚からの感謝を伝える手紙がたくさん出てきたそうだ。彼は、ある少女からの手紙を覚えているという。「学校のプロジェクトの話を興奮気味に伝える手紙でした……インターネットで科学者について調べ、トルーディーを自分のヒロインにしたと書かれていました」

ヒロインにされるとは本人も思っていなかっただろう。だが、ガートルードは、苦しみを和らげる優れた薬を、怖じ気づくことなく追い求めた。科学の道に進もうとする女性に向けてよく助言を求められたが、ガートルードの答えは、科学を追い求めること、につきる。

「お伝えできるような秘密はありませんよ。ただ一番大切だと思うのは、自分がなにより幸せになれる分野を選ぶこと。自分の仕事を好きになれる、これよりいいことはありません。次に自分の目標を定めること。『叶わない夢』だとしても、それに向けて一段一段上がっていくことで達成感を得られます。そして最後に、ずっと続けること。他の人を気にして、やる気をそがれたりしなくてもいいんです。自分を信じてください」

訳注

［1］『微生物の狩人』ポール・ド・クライフ著、秋元寿恵夫訳、岩波書店、一九八〇年

第5章 ドロシー・ホジキン

Dorothy Hodgkin（1910〜94年）
ドロシー・ホジキンはペニシリンとビタミン B_{12} の構造を明らかにしたことにより、54歳でノーベル化学賞を受賞した。分子の構造を「見る」ことができたドロシーは、X線結晶学のあり方を変えた。

一九六四年十月、デイリー・メール紙「オックスフォードの主婦がノーベル賞を受賞」、デイリー・テレグラフ紙「イギリス人女性、ノーベル賞を受賞――賞金１万８７５０ポンドは３人の子の母に」と報じられたドロシー・ホジキン。ペニシリンとビタミンB_{12}の構造を明らかにしたことにより、54歳でノーベル化学賞を受賞した。科学の分野でノーベル賞を受賞した、最初にして今のところ、ただひとりのイギリス人女性である。分子の構造を「見る」ことができたドロシーは、Ｘ線結晶学という分野のあり方を変えた。そのおかげで生物学者はタンパク質の機能する仕組みを深く理解できるようになり、ひいては治療薬の開発にもつながっていく。

ドロシーの研究は技術的に卓越していたし、医薬分野でも重要だった。それだけでも特筆すべきだが、さらに、研究を進めるごとに複雑なコンピュータを使いこなしていったこと、国を超えた協力体制をまとめあげたことでも他に類を見ない。ドロシーは、人やその人たちに必要なことにも生涯を通じて目を向けていた。ドロシーの人生と科学を巡る物語は、恵まれない状況にあっても心穏やかに過ごし、けれども諦めなかった人の物語でもある。

ドロシー・メアリー・クローフットは一九一〇年五月十二日、４人姉妹の長女として生まれ、幼い頃はピラミッドのある街で過ごした。カイロに駐在する一家の暮らしは穏やかだった。父ジョン・クローフットはオックスフォードで古典を学んだ後、一九〇一年に役人としてエジプトにやって来た。ドロシーが６歳になった頃、スーダンの教育局長に昇進し、一家はハルツームに移った。両親は社交生活に溶け込む一方、生来、探究心が旺盛で、現地の教育や研究を推し進めながら、とくに考古学に力を入れていた。２人とも無私無欲の人で、奉仕を重んじた。こういったところをドロシーも譲り受けたようだ。

母は、女性に上品な振る舞いを求めるたぐいの家庭の出で、自分の受けた教育には不満を覚えていた。母グレース・メアリー・フッド（通称モーリー）は、イギリス・リンカンシャー州のネットルハムホールで育った。弟4人を含む6人兄弟の一番上で、弟たちが進路を決めて陸軍や海軍に入っていくのに、自分は家で教育を受け、医学を学びたいという幼い頃からの思いは叶えられなかった。

ドロシーは4歳まで妹のジョアン、エリザベスと一緒にカイロで育ち、夏になると厳しい暑さを避けてイギリスに戻っていた。一九一四年、第一次世界大戦が勃発すると、世の中も、ドロシーの世界もすっかり変わってしまった。この年を最後にドロシーたち姉妹が両親とそろってまとまった時間を過ごすことはなかった。戦時中は大好きな世話係のケイティ・スティーブンスや父方の祖父母といっしょに南部の海沿いの街ワージングで静かに暮らした。ケイティが結婚をしてオーストラリアへ行った後は、長女として妹たちの世話を任された。このとき、ドロシーに、何かにぶつかってもすぐに立ち直る力と静かなる独立心の種がまかれたそうだ。

一九一八年、ジョンはスーダンのハルツームで仕事を続けていたが、モーリーは生まれたばかりの、ドロシーにとっては3番目の妹となるダイアナを連れてしばらくイギリスに戻ってきた。元気に飛び回り、学ぶことも大好きだったドロシーを見たモーリーは、自分で子どもたちに勉強を教えることにした。正規の教育を受けていなかったので、少々型破りな教え方ではあったが、なかなかうまくいった。ドロシーも妹たちも地理学の勉強が好きだった。温室の地面に地図を書き、自分たちで考えて歴史の絵本をつくり、散歩をしながら自然の標本を集めたりもした。

ジョンの退官が近づき、ドロシーが10歳になった一九二〇年、両親は向こう数年をどう暮らしていくか話し合った。モーリーは、アフリカでの夫との生活を支えつつ、イギリスで暮らすことも望んだので、一家はノーフォーク州ゲルデストンに家を構えることになった。ザ・オールド・ハウスの名前にふさわしい崩れそうな家だったが、ドロシーはここで化学の世界に足を踏み入れていく。体験を重視する教師に巡り会い刺激を受けたことも大きかった。硫酸銅の結晶をつくり、きれいな青い結晶をいつまでもうっとり眺める姿も見られた。しかし、その前に、まずは11歳だった頃に戻ろう。自由で寛容だった両親に背中を押され、ドロシーは近所の薬局に行き小遣いで薬品を買って、屋根裏部屋で実験を始めた。健康にも安全にも無頓着で、時々爆発を起こしたりもしながら、妹たちと一緒に色とりどりの化学の世界を楽しんだ。

1年後、モーリーは半年の予定でハルツームに戻った。その間、子どもたちは親戚や友人たちと暮らし、ドロシーはサフォーク州ベックレスのサー・ジョン・レマン中等教育学校に通い始めた。一九二一年当時、この中等教育学校は全校生徒130人のうち大半が女子だった。男子はたいていパブリックスクールに進学していた。それまでドロシーが受けてきた母の教育は広範囲にわたっていて、とくに英語や歴史については十分すぎるくらい進んでいたが、数学と化学は遅れ気味だった。この2科目は裁縫の教師でもあったミス・クリスティーヌ・ディーリーが教えてくれた。

化学の世界とあればドロシーはいろいろなことに手を出してみた。鼻血まで使ったこともある。「こんなに立派な血がすべて無駄になるのが残念だったので、試験管に鼻血を集めて、ヘマトポルフィリン（血の色素）を単離してみました」。モーリーは、英国王立協会の子どものための科学実験講座でサー・ウィリアム・ブラッグが講演した一九二三年と二五年の書籍版を買い与えるなどして、ドロシーの関心を育んだ。ちなみにブラッグと息子のローレンスは、物質の構造を調べるためにX線を利用した草分けだった。また、モーリーのいとこで、チロキシンを単離した化学者のチャールズ・ハリントンからはT・R・パーソンズ『生化学の基礎』の一九二一年の初版本を勧められた。こうしてドロシーの進む道は導かれていった。

化学を研究したいという希望を叶えるには、かなり勉強をしなくてはならなかった。ドロシーは15歳ですでに、平均年齢が18カ月年長の生徒のクラスにいた。一九二七年三月、17歳で修了認定のための試験を迎えた。これに通れば大学に出願できる。根っからの完璧主義者だったドロシーにとって、先へ進むということは生やさしくなかった。勉強している内容はもらさず理解したいと思っていた。数学の1問を前にいらいらしながら涙をあふれさせたこともあった。答えは合っているから、と母がなだめると「合っているのは当たり前。理由がわからないの!」と返ってきた。

ドロシーはその年の修了認定試験を受けた女子のなかでみごと最高点をとった。大学進学には足りない科目があったため次の年に個人的に授業を受けてから、オックスフォード大学の試験に通り、晴れてサマービルカレッジで化学を学ぶことになった。一九二八年の夏、大学生活を始める前にヨルダンに行き、両親の遺跡発掘に加わった。父といっしょに取り組んだ5~6世紀の石畳を敷き直す仕事は骨の折れる難しい作業だったが、ドロシーはその複雑なモザイク模様に魅せられた。のちに結晶の立体構造を考えるときには、石畳を前にして書いた縮尺図を思い出した。見えない原子の構造をこんなふうにして頭の中で思い浮かべることができたおかげで、X線写真の解析では並外れた才能を発揮した。息子のルークはモザイクをつくり上げていくようなドロシーの作業について「細かくつなぎ合わせていくには、何が問題になるのか、ドロシーには自ずとわかっていました」と語っている。

オックスフォードへ

オックスフォードでの生活は、とりたててびっくりするようなものではなかった。この大学の勉強のスタイルである独学はすでに身についていたし、年間200ポンドを叔母から出してもらっていたので、さしあたりお金の心配もなかった。男子学生が大半を占めていた環境にはかえってやりがいを覚えた。オックスフォードで女子が学ぶようになってから50年が経っていたが、学位が授与されるようになったのは一九二〇年以降のこと。一九二八年にあってもなお女子学生を排除している団体があったし、講義室から女子学生を閉め出す講師もいた。男女間の交際を禁じる規則もあった。

この時代、イギリスには熱狂的愛国主義が広がっていた。その流れで女子カレッジにおける教育にも力が入れられ、最高レベルの学問に重きが置かれていた。おかげでドロシーにとっては刺激的で知的な環境が整っていた。オックスフォードでの最初の年、ドロシーは自分の勉強にどっぷりひたった。2年目になる頃にはオックスフォードならではのいろいろな活動にも関心が向くようになり、いくつかクラブにも入った。

友人もできた。社交的で、楽しいことの好きなエリザベス（通称ベティ）・マリーもそのひとり。歴史学専攻のベティーとは、考古学ソサエティと労働者クラブ〔訳注：一九一九年に設立された学生政治組織〕の集まりで出会った。ベティーは面倒見がよく、ドロシーを方々の集まりに誘ったり、散歩に連れ出したりして、精神面でも、生活面でも支えてくれた。ドロシーの実験がうまくいくと一緒に喜んでくれたが、ドロシーがあまりにも長い時間を実験室で過ごすのにはただただ驚いたという。「げっそりやせてくるし、体調もよくなさそうだったけれども、ご存知のように彼女を止めることはできませんでした」と語っている。

目的に向かってとことん打ち込むドロシーは、オックスフォードでの最後の年にまず結果を出した。最終試験が終わると、一九一六年以来、オックスフォードの化学専攻で続いている目玉ともいえるカリキュラムに従い、4年目はすべての時間を研究に費やすことになった。ドロシーは実験室にいるときが何よりも満たされていることにあらためて気づき、ゆくゆくはX線結晶学を使って複雑な分子の構造を明るみにしたいと思った。この時点で、分子の化学と機能を理解するにはX線写真が一番の鍵となると考えていた。この確信がドロシーを先へ先へと導いた。

原子レベルでのつながり方がわかると、分子の化学や機能を深く理解できる。たとえばダイヤモンドと黒鉛とグラフェン（二〇〇四年に発見）はどれも炭素原子だけでできている。だが、ダイヤモンドは硬く、鉛筆の黒鉛は紙にくっつく。グラフェンは今のところ最も軽くて薄く、それでいて最も強い物質である。それぞれの特性の決め手となっているのが、個々の炭素原子の構造配列である。あるいは、ホルモンなどの生体分子は、細胞表面にある特異的な形の受容体に鍵と鍵穴のようにすっぽり収まることによって相互作用が進むし、化学反応を触媒する酵素は、正しい立体構造にあるときだけ機能を果たす。また、タンパク質分子の形の解明は、機能を明らかにする以外に、新たな薬の設計にも不可欠だ。

現在は、どのような原子がどのような組成比で分子を構成しているのかは、かなりわかるようになってきているが、一九三〇年代（今日でもなくはないのだが）は、原子のつながり方、つまり配列となると、とくに数百、数千の原子からなる大きなタンパク質はほぼ暗闇の中だった。X線結晶学の技術を用いれば、原子の立体的なつながり方が明らかになり、分子を組み立てることもできるようになる。

　まず純粋な物質をつくり結晶化させる。そうしてできた、平らな面と正確な角度の織りなす結晶の形が、結晶内部の原子の規則的な配列を反映していることがドロシーにはわかっていた。そして結晶にX線を照射し、回折されたX線を写真用フィルムで捕らえる。現在のX線構造解析装置も、もう少し自動化されてはいるが同じ工程で進められる。さまざまな方向から照射されたX線を分子の中の原子が回折し、回折波がたがいに強め合う結果、濃度の異なる斑点が写真フィルムに記録される。

　ドロシーの時代、X線回折パターンの分析は、まずは標準パターンと突き合わせて目で比較するところから始まった。とても退屈なうえに時間のかかる作業だ。複雑な数学も使って分析を進め、球と棒で模型をつくる。ここまできて、ようやく机の上で実際に模型をいじることができた。

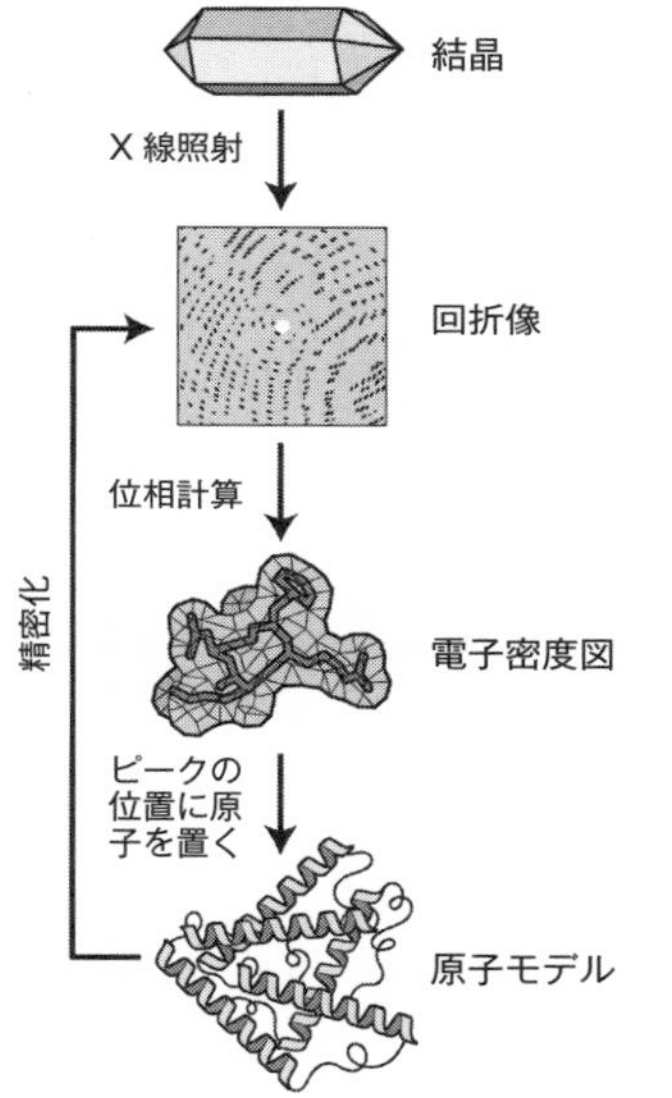

X線結晶学：結晶中の原子によりX線が散乱され、回折パターンが現れる。この回折パターンにより結晶の構造に関する情報、すなわち電子密度図が得られる。電子密度図から結晶を特定し原子模型を構築する。

　一九三一年九月、21歳の年、オックスフォードで4年目を迎えたドロシーは研究室に配属された。当時、オックスフォードではX線結晶学を本格的に利用して、ジアルキルハロゲン化タリウム（当時すでに分析されていた単純な分子と、まだ分析されていなかったもっと複雑なタンパク質の中間の大きさの化合物）の構造を調べていた。ドロシーの研究はその一環だった。

X線装置は大学博物館の2階にあるがらんとした部屋に設置されていた。ドロシーが利用していた器具や装置は、今日から見れば原始的で、どちらかというと子ども時代を過ごしたゲルデストンの屋根裏実験室に近く、健康や安全面での基準はおよそ満たしていなかった。ベティは「彼女が帰ってこないと」心配でたまらなかったそうだ。「何しろ彼女の使っている機械は危険な代物だったので。自分の体に電流を流したこともありました。もし電流がもっと流れていたら命を落としていたところでした」

ドロシーは斑点のパターンを幾何学や数学的手法を使って解析し、最初の結晶構造を見つけた。構造解析に使う数学にはかなり手を焼いた。とても時間がかかり、夜遅くなることもしばしばだったが、粘り強くやり抜き、成果を出し、一九三二年、22歳の年に優等学位を取得した。ドロシーより前に優等学位を手にした女子学生は2人しかいなかった。これで、ケンブリッジのジョン・バナールの研究室で博士号の学位取得を目指す文句なしの資格を手に入れた。

ケンブリッジでバナールと出会う

ジョン・デスモンド・バナールは何事にも熱中するたちで、恐ろしく博識なうえに、さまざまな話題について一家言あり、「賢者」というあだ名がつけられていた。堅固な社会主義者であり、ケンブリッジのいくつかの研究所をまたいで組織された強力な左翼グループの一員でもあり、ケンブリッジの科学者でつくる反戦グループの創設者でもあった。女性が好きで、結婚生活を損ねるほどだったが、これは研究室とホジキンにとってはいいほうに働いた。

ジョン・バナールはドロシーにいろいろな方面で影響を与えた。科学者であり社会主義者でもあったジョンにとって、科学とは一種の知識であると同時に変革のための力でもあった。一九三〇年代のイギリスの科学は資金が不足し混乱もしていた。ジョンは、科学とはもっと総合的な学問分野で、それぞれの知見を社会に貢献すべく力を合わせる必要があると考えていた。ジョンの理想は共産主義のユートピア構想から生まれたものだったが、科学を社会の中心に置き換える必要性を認識していた点で時代を先取りしていた。

ドロシーはジョンの思想に興味をもち耳を傾けた。ジョンの考えを積極的に広めることはなかったが、ジョンの人柄にすっかり惹きつけられてしまい、彼のほうも彼女に夢中になった。ドロシーは彼女らしくひっそりと目立たぬよう2人の関係を育んだ。おそらく、自分が彼の指導する学生である立場をわきまえていたのだろう。ジョンはジョンで用心深かった。この関係は長くは続かなかったが、その後も2人は友人のままで、生涯にわたり個人的にも研究のうえでも親密に連絡を取り合った。

ケンブリッジでの研究にとりかかった矢先、関節リウマチの症状が初めて現れた。両手の関節が痛くなり、両親に促されて原因を調べることにした。ハーレイ通りの医師に診てもらったものの、はっきりした診断は下されないまま、少しだけ休んでまた研究を続けた。

ジョン・バナールは、X線結晶学を利用して生体分子の構造を解明する研究の最前線にいた。ドロシーは成果を次々に出していき、コレステロールなどのステロール類について博士論文をまとめた。学術雑誌での論文発表は科学者としての証のひとつだが、ドロシーは一九三〇年代半ばには多くの論文の共著者となり、X線結晶学の分野で頭角を現していく。博士論文のほうは300ページに及び、ジョンはその審査員のひとりだった。ジョンによると「生物学的な重要性もさることながら本質的に興味深い物質グループについて、結晶学と化学の研究をつなげる初めての包括的な試み」だった。彼の場合は多少ひいき目だったかもしれないが、科学の世界でもまったく異論はなかった。

一九三〇年代、複雑なタンパク質やＤＮＡをはじめ多くの分子の構造は、ほとんど明らかにされていなかった。現在では、タンパク質は鎖状につながったアミノ酸からなることがわかっている（人間の体には少なくとも20種類のアミノ酸が含まれる）。それぞれのタンパク質をつくる固有のアミノ酸の配列（ポリペプチド鎖）を一次構造という。この鎖が折りたたまれてひだ状またはらせん状の二次構造をとり、さらに折りたたみ構造どうしの相互作用により立体的な構造すなわち三次構造をつくる。

ドロシーは、第一線の科学者の仲間入りをし、知の最先端を広げていった。タンパク質の研究は一筋縄でいかなかった。そもそもタンパク質は結晶形成には向いておらず、立体構造は謎だった。このようなタンパク質の一種にペプシンがある。ペプシンは胃に含まれる主要な消化酵素で、タンパク質をポリペプチドに分解する働きをする。ジョンとドロシーは、ペプシンを湿らせた状態にしておくことが鍵になると気づき、一九三四年五月二十六日、権威ある科学雑誌『ネイチャー』に研究結果を発表した。論文のタイトルはシンプルに「ペプシン結晶のX線写真」

ドロシーはフーリエ変換やパターソンマップなど、それまで使われていなかった複雑な数学的手法と同形置換を組み合わせ、タンパク質のX線結晶学という分野を発展させた。一九一三年に物理学者のニールス・ボーア（後にノーベル物理学賞を受賞）が、原子は正の電荷をもつ原子核とそのまわりを回る負の電荷をもつ電子とでできていると説明していた。同形置換とは、タンパク質の構造を壊すことなく、電子密度の高い原子、すなわち「重い」原子をタンパク質に付加し、複雑な分子のX線回折を解釈しやすくする手法である。ドロシーは研究を進めるたびに、いち早く最新の方法を取り入れていた。

再びオックスフォードへ――トーマス・ホジキンと結婚

ドロシーはケンブリッジにすっかり腰を落ち着け、ジョン・バナール研究室での日々を満喫していたが、オックスフォードからは戻ってきてほしいとこわれていた。一九三四年、24歳でサマービルカレッジの特別研究員を引き受けることにした。例外的に教育業務はほとんど任されなかったので、自分の研究に専念できた。

オックスフォードでは分子の構造の解明にひたすら没頭する毎日、でもなかった。あたたかく迎え入れられ、すぐに社交の場にもなじみ、カレッジでの生活にはお決まりのお茶会やディナーを楽しんだ。いろいろな人と親交を深めるなかで、いつにないほど集中力がそがれたのは一九三七年の春あたりだった。ロンドンを訪れたドロシーは、学生時代のサマービルカレッジの学長マージェリー・フライの家に滞在し、ここでマージェリーのいとこトーマス・ホジキンと出会った。トーマスはオックスフォードのベーリアルカレッジで古典を学び優等学位を取得した後、パレスチナで1年過ごし、当時は帰国して仕事を探しているところだった。ドロシーはひと目で強烈な人柄に好感をもった。２人は心を通わせ、やがて結婚をすることになる。

このときばかりはドロシーも研究に集中できなくなっていた。トーマスへの手紙に「あなたの強引なところに少しばかり困っています」と書いている。ほどなくして婚約し、うれしくてたまらなかったのだろう。ドロシーは「これから何があろうと、生涯で今日ほど幸せな日はありません」と書き送った。一九三七年十二月十六日に2人は結婚した。

トーマスはカンバーランドで、失業中の炭坑作業員のためのキリスト友会の奉仕団体で歴史学の講師の職を得て、ドロシーもひたすら研究を続けた。ただ、ドロシーの場合は研究を続ける前にまずマリッジ・バーをなんとかしなければならなかった。マリッジ・バーとは結婚した女性の雇用を制限するイギリスの制度である。一九二〇年代半ばから、女性は結婚をすると仕事を諦めるものとされていたが、一九四四年に教員で、一九四六年には公務員で晴れてマリッジ・バーは廃止となった。だが、ひと世代前の女性には間に合わず、経験を積んだり、得意だったりした仕事を諦めざるをえなかった人たちがいた。

一九三七年、27歳のドロシーは常勤の研究員の職についていた。そして、しきたりどおり辞職を申し出た。ありがたいことに、オックスフォードはかなり開けていて、ドロシーをすぐに再雇用してくれた。ドロシーの評判が高まっていたこともうまく働いたのだろう。他の女性ではそうはいかなかった。一九三〇年代、医師や弁護士など高度専門職のうち女性はわずか7・5パーセント、既婚女性のうち家の外で仕事をしている人はわずか12パーセントだった。

学童期の子どものいる女性の60パーセント以上が有給で雇用されている現在の状況とは大違いだ（英国国家統計局二〇一三年報告より）。ちなみに、この数字は子どもの年齢が上がるほどさらに大きくなる。ドロシーにとって仕事は、刺激や満足感を与えてくれるとても大事なものだったが、同時に常勤で比較的高賃金だったことも、結婚後も仕事を続けたいという思いを後押しした。

ドロシーとトーマスは結婚後、数年間はおたがい同意のもとで離れて生活をしていた。トーマスは引き続きカンバーランドで教えていたし、ドロシーはオックスフォードで研究をしていたからだ。2人は毎日のように手紙のやり取りをし、週末になるとトーマスがオックスフォードにやって来た。第二次世界大戦の開戦がすぐそこまで迫っていて、サマービルは思想家や政治に影響力のある人たちの拠点になっていた。オックスフォードでのディナー・パーティーの客には、反戦を唱えた論理学者で哲学者のサー・バートランド・ラッセルやロングフォード夫妻（当時はフランク・パケナムとエリザベス・パケナムと呼ばれていた）もいた。まわりでは左翼的な意識が広がり、ドロシーは労働者クラブの定期集会に引き続き参加していた。

ドロシーとトーマスは子どもを3人授かった。ルーク、エリザベス、トビー、それぞれ一九三八年、一九四一年、一九四六年に生まれている。ドロシーは28歳のときに、初めての妊娠をほっとした気持ちでまわりに告げた。オックスフォードの物理学者仲間は、ドロシーが体に悪影響を及ぼす可能性のあるX線を年がら年中浴びていることを案じていた。本人も結婚前には検査をしてもらわなければならないと考えていた。さいわいにも、何も問題はなかった。

さて、ここにきてドロシーの前に別のハードルが立ちはだかった。マリッジ・バーの片をつけたと思ったら、母親になることと仕事の継続を巡ってサマービルの方針とやりあわなければならなくなったのだ。学長のヘレン・ダービシャーがドロシーの側に立ってくれたのはうれしかった。「とても思いやりのある理性的な」人だとドロシーは評している。ドロシーはオックスフォードで有給の出産休暇をとった初めての女性となった。産前、産後の休暇に関する法律がイギリスで整備されるのは一九七五年になってからだった。

一九三八年十二月二十日にルーク・ハワード・ホジキンを産んだ。産休期間に、ドロシーは手術の必要な乳房腫瘍を発症し、トーマスは自動車事故に遭うというおよそ生やさしくない事態に見舞われたが、ドロシーは研究に戻る準備をした。そして、突然、関節リウマチの激しい発作に襲われた。まだ28歳で関節を動かしづらくなってしまった。ちょっとした動きで強い痛みが走り、階段を上がったり服を着たりする日常の動作が困難になった。ハーレイ通りのかかりつけの医者はダービシャー州にある温泉街のバクストンで専門の診療所を開いているチャールズ・バックリー医師を紹介してくれた。バックリー医師からは、泥パックやパラフィンワックスの高温浴、金の注射などいくつかの療法を組み合わせた、ひと月ほどの温泉地療養を勧められた。バックリー医師は関節リウマチの再発に関する見通しも説明してくれたので、ドロシーのほうでもいろいろな点で将来の発作に対する心構えができた。

ドロシーは驚くほどの集中力によって痛みと進行性の障害を頭から追い払い、研究に奮闘し、家族のための用事もこなしていった。一九三〇年代のイギリスでは、仕事を続ける母親は珍しかったが、それは別にしてどこの家でもわりと普通に家政婦を雇っていた。ドロシーも住み込みの保母とパートタイムの料理担当と掃除担当を頼み、職場復帰をしやすくした。ところがここにきて、病気の影響が出始めた。X線装置のスイッチを入れる操作ができなくなったのだ。だが、X線技師のフランク・ウェルチがドロシーのために長いレバーをつくってくれた。おかげでスイッチ操作も問題なく続けられた。

第二次世界大戦が勃発した頃は、ドロシーは第1子のルークと少しでも長く過ごせるように、1日の時間の使い方を練った。ちょうどヨーロッパから戦火を逃れてくる人が多く、おもにそういう人たちに代わる代わる家事の手伝いを頼んだ。戦時の配給はドロシーにとってはたいした苦ではなかった。そういえば、オックスフォード時代の友人たちはドロシーの部屋を飾り気がないといっていた。今は自分で野菜を育て、なんと時間を見つけてルークのために服を作ったりもしていた。

一九四一年、31歳で第2子となるプルーデンス・エリザベスを産んだ。2人目だったので、何かにつけ最初よりも楽だったし、エリザベスも満足げな赤ちゃんで、お乳をよく飲みすくすくと育った。トーマスに宛てた手紙には「リズベスは私の腕の中。今朝の体重は9ポンド4オンスでした。産まれて最初の8週で1週間に平均で7・5オンス増えています」と書かれている。エリザベスが産まれて数カ月後にドロシーは研究に復帰した。「昨日、カレッジに凱旋」、「まずは10分ほど娘の自慢をして、それからしぶしぶ会議を始めました」とトーマスに宛てている。

王立協会の会員に

一九四六年五月にはトビー・ホジキンが生まれた。これで一家勢揃い。トビーの誕生に続いてすぐに、また凱旋したくなるような出来事があった。王立協会の会員に選ばれたのだ。ドロシーの前に会員になっていた女性は、ケンブリッジの生化学者マージョリー・スティーブンソンと、キャスリーン・ロンズデールの2人だけだった。キャスリーンはサー・ウィリアム・ブラッグの門下生で、ドロシーと同じく結婚して3人の子どもがいた。王立協会は、イギリスおよびイギリス連邦で著しい業績を上げた科学者からなる、独立した学術団体である。研究成果を同じ分野の学者が評価して、終身の資格をもつ会員を選ぶ。選ばれたその週は、ドロシーは「寝ても覚めても頭がおかしくなったような」気がした。本人はもちろん大喜びだったが、ドロシーの元に届いた言葉の数々も興奮気味だった。アラン・ホジキン（トーマスのいとこ。のちにノーベル生理学・医学賞を受賞）より。「家族の世話をして、大学での教育はいうまでもなく研究もこなしておられる。とても素晴らしいことだと思います。私は夕食のあとの皿洗いでも文句を言ってしまいます」

第二次世界大戦が終わりを迎える頃、トーマスにも新しい仕事が見つかった。カンバーランドで数年間、社会人教育に携わっていたが、オックスフォードで新たに教育職に採用され、家族が一緒に過ごせるようになった。一九四八年、トーマスはアフリカにひかれ始めた。アフリカの歴史を詳しくまとめ、アフリカの自治に向けた運動にも熱心に関わるようになっていった。一九五一年には、のちに独立したガーナの初代大統領となるクワメ・エンクルマと親交を深め相談にも乗っていた。一九六二年から3年間はガーナに渡り、ガーナ大学に設立されたアフリカ研究所を束ねた。

ホジキン家はトーマスの強烈な性格を中心に回っていたものの、トーマスはドロシーの仕事にとても協力的だった。とはいえお金に余裕はなく、家計はおもにドロシーが支えた。一九五一年、ブラッドモア通りのアパートからオックスフォードの外れの一軒家に引っ越した。ドロシーの仕事を考えるとあまり便利ではなかったが、ここパウダー・ヒルには広々とした庭があり、人数の増えた一家にはちょうどよかった。

ドロシーが何をおいても大事に考えていたのは、研究も家庭もうまく回すことだった。一九七二年に京都で開かれた国際結晶学会の開会の会長挨拶でドロシーは、仕事と子育てにまつわるキャスリーン・ロンズデールの文章を紹介した。そのなかに自分と自分の仕事を重ねていたのだろう。「少ない睡眠時間でやっていかなければなりません。1週間の労働時間は平均的な労働組合員の2倍にはなります。最初に学んだ分野と違う方向に行くことになり、まわりからおかしいと思われたとしても気にしてはいけません。たとえもう十分だと思ったとしても、さらなる責任を喜んで引き受けなくてはなりません。そして何よりも、集中できる瞬間があれば逃さず集中しなければなりません。集中できる理想の状態を求めてはいけません」

ドロシーは以上のことをすべてこなした。そしてそれが、複雑な生体分子の構造を明らかにするというX線結晶学の分野での大きな成果につながった。

ペニシリンの研究

一九四〇年代の初め、ドロシーはペニシリンを研究していた。ペニシリンは治療薬の分野を根本から変えた薬だ。ペニシリンに続いてさまざまな抗生物質が広く使われるようになる。一九二八年、ロンドンのセント・メアリー病院でアレキサンダー・フレミングが、ブドウ球菌を育てていたはずの培養皿に広がるカビに偶然気づいた。カビのコロニーをとりまく一帯に菌は生えていなかった。フレミングは、カビに含まれるこのような活性を示す物質にペニシリンと名前をつけた。

オックスフォードで、オーストラリア出身のハワード・フローリーとナチス・ドイツから逃れてきたエルンスト・チェーンがペニシリンの効果を動物で調べたところ、致死量のブドウ球菌を注入したマウスのうち、ペニシリンを含むカビの抽出物を与えた個体だけが生き残った。きわめて重要な実験だった。魔法の薬かと思われたペニシリンだったが、発酵による大量生産は時間がかかるうえに、収率がよくなかった。純粋な合成品の製造は、構造が解明されるまでは無理だった。

ドロシーはバーバラ・ローの研究室に入った。バーバラはペニシリンの結晶は簡単には得られないことに気づいていた。ペニシリンは糊のようなべとべとした形状になりやすく、正確な化学式もわかっていなかった。一九四三年七月、硫黄を含むことが明らかにされ、これで含まれる元素のリストはそろった。炭素、水素、窒素、酸素に硫黄。だが、それぞれの原子の数、つまり化学式は依然として議論されていた。

ペニシリンは政治的な要素をはらむ化合物でもあり、アメリカでも懸命になって構造を追っていた。アメリカの科学者はペニシリンのナトリウム塩の結晶をつくることに成功していた。これは、ドロシーが扱っていたペニシリンよりも単純な形の分子だったので、構造を簡単に推測できる可能性が高かった。ドロシーは王立研究所の室長サー・ヘンリー・デール（サー・ウィリアム・ブラッグの死去に伴い一九四二年より就任）に頼み込んで、アメリカのメルク社から試料を手配してもらった。一九四四年二月、1機の軍用機がイギリスに到着した。一〇ミリグラムのペニシリンを積んでいた。デールの同僚であり、ドロシーのX線結晶学者仲間のキャスリーン・ロンズデールがオックスフォードのドロシーの元まで届けてくれた。

ドロシーとバーバラ・ローはこの結晶と、ナトリウム以外の塩も使って最初のデータを得た。ＩＣＩ社のアルカリ部門にいたチャールズ・バンにも手伝ってもらった。チャールズは、結晶の構造解析に「ハエの目」法を真っ先に取り入れ、光の回折を利用して得られた像と、X線回折で得られたパターンとを比較した。この方法により分析速度が大幅に上がった。大量のデータを処理するためにドロシーは初期仕様のコンピュータ、ホレリス・パンチカード式自動作表機も利用した。一九四五年には構造が明らかになり、ペニシリンは当初に予想されていたような細長い形ではなく、少し丸い形をしていることがわかった。ここで最も重要なのは、ドロシーがペニシリンの原子の立体配置を明白に証明したことにより、X線結晶学が生体分子の構造分析における決定的な手法となったことである。

ペニシリンの構造決定にドロシーが深く関わっていたことは、当時は国内でも国外でも明かされなかった。企業秘密の漏洩が心配されたからだ。だが、知的満足感を大いに味わったドロシーは「このうえなく晴れやかな気分」になっていた。そうこうするうちに論文『ペニシリンの化学』が一九四九年に発表され、ペニシリンの物語は細大もらさず公にされた。原子の数は39個、小さな分子だったが大きな力を秘めていたペニシリンは、いまだかつてない抗生物質の時代の到来と、細菌感染症の制圧を告げた。

ドロシーは研究の成果を出し続け、評判も国際的立場も高まったが、それでもオックスフォードの上層部には完全には認められていなかった。10年にわたって幅広い研究に励み、一九四五年五月、35歳にして初めて大学の職員になれた。化学結晶学の実験教授者という職だった。家計の状況は即、上を向いたが、いかんせん研究状況はよくならなかった。向こう12年間、狭くて場違いな博物館に居続けることになる。

ビタミンB_{12}の研究

一九五〇年代に入る頃のドロシーは世界では第一線の結晶学者として認められ、研究はビタミンB_{12}を中心に進めていた。ビタミンB_{12}は人体に必須のビタミンで、健常な赤血球の生成と中枢神経系の機能に重要な役割を果たす。現在、ビタミンB_{12}の欠乏症には合成したビタミンB_{12}が投与される。一九二六年、アメリカの科学者ジョージ・マイノットにより、自己免疫疾患である悪性貧血を肝臓の抽出物で治せることが明らかにされた。その後、肝臓抽出物にはビタミンB_{12}が含まれることがわかり、一九四八年にはアメリカのメルク社の化学者によって最初の結晶が得られていた。

ビタミンB_{12}は200個ほどの原子からなり、生体分子にしてはそれほど大きくはないとはいえ、当時分析されていた物質のなかでは群を抜いて大きかった。ドロシーがビタミンB_{12}で成果を出せた背景には2つの要因があった。ひとつは、ビタミンB_{12}は正確な化学式こそわかっていなかったが、コバルト原子の存在は明らかにされていたこと。コバルト原子はパターソンマップをつくれるくらい重く、今日のX線結晶構造解析でも利用されている。ドロシーは重い原子をもともと含む分子を研究材料にしたことで、マックス・プランクやジョン・ケンドリューらケンブリッジを拠点とする研究者たちよりも楽に作業を進められた。タンパク質分子を扱っていたケンブリッジ連はまず同形置換により重原子を導入するところから始めていた。

アメリカのメルク社とイギリスのライバル社はビタミンB_{12}の構造の解明を巡ってしのぎを削っていたが、ここで大きくものを言ったのはデータの解釈におけるドロシーの豊富な経験だった。彼女は重いコバルト原子はもちろん、それ以外の曖昧な像を示すX線回折パターンもあざやかに読み取った。一九五一年、ストックホルムで開かれた第2回国際結晶学会に参加した博士課程の若い学生デビッド・フィリップスは、ドロシーの発表を聞いたときのことをこう語っている。「『ピロール環がたくさんあるようです』……とドロシーは言いました。聞いていた人たちはみなぽかんとしていました。まったく何も見えなかったから。ドロシーに出会ったのも、想像力に富んだひらめきで課題を解いていく姿に触れたのも、このときが初めてでした。決してひけらかすようなことはしなかったけれども、化学知識の裏付けがあったからこそ電子密度マップの判読に自信があったのだと思います」

ドロシーの成果に貢献したもうひとつの要因は、コンピュータの前身であるホレリス作表機だった。世界初のこの自動データ処理システムはアメリカの統計学者ハーマン・ホレリスによって発明され、一八九〇年の米国国勢調査集計に採用されていた。ドロシーが利用したもう少し性能の高いマシンは、アメリカの結晶学者ケン・トゥルーブラッドがそれを大幅に改良したものだった。ケンはロサンゼルスのカリフォルニア大学で、米国標準局が開発した第一世代コンピュータのウェスタン自動コンピュータ（ＳＷＡＣ）を利用して研究を進めていたのだが、ＳＷＡＣをもってしても簡単には先に進めなかった。原子１個の位置の計算間違いが大きく影響する。「ここ３日で14時間しか寝ていないところに、この一撃はひどすぎる」と書くなど、すっかりやる気をそがれた日もあったようだ。

ビタミンB_{12}の構造が正体を現すにつれて、ドロシーたちの功績も認められていった。アメリカの化学者ライナス・ポーリングはドロシーにこんな手紙を送っている。「ビタミンB_{12}について、素晴らしい研究をなさったことに敬意を表します。実に満足のいく結果とはいえ、このような複雑な分子にＸ線結晶学の手法がこれほどまでに有効とは驚きです」。ライナス・ポーリングは、原子が結晶をつくる一連の規則をすでに導き出していた。そのポーリングからこんなふうに認めてもらえたことは意義深かった。

ドロシーはビタミンB_{12}の構造について、一九五四年にその一部を、２年後には暫定的ではあったが全体像を、いずれも『ネイチャー』誌に発表した。ビタミンB_{12}の構造は、当時予想されていなかったコリン骨格の存在を明らかにした。8年に及ぶ研究の間には、アメリカ、イギリス両国のいくつもの研究所が関わり、その貢献度を巡っては取り沙汰されたこともあったが、ドロシーはいつも公正を心がけ、先の『ネイチャー』論文でも著者には関係した研究者全員の名前を入れ、感謝の気持ちを表した。ドロシーによるビタミンB_{12}の構造解明についてブラッグはのちに、この分野に立ちはだかっていた「見えない壁を破った」と語っている。重篤な病気から患者を救うこのビタミンの構造は現在、すべてが明らかにされ、工場規模で生産もされている。

50歳で教授――再びインスリン研究に

一九六〇年、50歳になっていたドロシーにようやく教授の椅子が用意された。ウォルフソン王立協会研究教授職。そこそこの給料と研究に使える資金と、授業からの解放が約束されてドロシーはひと安心した。この話を聞いたときのこと。ドロシーはガーナにいたトーマスに知らせようと電話をかけたのだが、なかなかつかまらない。その間、交換手は電話をつないだままで、支払いはドロシー持ち。やっとこのうれしいニュースを伝え終えたところで、すかさず交換手が口を挟んできたそうだ。「あらっ、椅子ぐらいでいったい何の騒ぎですか！　買うからには、最高に座り心地のいいものが見つかりますように」

一九六〇年代の初め、ドロシーは40年近くずっと宙に浮いたままだった化合物に戻ることにした。膵臓から分泌され血液中の糖の量を調整するホルモン、インスリンだ。1型糖尿病は、免疫系が膵臓の細胞を攻撃して破壊するためにインスリンを生成できなくなってしまう自己免疫疾患である。インスリン製剤の注射が唯一の治療方法とされている。一九二二年一月、糖尿病を患っていた14歳の少年レナード・トンプソンに世界で初めてインスリンが投与された。糖尿病の症状は抑えられ、レナードは危険な状態を脱した。

インスリンは一九二六年に初めて結晶化されたが、この頃はX線結晶学を利用した研究にはまだ誰も手を出していなかった。一九三〇年代初頭、ドロシーが取り組み始めた当初は、インスリン結晶はとても小さいため、たいへんな手間をかけて再溶解させて大きな結晶をつくっていた。十分大きな結晶を調製したドロシーにいよいよその瞬間が訪れた。花のような形をしたインスリン結晶のX線写真を初めて撮影したのだ。一九三五年、ドロシーはその結果を『ネイチャー』に発表した。25歳にして初めての単著論文だった。とはいえ、まだ同形置換も、より複雑な数学処理を行えるコンピュータも使えず、全構造の解明にはさらに35年を待たなければならなかった。

一九六〇年代、ドロシーは王立協会と科学研究評議会から研究資金を得て、何人もの研究者仲間とチームを組んで研究を進めた。まず、ドロシーが化学を教えたマージョリー・エイトケンと、ベリル・リマーがインスリンの良好な重原子同形置換体を検討した。このとき用いた結晶はデンマークの化学者ヤアアン・スリクトクルルから提供してもらった。ヤアアンは、娘が糖尿病だったためインスリンに関心をもっていた。彼の結晶には6分子のインスリン当たり2個または4個の亜鉛が含まれていたのだが、これがドロシーたちを混乱させた。画像がとても複雑でなかなか読み取れなかった。やがて、どちらの結晶ができるかは塩濃度に影響を受けることがわかった。塩化物の濃度が高い場合は4個の亜鉛を含んでいた。

結晶学には、このような技術的な問題が当時も現在もついて回る。大量のデータを読み解く作業も、高性能のコンピュータを広く利用できるようになるまではひと仕事だった。ドロシーはその時々で最新のコンピュータを使った。一九五五年にカリフォルニア工科大学からやって来たジョン・ローレットは、ドロシーの研究室で結晶解析用のプログラム開発の腕を上げた。一九六一年、エレノア・ドッドソン（旧姓コリア）は元は数学専攻だったが、ここでコンピュータの専門家になった。

ケンブリッジのマックス・ペルツの研究室にいたドロシーの友人マイケル・ロスマンとデビッド・ブロウの仕事も重要な役割を果たした。タンパク質の複雑な構造を解明していくなかで、彼らの研究は同形置換に次ぐ画期的な進歩をもたらしていた。結晶中の分子のまとまりであるサブユニット間の関係を調べるために2人が開発した数学的手法、すなわち回転関数と並進関数を用いてインスリンが六量体であることが明らかにされた。6個の単量体が、2回回転軸（中心線のまわりを180度回転）によって関係づけられる2つひと組の二量体をつくり、この二量体が3回回転軸（中心線のまわりを反時計回りに120度回転）に沿って並んでいることがわかったのだ。

インスリンは込み入った構造をしていた。これがわかったことは関係者にとっては大きな進展だった。ドロシーはそれまでに39個の原子からなるペニシリンと181個の原子からなるビタミンB_{12}の構造を解読していたが、ここに777個の原子からなる、彼女にとって最大の分子インスリンが加わった。二次元のデータから三次元の構造を頭の中で組み立てるドロシーの能力には舌を巻いた、とデビッド・ブロウはのちに語っている。たしかにコンピュータも重要な役割を果たすようになってきてはいたが、ビタミンB_{12}の研究などはまさに、ドロシーが目の前にあるデータから直感的に導いた三次元の像を元に前に進んだ。

そうして一九六六年、マージョリー・エイトケンの研究が発表された。続く数年、ドロシーの研究室ではいくつかの要因がうまく重なったおかげでさらに詳しい構造を導き出せた。インドのバンガロール出身のママナマナ・ビジャヤンと一緒に研究を進めていたガイ・ドッドソン（エレノアと結婚した生化学者）が、新しい方法を用いてインスリン結晶から亜鉛原子を取り除き、他の金属原子と置き換えた五種類の重原子置換体を調製し、合計6万もの回折パターンを手に入れた。鉛とカドミウムの置換体を、一九六八年に備え付けられたばかりの、正確かつ処理時間の短い回折装置で解析したのだ。

一九六九年九月、インスリンの構造が『ネイチャー』に発表された。論文の著者には10人が名を連ね、謝辞には23人の名前があった。発見に至るまでの長い道のりにはたくさんの科学者が関わったことと、そのすべての人の貢献を称えたいというドロシーの心配りの現れだった。先陣を争っていた相手の名前こそ見当たらなかったが、関係した人はすべて入っていた。ドロシーにとって重要だったのは誰が問題を解決したかではなく、問題が解決されたことだった。今日の科学論文では、とくにゲノム科学分野などでは20人を超える共著者も珍しくないが、一九六〇年代ではきわめて異例だった。ガイ・ドッドソンをはじめ共著者の多くはその後も数年にわたりインスリンの研究を続けた。

社会活動

自分の名が世界に知れ渡るようになると、ドロシーは自分が他の人に影響を与える特別な立ち位置にいることに気づいた。ドロシーは母親から大きな刺激を受けて育っていた。十代で母に連れられて出席した国際連盟の総会の印象はいつまでも強く残っていたし、母と同じように世界中に友人がいた。科学においても意見を交換し協力し合うことが大きな力になると常々考え、偏見のない流儀を持ち合わせていた。そんなドロシーが、国際関係を培ったり交流を促したりする発想に至ったのは自然な流れだった。「戦争が終わると私たちは、結晶学者にまず必要なのは国際的な組織をつくり、みんなが顔を合わせて情報を交換することだという考えを固めました」とドロシーは語っている。その目的は害を及ぼすようなものにはとうてい見えなかったのだが、共産主義国の参加はなかなか叶わなかった。

ドロシーがケンブリッジにいた一九三〇年代は、反戦を唱える左派が勢いを増していた頃で、彼女もその影響を受けた。ただしドロシーの場合の社会主義は強硬な主義主張を貫くものではなく、どちらかというと個人に向けられていた。彼女の関心はすべての人がそれぞれの選んだ分野で、それが科学であれ、科学以外であれ、あるいは男性であれ女性であれ、機会を均等に得ることにあった。世界各国を旅していたドロシーはベトナム、ロシア、中国などで現地の人の生活を目の当たりにしていた。つつましく、ひたすらよくはたらく人たちと、よい学校や病院のそろった地域社会に惹かれた。当時の行き過ぎた政治体制を、ドロシーや同時代の人たちがどの程度理解していたかは今なお議論のあるところだが、ドロシーに、一部共産主義指導者の圧政に対する免疫はなかった。ドロシーは世間の目などものともせず、臆することなく自分の考えを語っていた。

中国にはたびたび足を運んだ。一九五〇年代後半、中国に科学研究はほぼ存在していなかった。毛沢東が実権を握った一九四九年以降、農業と工業の生産性の向上に突き進み、一九五三年には第一次5カ年計画、次いで一九五八年には大躍進政策が実施された。科学は、生産性の向上に資するとみなされない限り、ブルジョワやインテリのものとして少しずつ隅に追いやられていった。そんななかでひとつ例外があった。インスリンの合成研究だ。これは、中国政府が基礎研究をないがしろにはしていないという、せめてもの意思表示だった。

ドロシーは中国を8回訪れ、ときには居合わせた科学者の熱意に深く打たれたこともあった。中国では西側の学術誌への研究成果の投稿が許されていなかったため、ドロシーの個人的な中国訪問は重要な意味をもっていた。一九六七年、中国の研究グループは独自にインスリンの構造を解明した。ドロシーたちの2年後のことだった。その成果は中国政府には認められなかったが、ドロシーが世界に知らせた。ドロシーが中国の研究者といつでも連絡をとれるようにしておいたことで、一九七六年、毛沢東時代が終わりを迎えると、中国の結晶学者はそれほど不利ではない立場で国際的な場に参加できた。

一九七〇年代、ドロシーは国際結晶学連合の会長と英国科学振興協会の評議会の会長に加え、パグウォッシュ会議の議長も務めた。パグウォッシュ会議の議長職はいろいろな意味で、研究室だけでなく世界の舞台でも貫いたドロシーの仕事のあり方をよく表している。リーゼ・マイトナー（第8章参照）と同じく、ドロシーも科学の責任について熱心に向き合い、とくに科学者に対しては危険をはらむ発見や倫理的問題を抱える発見などを意識する必要があると考えていた。一九五五年にバートランド・ラッセルとアルバート・アインシュタインが、世界の指導者たちに向けて核軍縮の推進と、平和的方法による紛争解決を促す声明を発表し、これに基づき創設されたのがパグウォッシュ会議である。その目的は科学の知見と技術の開発を利用してさまざまな問題、なかでも科学と世界的な問題がぶつかる領域で生じる問題を解決することにあった。

一九五七年にカナダで開かれた第1回パグウォッシュ会議にはドロシーは参加しなかったが、親しい友人のキャスリーン・ロンズデールの勧めで、ロンドンで開かれた一九六二年の会議に出席した。その後10年の間に、パグウォッシュ会議におけるドロシーの存在感は増し、一九七五年、65歳の年には議長に選出された。ドロシーがお飾りにとどまらないだろうことは皆わかっていた。鮮やかな手腕で人脈を広げ、ロシアや中国の科学者の間でもよく知られ、信頼もされていた。開発途上国にも大きな関心を寄せていたし、さまざまな考えをわかりやすく、説得力をもって伝える能力にも長けていた。

表立って動くことはなかったが、東西の緊張関係が緩和する日に向けて、連絡は取り続けることを静かに訴えていた。イギリスの核軍縮キャンペーンをはじめ欧州各国でも同様の動きに対する支持が増え、潮目は変わりつつあった。一九八三年、ドロシーは強力な人脈を利用した。かつて化学を教えたマーガレット・サッチャーに連絡をしたのだ。チェカーズにある首相の地方官邸で会う手はずを整え、ソ連との関係について話し合った。2人の政治信条はかけ離れていたと思われるが、たがいの意見には一目置いていた。のちにドロシーの貢献が認められ表彰された。だが、イギリスではなくソ連からで、一九八七年に77歳でレーニン平和賞を受賞した。

ドロシーの関心は何よりも人にあった。世界を舞台にして研究の理想や人道主義的理想を推し進めるにしろ、研究室で研究をこなすにしろ、まず大事だったのは誰にとっても働きやすい環境を整えることだった。ドロシーの研究室の雰囲気は今日の科学者には馴染み深い点が多い一方、ドロシーならではの様子も見受けられる。一九六〇年代に一緒にインスリンの研究をしていたシヴァラージ・ラマセシャンは、堅苦しいインドの研究室と、生産性は高いけれども肩肘を張らない ドロシーのやり方との間に天と地ほどの差があることに驚いたという。「天気のよい日はいつもクリケットの試合を見に行っていました。その後はパブへ……息抜きをしながらも科学をしていたことを考えると、あの頃は私の人生のなかでもまたとない時代でした」。バンガロールでシヴァラージ・ラマセシャンの同僚だったM・A・ヴィシヴァーミトラもドロシーの研究室での経験に感謝している。「家族で彼女の家にたびたびお邪魔したことも、私たちを成功へ導いてくれた一因でした。お宅では結晶学の話にはそれほど触れないで、いつかはうまくいって、手ごたえを感じるはずですよ、と言ってくれました」

男性は姓で、女性はミスあるいはミセスをつけて呼ばれる時代にあって、ドロシーはみんなを名で呼んだ。ドロシーにフェミニストという自覚はなかったが、男女の平等は大事なことだと考えていた。あるときは女性の賃金確保のためにひと肌脱いだ。教え子が結婚を機に年間助成金を減らされることになったのだ。「私の結婚に際して、我が家を十分に支えるだけの給金をもらっていなかったら、これまでのような成果は出せなかったでしょう」と科学産業研究庁に宛てて手紙を書いた。ドロシーの訴えは認められ、助成金額は変更されなかった。ただし、これは例外的な扱いで、正式な方針転換までにはならなかった。

大学の学生と職員に関わる福祉の問題は、いつもドロシーの頭から離れなかった。一九六五年、ドロシーはオックスフォードで、国外からやってくる大学院生を受け入れるリネカー・カレッジの設立に尽力した。また旧態依然とした女性の就業規則の変更にも力を貸した。一九六〇年代の終わりには、バーミンガム大学の運営状況を調査するために設置された委員会の委員に就任した。バーミンガム大学では、オックスフォードでもそうだったが、たくさんの女性が適切な契約を交わさないまま非常勤で働いていた。そのひとり、エレノア・ドッドソンによると、「彼女はオックスフォードに戻るとすぐに私に契約書を書いてくれました……彼女の主張を裏で支えていたのは、彼女自身がサマービルで仕事を続けていたり……妊娠期間中もお給料をもらったりしていた確固たる事実でした」

一九七七年に67歳でウルフソン・カレッジの教授を退いたあとは、オックスフォードの結晶学学科を拠点にして、ここで本を読んだり書き物をしたり、学生にさりげなく助言をしたりして過ごした。さまざまな団体や活動にも変わることなく大きな関心を寄せ、熱心に参加し続けた。一九六〇年年代から七〇年代は、イギリスの大学は変革の時代にあり、学生の声が大きくなりかけていて、ブリストル大学も例外ではなかった。「ドロシー・ホジキンがいいかもしれない」というひとりの学生の思いつきがきっかけとなり、ドロシーがイギリスの大学で、王室以外の女性初の名誉総長に就いた。この職を一九七〇年から八八年まで務め、学生たちの議論を支持して護った。留学生のための寄宿寮ホジキン・ハウスや、南アフリカ出身の学生のためのホジキン奨学金など、ブリストルでも数々の遺産を残した。

ドロシーの残したもの

ドロシーが科学の世界に残した遺産はといえば、これこそがドロシー・ホジキンの名を記憶に刻むものである。X線構造解析により一九四五年にペニシリン、一九五六年にビタミンB_{12}、一九六九年にインスリンの分子構造を決定し、その他にも多くのタンパク質の構造を明らかにした。新たな発見をするたびに研究対象の分子の大きさや複雑さは増していて、結晶学の分野も進歩していった。

タンパク質の構造と、その機能との関係を追いかけていた分野では、一九五〇年代はとくに興奮に次ぐ興奮の時代だった。一九五四年、コーネル大学のヴィンセント・デュ・ヴィニョーがオキシトシンというホルモンを合成した。これが、天然に存在するタンパク質の初合成。一九五六年にタンパク質の立体構造とアミノ酸配列が関連づけられると、一九五七年にはジョン・ケンドリューがタンパク質の一種ミオグロビン（筋肉に含まれ酸素を運ぶ）の立体構造を初めて解明した。続いて一九五九年にマックス・ペルツがヘモグロビンの立体構造を明らかにした。ペルツがこの研究プロジェクトを立ち上げてから23年が経っていた。

ケンドリューとペルツはともに一九六二年にノーベル賞を受賞した。ドロシーが受賞する2年前のことだ。ドロシーへのノーベル賞の授賞理由は、生命に関わる重要な分子の構造決定にあるが、それだけでなく化学の境界を広げたことも考慮された。誰もが不可能と考えるテーマの研究をドロシーが選んだことが、この時代の科学を代表する研究領域、すなわち分子構造を利用して生物学的機能を説明する研究の確立につながった。さらにタンパク質の構造が解明されたことで、薬の開発では標的を定めて研究を進められるようになった。

物理学の分野から入ってきたX線結晶学が、確かな技術としてすでに定着していた化学分析に比べると信頼されていなかった時代にあって、ドロシーのもたらした知見により、タンパク質の構造研究が進展していった。ペニシリンの中心部分が炭素原子3個と窒素原子1個を含む環からなることが明らかにされたとき、当時はこのような構造は不安定で存在できないと考えられていたため、科学者たちは疑いの目を向けた。化学者ジョン・コーンフォースなどは「それがペニシリンの構造式なら私は化学者を辞めて、きのこを育てる」とまで言った。ところがドロシーの構造式は正しかったし、ここを起点に化学修飾の施されたペニシリンが合成されていった。ドロシーのペニシリン分子の研究は戦時のペニシリン合成には間に合わなかった。しかし戦時中に蓄積していた構造に関する知見は、戦後、ペニシリンよりも投与しやすく、効果があって副作用の少ないペニシリン系抗生物質の開発に大いに役立った。

ビタミンB_{12}は最初に同定された有機金属化合物であり、ペニシリンと同様、その構造にはまだ誰も見たことのない特徴があった。コバルト原子のまわりを窒素原子と炭素原子が取り囲む見慣れない環からなるコリン環骨格をもち、これらの原子をつなぐ今までにない結合が、ビタミンB_{12}の生物学的機能を知る手がかりを与えた。

今日、結晶学周辺の作業の多くは自動化され、数時間から数日で終わる。ドロシーの時代は数年、ことによると数十年かかった。ドロシーは知的活力と直感の塊のような人だった。そして、あれほどの業績にもかかわらずことさら誇示することもなく現実を見ていた。「知っておいていただきたいのですが、私の人生の90パーセントは失敗の後始末。うまくいくのはたまにでした」とインタビューで答えている。

同世代の結晶学者と違ってドロシーは、特定の技術の開発に関わったことはない。しかし、新しいコンピュータ技術が出てくると必ず積極的に利用した。そうした結果、導かれたのがインスリンの構造だ。構造がすっかり明らかにされた現在、研究者の関心は、インスリンがどのように生成されるのか、どの受容体と結合するのか、どのようにして体中に運ばれるのかといった問題に集まっている。このような知見をもとにして、遺伝子工学の手法を用いれば、インスリンを改変させて糖尿病に対する効果を上げることも可能になる。

ドロシーが情熱を注いだのは自分の研究だけではなかった。指導している学生とその将来も親身になって気遣った。ドロシーのチームは国内外の科学者からなり、さながら拡大家族のようで、チームを離れていった人ともドロシーはやり取りを続けた。そんなひとりに言わせると、ドロシーは「担当教員であり、母であり、友人であり、人生の導き手であり、そのすべてが詰まった人」だった。ジェニー・グラスカー、ジュディス・ハワード、ポーリーン・ハリソン、エレノア・ドッドソンなど、教え子の多くは女性である。

たくさんの弟子がそれぞれの研究室を立ち上げ大きな成功を収めている。ガイ・ドッドソンもそのひとりだ。ガイは講師を経て、一九七六年にヨーク大学化学科で教授になった。師匠と同じくガイも人脈づくりの達人だった。製薬業界とも協力して糖尿病の治療に適したさまざまなインスリン製剤の開発に関わった。

ガイ・ドッドソンが亡くなった1年後の二〇一三年、『ネイチャー』に掲載された論文の謝辞にはドッドソンに捧げると記されていた。インスリンの作用機序の理解を深める一歩となるこの論文では、ドッドソンの研究室の科学者たちがきわめて重要な仕事をしていた。この研究によって初めて垣間見えたホルモン受容体複合体では、インスリンは受容体と結合しながら立体構造変化を起こし、受容体の主要な元素の構造も変化していることが示された。インスリンの発見から90年、ドロシー・ホジキンがその構造を決定してから43年が経っていた。この論文は、X線結晶学と構造生物学が、基本的な生物学的過程を可視化できる可能性を折りよく再認識させてくれた。

今日、X線結晶学はこれまで以上に重要になっている。二〇〇三年にはヒトゲノム計画によって、人体で相補的なDNAをつくる30億個の文字（塩基）の並びが解読された。文字の並びに含まれる遺伝子がタンパク質に翻訳されるわけだが、その構造はまだわかっていないものが多い。タンパク質は依然として結晶化させにくいものの、現在では、強力で狭いX線ビームを照射するダイヤモンド・シンクロトロン（ディドコット、イギリス）など、高速で解析する最新の自動分析装置を利用できる。アルツハイマー病、運動ニューロン疾患といった難治性の病気についても関連する複雑な分子の構造がわかれば、それぞれに対する適切な治療が見えてくる。

ノーベル化学賞受賞

ドロシーの研究成果の重要性がはっきりしてくるにつれて、本人もまわりもノーベル賞受賞の気配を感じるようになった。実際の研究とノーベル賞受賞との間には長い時間差があるとはよく聞く話だ。ドロシー・ホジキンの場合は、ビタミンB_{12}の構造を発表してから8年、同じくペニシリンから15年経った一九六四年に単独でノーベル化学賞を受賞した。

二〇一八年現在、科学の分野でノーベル賞を受賞したイギリス人女性はドロシーだけである。世界を見てもノーベル化学賞受賞者のうち女性は2パーセントを少し超えたほどしかいない。ドロシーは、X線技術を用いた重要な生体物質の構造決定に対してノーベル賞を授与された。イギリスの報道陣はドロシーの受賞について、自分たちにとって意味のあるドロシー像ばかりを強調した。すなわち主婦として、母としてのドロシーである。オブザーバー紙の反応が典型だ。「物腰の柔らかな主婦」が「まったく主婦らしからぬ才能：化学的な興味を大いにそそる結晶の構造」に対してノーベル賞を受賞した、と報じた。ドロシーにしてみたら、自分の人生に関わるすべてをなぜ並べ上げないのかさっぱりわからなかった。あの時分、主婦も母も研究もこなすことができたドロシーのような存在はかなり珍しかったのだ。

1年後の一九六五年、メリット勲章も受章した。この勲章は芸術、科学、公共の福祉において多大なる貢献をした個人を称えて、女王から授けられ、24人の枠しかない。イギリス国民が受ける最高の栄誉である。また、結晶学に果たしたドロシーの貢献は、科学の世界を通して生き続けているが、ドロシーの姿は芸術作品にも残されている。肖像画や彫像が何点か残っている。マギ・ハンブリングが一九八五年に描き、ロンドンのナショナル・ポートレート・ギャラリーに収められている作品もそのひとつ。終の棲家となったウォーリックシャー州クラブヒルの家にて、75歳のドロシーが関節リュウマチでひどく曲がった、何本もの手を駆使して、今なお夢中になって仕事をしている。忙しすぎてサンドイッチは食べかけのまま。ドロシーが科学の世界であげた功績を称えて、積み重なった論文の隣に大きな球―棒分子模型も描かれている。

ドロシーは2回、イギリスの切手にも描かれている。一九九六年は「20世紀の才女たち―天才の肖像画」記念切手で5人のうちのひとりに選ばれた。二〇一〇年に王立協会（英国郵政公社と共同で）が350周年を記念して10種切手を発行したときは、1400人以上の会員と60人以上のノーベル賞受賞者の中から選ばれた。このときドロシーの他に女性はいなかった。二〇一四年、グーグル社は功績のあった女性に焦点を当てるシリーズのグーグル・ドゥードゥル（記念日ロゴ）でドロシーの誕生日を祝った。Googleの O がペニシリンの炭素環で表されていた。

年を重ねるにつれて、友人や研究者仲間の輪がだんだん小さくなっていった。友人で物理学者のキャスリーン・ロンズデールが一九七一年に世を去り、間をおかずにイギリス結晶学の父サー・ローレンス・ブラッグが続いた。なかでもドロシーに深い痛手を与えたのが一九八二年、最愛のトーマスの死だった。享年72歳。トーマスは長年の喫煙のため、少しずつ体調を崩していた。スーダンへの長旅から帰国する途中、立ち寄った先のギリシャで心不全に見舞われ、その3日後に帰らぬ人となった。

大きな悲しみに包まれたドロシーだったが、少しずつ3人の子、とくに娘のエリザベスと7人の孫のほうに気持ちを移していった。ドロシーは、人名録『フーズ・フー』の自分の項で、趣味として「子ども」と記入したことがある。教え子のジェニー・グラスカーは「彼女は子どもたちにとても目をかけていました。家の雑事にかまけることなく、子どもたちとの会話に時間を割いていました。大事なことと、気にしなくてもいいことについて、私は彼女からたくさん学びました」。ドロシーは家族と、それぞれが自ら選んだ分野で収めていた成功を誇らしく思っていた。子どもたちは、優秀でよく働く両親の影響を間違いなく受けていた。

ルークはオックスフォードのベリオール・カレッジとセント・ジョンズ・カレッジで数学を学んだ。大学で数学と歴史を教えていたが、現在は退いてフリーランスのライター兼教師だ。近年では『数学はいかにして創られたか――古代から現代にいたる歴史的展望』[1]を出版している。アラビア語が堪能なエリザベス・ホジキンは歴史学で博士号を取得したのち、一九七〇年代にハルツーム大学で中世史を教え、母が幼い頃の一時期を過ごした地でもあるスーダンとは現在も密接なつながりを持ち続けている。一九八〇年代後半からはアムネスティインターナショナルでも人権研究家として活動した。トビー・ホジキンはイタリアの研究機関で農業生物多様性を研究している。

衰弱性疾患である関節リウマチは悪化の一途をたどっていたが、ドロシーはものともせずあちこち旅をして回った。最後にどうしても中国に行きたいと言ったのは、亡くなる1年前のことだった。その頃は、どこへ行くにも車いすの生活になっていた。中国の友人の目にはとても弱々しく見え、旅の間ずっと心配だったという。帰国後、2度目の股関節骨折をし、ドロシーの不屈の精神もとうとうついえた。一九九四年七月二十九日、家族が見守るなか、自宅で永遠の眠りについた。84歳だった。

いろいろな科学者の生涯を振り返ると、人柄の良さと業績との間に必ずしもそれほどの相関を見いだせないものだが、ドロシーは例外のひとりだ。マックス・ペルツによるドロシーの追悼記事より。「ドロシー・ホジキンは難解な構造をいくつも解き明かしました。その人並みはずれた能力のゆえんは、自らの手で処理する巧みな技、数学的能力、結晶学と化学に対する深い知識を併せもっていたことにあります。そうして彼女は、まさに彼女だけが、X線解析において最初に現れる不鮮明な地図の言わんとするところを見抜くことができたのです。彼女は偉大な科学者として、また、聖女のごとく優しく寛大な心で誰にでも愛情を手向け、平和活動に情熱を傾けた人として記憶されるでしょう」

訳注

[1]『数学はいかにして創られたか——古代から現代にいたる歴史的展望』ルーク・ホジキン著、阿部剛久他訳、共立出版、二〇一〇年

第6章　ヘンリエッタ・リービット

Henrietta Leavitt（**1868～1921**）
ヘンリエッタ・リービットはアメリカの天文学者。写真乾板を利用して星の等級を決定する方法を見つけた。この方法はのちに等級決定の標準的な方法となる。1926年のノーベル賞に推薦されたが、その5年前に53歳の若さで生涯を閉じていた。

天文学に与えた影響により、天文学者のなかのさながら星のような存在となったヘンリエッタ・リービット。写真乾板を利用して星の等級を決定する方法を見つけたアメリカの天文学者である。この方法はのちに等級決定の標準的な方法となる。また、周期光度関係を利用して銀河系（天の川銀河）外距離を正確に測定する方法も考え出した。これにより、遠く離れた恒星までの距離を決定できるようになり、現在、私たちはその距離を元に宇宙の規模を知ることができる。この方法はのちの宇宙の研究にもとても重要な役割を果たす。一九二三年、エドウィン・ハッブルはヘンリエッタの方法を用いて、アンドロメダ銀河（M31）がきわめて遠くにあり、天の川銀河の一部ではないことを明らかにした。

一九二六年のノーベル賞に推薦されたが、残念なことにヘンリエッタはその5年前に53歳の若さで生涯を閉じていた。ノーベル賞は故人には与えられないため対象から外された。存命中はほとんど正当な評価を受けなかったが、続く天文学者はヘンリエッタを「星の達人」と呼んだ。20世紀天文学に果たしたヘンリエッタの貢献は亡くなってから広く認められるようになり、月のクレーターの名前リービットも、小惑星５３８３の名前リービットも、彼女に敬意を表してつけられた。

ヘンリエッタ・スワン・リービットは一八六八年、マサチューセッツ州ランカスターで生まれた。父ジョージ・ロズウェル・リービットは会衆派教会の教師だった。母の名はヘンリエッタ・スワン（旧姓ケンドリック）。一八八〇年の国勢調査の頃は一家はマサチューセッツ州ケンブリッジ、ウォーランド通り9番地の大きな2世帯住宅で暮らしていた。ジョージは自宅から数ブロック離れたマガジン通りとコテージ通りの角にあるピルグリム会衆派教会で牧師を務めていた。兄弟も増え、弟のジョージ、３人の妹マーサ、カロリーヌ、ミラがいた。当時はままあることだったが、ミラは3歳の誕生日を迎えられなかったようだ。一八八〇年の国勢調査では死亡と記載されている。もうひとりの弟ロズウェルも一八七三年にわずか15カ月で亡くなっている。一八八二年には一番下の弟ダーウィンが生まれた。

2世帯住宅の片方には祖父エラスムス・ダーウィン・リービットが妻と30歳になる娘といっしょに暮らしていた。父はボストン地区にある名門リベラル・アーツ・カレッジであるウィリアムズ・カレッジを卒業し、アンドヴァー神学校で神学の博士号を取得していた。一八八〇年代のはじめ、一家はオハイオ州クリーブランドに引っ越した。一八八五年、ヘンリエッタはオーバリン・カレッジに入学し、準備コースを終えたあと、2年間、学部で勉強をした。その後、ケンブリッジに戻り、一八八八年にラドクリフ・カレッジに入学した。ラドクリフ・カレッジはハーバード大学（当時は男子しか入学が認められていなかった）と提携していた、アメリカでも屈指の女子大だった。

ラドクリフの入学条件は女子大のなかでは一番厳しかった。入学後に専攻したい科目がなんであれ、入学試験ではまず、指定された古典の理解度が試された。そのリストにはシェイクスピアの『ジュリアス・シーザー』、『お気に召すまま』、サミュエル・ジョンソンの『詩人列伝』、ジョナサン・スウィフトの『ガリヴァー旅行記』、ジェイン・オースティンの『高慢と偏見』などが並んでいた。また、その場で与えられたテーマに沿った小論文と、ラテン語、ギリシャ語、ドイツ語、フランス語も試験された。歴史（ギリシャ及びローマ史、あるいは合衆国及び英国史から選ぶ）はもちろん数学（二次方程式までの代数学と平面幾何学）と物理学と天文学の試験も課された。聞いただけで気が重くなる。そして自分で選択する2科目については、さらに高度な知識を示すことが求められた。ラドクリフ・カレッジの学校案内には「入学志願者は前記の学力に不足が認められても入学を許可される場合があります。ただし、当該する学力不足については入学後の課程において補わなければなりません」と記されていた。

ヘンリエッタの入学試験で学力不足が指摘されたのは歴史だけだった。3年生になる前には遅れを取り戻した。ラドクリフ時代はおもにラテン語、ギリシャ語、人文学、英語、現代ヨーロッパ語（ドイツ語、フランス語、イタリア語）、芸術学、哲学を学んだ。自然科学関係はほとんどなく、博物学、入門物理学（成績はB）、解析幾何学・微積分学（成績はA）のみ。天文学は4年生になってから選択した。ちなみに成績はA。天文学の講義は、ラドクリフからガーデン通りを少し行ったところにあったハーバード大学天文台で行われた。新しく台長になったエドワード・ピッカリングの指導のもと、天文台に勤務する天文学者が講義を受けもった。

一八九二年、24歳の誕生を迎える少し前にヘンリエッタはラドクリフ・カレッジを卒業した。男子学生ならばハーバードから授与される文学士に相当するカリキュラムを修了した旨が卒業証書に記載されるところだが、女子だったため学士号は与えられなかった。

天文台に就職

エドワード・ピッカリングは一八七七年に、弱冠31歳でハーバード大学天文台の台長に任命されていた。行動的な若い台長は着実に足場を固め、台長職についてしばらくたった一八八五年には、地球から見えるすべての恒星について、位置、明るさ、スペクトルをカタログにまとめる壮大な構想を打ち出した。これが、ケンブリッジでの自身の観測と、南方の観測所（チリのアレキパにハーバード大学が設

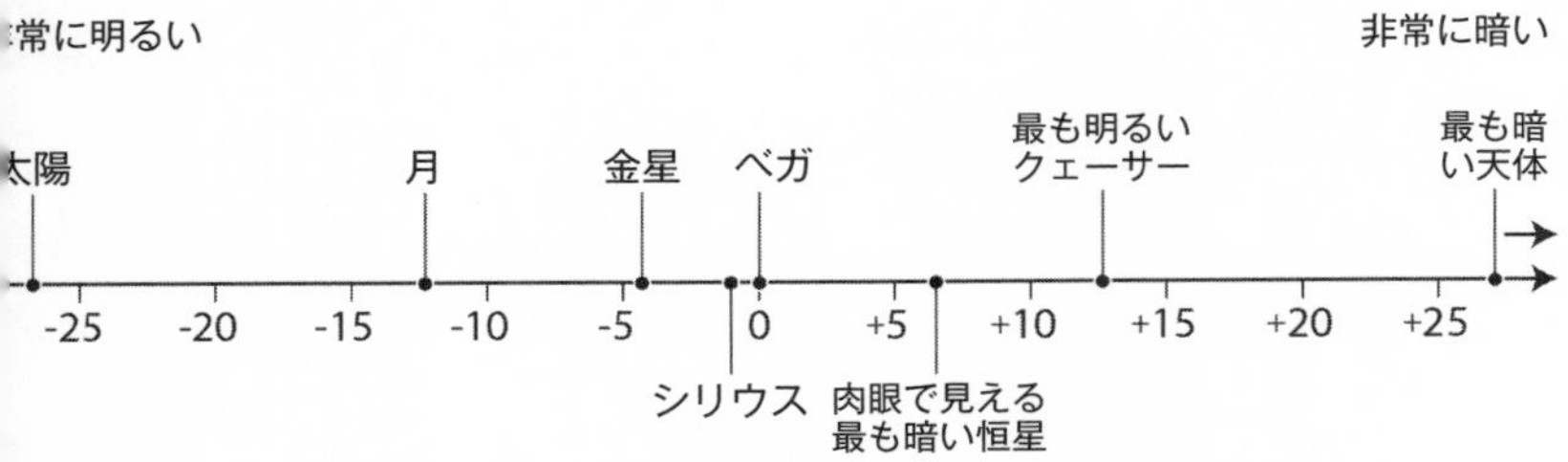

見かけの明るさの等級

立）の観測とを元にした九等級の分類へとつながっていく。

　等級とは、星の明るさを表すときに用いる尺度だが、その始まりは古代ギリシャの天文学者ヒッパルコス（紀元前一九〇年から一二〇年）の研究にまでさかのぼる。ヒッパルコスはロードス島で、自分の肉眼でとらえた明るさに基づき、最も明るい星を一等星、最も暗い星を六等星として星を分類した。ヒッパルコスの分類は個人の判断によるところが大きかったが、一八五六年になるとイギリスの天文学者ノーマン・ポグソンが数式を用いた、もう少し精密な定義を提案した。ポグソンの計算によると、一等星は六等星よりも正確に１００倍明るいことになった。

　混乱を招きやすいのだが、等級は低くなるほど明るい。したがって一等星は六等星よりも明るく、九等星は六等星よりもかなり暗い。一等星よりも明るいシリウスのような星は負の等級で表される。等級の標準となる星はベガ。つまりベガの等級を０とする。

　等級には対数が使われ、これも等級をややこしくしている。等級が10違うと、明るさの違いは100＋100ではなく、100×100＝10,000となる。15違うと100×100×100＝1,000,000である。

　十分暗い場所で、肉眼で見える最も暗い恒星が約六等星である。夜空で最も明るい恒星、シリウスは−1・46。九等星は六等星のほぼ16倍暗く、暗すぎて肉眼では見ることができない。したがって当時はハーバードとチリで撮影された写真乾板を利用して初めて確認できた。

ピッカリング教授が意欲を燃やしていた大事業の資金の大部分は、天文写真の草分けである故ヘンリー・ドレーパーの妻からの寄付によって賄われた。ヘンリー・ドレーパーは医師の教育を受けていたが、情熱を傾けたのはもっぱら天文学だった。一八七二年、分光器を装着した望遠鏡を利用して世界で初めて太陽以外の恒星、ベガのスペクトル写真を撮影した。この写真には、一八一四年から五年にヨゼフ・フォン・フラウンホーファーが太陽光線の中に見つけた吸収線がたくさん写っていた。ヘンリー・ドレーパーはニューヨーク大学医学部教授で学部長も務めていたが、一八七三年に辞職し、これまでのような片手間ではなく、天文学に専念することにした。資産家の娘メアリー・アンナ・パルマーと一八六七年に結婚していたので、ありがたいことに生活の心配はしなくてもいい身分だった。

ヘンリー・ドレーパーは、オリオン星雲を初めて写真でとらえた人物でもある。オリオン星雲はオリオンの剣の真ん中の「星」にあたる、有名な天体だ。ヘンリーは一八八二年に胸膜炎の発作を起こし45歳の若さで生涯を終えるのだが、それまでに100を超える星のスペクトル写真を撮影していた。ヘンリーの妻は亡き夫を称えて、ハーバードに多額の寄付をすることにした。これが望遠鏡とピッカリング教授の壮大な星のカタログ作成を支えた。「ヘンリードレーパー星表」として広く知られることになる、この一大カタログはピッカリングの没後、一九二四年に完成した。22万5300個の星の位置と明るさとスペクトル分類の情報がまとめられている。

これほどの数の星をカタログに掲載するためには膨大な作業が必要になる。そこでピッカリング教授はたくさんの女性を雇った。のちに「ハーバード・コンピュータ」、「ピッカリングのハーレム」と呼ばれるようになる人たちである。電気で動くコンピュータが登場するまでは、「コンピュータ」といえば、大量の計算をこなす職に就いている人を指していた。当時、科学系の研究施設では、男性よりも賃金の低い女性をコンピュータ職として雇い入れるのが普通だった。

ハーバード大学天文台でピッカリング教授が最初に雇った女性は、自分の家で家政婦をしていたウィリャミナ・フレミングだった。一八七八年に夫と一緒にスコットランドから移住してきたのだが、出産のあと夫に離縁され、教授の自宅で働いていた。教授は彼女の能力を見抜き、一八八一年に天文台で採用して、星のスペクトルの分析方法を教えた。その後、女性は増えていき、一八九〇年代半ばにアントニア・マウリー、一八九三年にヘンリエッタ・リービット、一八九六年にアニー・ジャンプ・キャノンと続く。

ヘンリエッタにあてがわれた仕事は、チリで撮影された写真乾板と、ハーバード・コンピュータの部屋のすぐ上にあった望遠鏡で撮影された写真乾板に写っている、数え切れないほどの星の等級の決定だった。星のカタログの作成に関わる仕事は膨大なため、星の等級の決定作業も何人かに振り分けられた。ヘンリエッタの業務は変光星の明るさの測定だった。変光星とは明るさが一定ではなく、明るくなったり暗くなったりする恒星である。

ヘンリエッタはチリから届く写真乾板を前に、マゼラン雲の中から変光星を懸命に探した。マゼラン雲は2つの大きな光の塊で、最初の記録は15世紀、アフリカ大陸の南端を航海していたポルトガルとオランダの天文学者によって残されている。その後しばらくは「岬の雲」と呼ばれていた。南の空にあるので、赤道より南でしか見ることができない。イタリアの航海家で、アメリカの名前の由来になったアメリゴ・ヴェスプッチも一五〇三年から四年の航海で見ている。一五一九年から二二年のフェルディナンド・マゼランの世界周航に同行したアントニオ・ピガフェッタも詳しく記録を残し、それ以降、マゼラン雲と呼ばれるようになった。

大マゼラン雲（LMC）は見かけの直径が約10度、満月のおよそ20倍。小さい方の小マゼラン雲（SMC）は約5度（満月のおよそ10倍）。南回帰線あたりの暗い場所に行くと、空高くにわりと簡単に見つけられる。現在こそマゼラン雲は天の川銀河の小さな伴銀河として知られているが、ヘンリエッタが測定を任された当時はまだわかっていなかった。

アメリカの物理学者ジェレミー・バーンスタインはその頃をこんな風に思い返している。「変光星には何年も前から関心がもたれていたのだが、彼女（ヘンリエッタ）が例の写真乾板を調べることになったとき、重大な発見、それも天文学を変えることになる発見をするとは、ピッカリングは思いもしなかったはずだ」。ヘンリエッタは来る日も来る日も労を惜しまずひたすら写真乾板を調べ、SMCの中に数千個の変光星を見つけた。同僚によると、「まるで厚い信仰心からくるひたむきな思い」に駆られているかのように作業をこなしていた。2年後、変光星の仕事を終えると、それまでに見つけた内容を草稿にまとめ、一八九六年に船でヨーロッパに渡り、2年をかけて旅して回った。

旅を終えボストンに戻って来たヘンリエッタはエドワード・ピッカリングに連絡を取った。するとヨーロッパに立つ前に終えていた仕事の改訂作業を打診された。しかし、ヘンリエッタは先の草稿を荷物に入れ、ウィスコンシンのベロイトに向かった。ベロイトでは、父が教会の教師をしていた。ヘンリエッタは「個人的な問題」によりそのままベロイトで2年を過ごす。この時点ではその理由をつまびらかにしていない。ベロイトカレッジで芸術助手を務めたものの、その職はどう見てもヘンリエッタを満足させなかった。一方、エドワード・ピッカリングとは音信不通のままだった。

一九〇二年五月十三日、ヘンリエッタはピッカリング教授に手紙を書いた。あてがわれた研究を全うしなかったことと、長い間、連絡を取らなかったことを謝り、ウィスコンシンにいながら教授の仕事を続けたいと願い出た。「帰国した冬は思いもよらず治療に専念することになりました。いよいよ仕事に取りかかる時間ができたと思った矢先、目をひどく患ったため、目を使って注意深く見る作業ができなくなりました」。現在は目の状態はすっかりよくなり、再び変光星の明るさを決定する仕事にかかる用意はできているし、天文学に対する情熱は薄れていないとも書き添えた。そして、草稿を完全なかたちに仕上げたいので、天文台に置いたままにしてあった自分のノートを送ってもらえないだろうかとも尋ねていた。

その3日後にピッカリング教授からの返信を受け取ったとき、ヘンリエッタはほっとした。と同時に喜んだに違いない。教授は仕事の話をもってきてくれていた。「このような場合、通常は時給25セントですが、あなたの仕事の質に鑑みて」時給30セントにするつもりだとも書かれていた。ケンブリッジに戻ることが無理ならば、交通費を払うので、短期間だけハーバード大学天文台に来て、必要なものをウィスコンシンに持って帰るのはどうだろうかという提案もあった。ヘンリエッタは、一九〇二年七月一日までにそちらに向かうつもりだと返信した。だが、オハイオにいる親戚が病気になったため予定が遅れ、ボストンには八月二十五日に到着し、秋の間、仕事をしてからヨーロッパへの長旅に出た。帰国後、常勤職員としてケンブリッジに引っ越すことを決心する。

次々と変光星を発見

わき目もふらず変光星の明るさを調べ続け、一九〇四年にはその仕事が大きな実を結びはじめた。ある春の日、撮影時間の異なるＳＭＣの写真乾板を比べていたときのこと。いくつかの変光星を発見した。別の写真を調べるとさらに数十個が見つかった。その年の秋、アレキパの観測所で撮影されたＳＭＣの写真乾板16枚が、ボストンの天文台に向けて送り出された。一九〇五年一月に到着するや、ヘンリエッタは作業に取りかかった。次から次へと変光星を見つけ、ヘンリエッタ本人も「とんでもない数」になったとのちに語っている。

その結果をヘンリエッタは論文「小マゼラン雲で新たに発見した843個の変光星」にまとめ、一九〇五年四月、『ハーバード大学天文台季刊報』で発表した。この頃には珍しく、単著論文だった。当時の習わしでは、天文台の台長や研究グループのリーダーが論文を書き、実際に研究を進めた人の名前は共著者として載るか、論文中に書き留められるだけだった。ヘンリエッタが単著で論文を発表した事実から、エドワード・ピッカリングが彼女をはじめハーバード・コンピュータたちを高く評価していたことがわかる。プリンストンの天文学者がピッカリング教授に送った手紙には「変光星を見つけるミス・リービットのなんという人間離れした『魔人』ぶり……次々と繰り出される新たな発見に、皆、置き去りにされたようです」と書かれていた。

この頃、ヘンリエッタはガーデン通りにある、叔父エラスムスの建てたイタリア風の大邸宅（現在はロンジー音楽院の一部になっている）に下宿していた。天文台からはほんの数百メートルしか離れていなかったおかげで、長い時間仕事に没頭できた。２つのマゼラン雲に存在する変光星のカタログを作成し続け、一九〇八年には4年分の仕事を論文「大小マゼラン雲の１７７７個の変光星」にまとめ、『ハーバード大学天文台年報』に発表した。

この論文の１０７ページで、16個の星のデータに基づき「表VI（ＳＭＣの変光星の周期）において明るい変光星ほど周期が長いことは注目に値する」と記した。今ならわかるが、さらりと書かれたこの文にはきわめて重要な指摘が含まれている。ジェームズ・ワトソンとフランシス・クリックが一九五三年に発表したＤＮＡの構造に関する論文の最後の段落にも通じるところがある。「本論文で示した特定の対構造が直ちに遺伝物質の複製機構を示唆することに筆者らは気がついていないわけではない」。遠回しに、生命の秘密を発見した、と記されている。

ヘンリエッタは、謙遜してことさら誇らしげに書かなかったのではなかった。データを拡大解釈したくなかっただけで、もっとデータが必要だと考えていた。もちろん、ピッカリング教授からも言われていただろう。大胆な結論の根拠とするには16個では足りない。しかし残念なことに「さらなる仕事」は中断を余儀なくされた。一九〇八年が終わる頃、ヘンリエッタは病に伏せ、１週間入院をした。十二月二十日、ボストンの病院からエドワード・ピッカリングに手紙を送った。「きれいなピンク色のバラ」と「心のこもったお気遣い」にお礼を伝え、「このようなときにこんな風に気にかけていただいて、とてもうれしいです」と綴った。

退院後は体を休めるためウィスコンシンに戻り家族のもとで過ごした。上の弟ジョージは宣教師、下の弟は父と同じ牧師になっていた。一九〇九年の春から夏の間はベロイトに滞在し、秋には復帰するつもりでいた。ところが、その九月、ヘンリエッタがエドワード・ピッカリングに宛てた手紙によると、家の近くの湖に出かけた後、「軽い病」に罹ってしまった。「思いのほか治りが悪いため、いつここを離れることができるのか見通しが立ちません」

その十月、ヘンリエッタが仕事を離れてから1年近くが経とうとしていた頃、エドワード・ピッカリングから、そちらでできる仕事を送ってもよいかと尋ねる手紙が届いた。しかし十二月になっても返事を出さなかったため、再び手紙が来た。このときはピッカリングも少しばかり苛立ち始めていたようだ。「親愛なるミス・リービット、病気が長引いているご様子、とても心配しております。こちらでつつがなく作業できるようになるまでは、仕事を受けていただかなくても大丈夫です。とはいえ、少々確認しておいた方が、あなたも安心できると思います……」

確認事項として、毎月、月初めに、仕事に戻れるかどうかを知らせる手紙を送ること、続いて、先に頼んでいたもうひとつの研究、「北極系列」についての結果を中間報告にまとめ提出することが、記されていた。こちらの研究は、北極星付近の96個の星の明るさをこれまでよりも高い精度で測定する試みだった。エドワード・ピッカリングが長年温めてきた研究でもあったため、彼にしてみたらマゼラン雲の変光星よりも優先順位が高かった。いずれ、北極系列を標準として、全天のすべての星の明るさを正確に求めるつもりでいた。

ヘンリエッタは数日後に手紙を送った。体力が衰えていたため十月の手紙には返事を出せなかったことを詫び、クリスマスが過ぎる頃には仕事に戻れるくらいに回復していると思う、と書いた。結局、年が明けてしばらく経つまで職場復帰できるほどにはよくならなかった。そのためケンブリッジではなくベロイトで仕事を進めた。ヘンリエッタのもとには写真乾板、印画紙に焼きつけた写真、台帳、乾板用の木枠、1・5インチ（3・8センチメートル）の接眼レンズの入った荷物が届いた。これ以降、ヘンリエッタのほうからは詳細な報告書を何度か天文台に送った。

セファイド変光星の明るさと変光周期の重要な関係を発見

そうこうするうちに体もすっかり元に戻り、ケンブリッジに戻れる日がやって来た。一九一〇年五月十四日のことだった。が、これもまた長く続かなかった。一九一一年三月、父が亡くなり、母の側にいるためベロイトに戻った。六月、ピッカリング教授から荷物が送られてきた。北極系列の仕事を続けるための写真乾板70枚やその他の資料などが入っていた。そのうちのいくつかをもって、母と連れだってアイオワ州デモインの親戚の家にしばらく滞在した。ここでうまく時間を見つけ、マゼラン雲の変光星も調べ続けた。ようやく誰にも邪魔されることなく、あの2つの雲の変光星に専念できた。縦軸に見かけの明るさ、横軸に変化の周期をとり、25個の星をプロットした。このグラフからヘンリエッタは、セファイド変光星（一定の周期で明るさが変化する星）の周期と明るさの関係について、重要な発見をする。結果は一九一二年、『ハーバード大学天文台季刊報』で発表された。ただし、このときの著者はエドワード・ピッカリングで、ヘンリエッタではなかった。「小マゼラン雲の25個の変光星の周期」と題された論文は、「小マゼラン雲の25個の変光星の周期に関する以下の論考はミス・リービットによってなされたものである」という書き出しで始まっている。

1ページ目は次のように続く。「これらの変光星の明るさと変光周期の間の著しい関係が明らかにされる。H・A・（『ハーバード大学天文台年報』）、60、4号（先述の一九〇八年論文）では、明るい変光星ほど周期が長い事実を指摘したが、当時はデータが少なかったため、一般的な結論を出せなかった。しかし、あらたに測定した8個の変光星の周期も同じ法則に従っている」

明るく見えるセファイドが本来は明るい星だと、ヘンリエッタはどのようにして気づいたのか？　私たちが夜空を見上げたとき、最も明るく見える星が必ずしも最も明るいわけではない。その星までの距離も明るさに影響を与える。たとえば、シリウスは夜空で一番明るく輝いて見える。その視等級は-1・46。一方、オリオン座の右下にある青い星リゲル（シリウスと同じ視界に入るくらい近くにある）は視等級0・13（約4倍）しかないが、実は本来はもっと明るい。地球から約860光年も離れているため、8・6光年しか離れていない、つまり100倍近くにあるシリウスと比べるとずっと暗く見えるのである。したがって、星の固有の明るさを比較するためには見かけの明るさを測定すると同時に、星までの相対的な距離も求めなければならない。

ヘンリエッタが全天に散らばるセファイド変光星を調べていたならば、おそらく星までの距離が明るさにどのように関わるのか見当がつかなかっただろうから、本来明るい星ほど変光周期が長いとはいえなかったはずだ。しかし、ヘンリエッタが調べていた星はすべてLMCのなかにあった。おかげでどれも地球からほぼ等しい距離にあると、正しい仮定を導くことができた。ここが肝心だ。つまり他のセファイドよりも明るく見えているのであればそのセファイドは本来明るい。この気づきが、ヘンリエッタの発見の鍵となった。

同じセファイド変光星でも変光周期が短いものに比べて、長いものほどその星自体が明るいと気づいたことには大きな意味がある。だが、それだけではない。後述するように、この発見のおかげで天文学者は距離を測定できるようになった。それまで天文学者には測る術がなかった。天空の距離の測定は天文学者にとって昔から大きな課題だった。シリウスやリゲルの例でもわかるように、地球から見える天体の大きさや明るさは距離の指標にはならない。シリウスやリゲルよりも明るく見えるのは太陽だけだが、それは太陽が８光年しか離れていない、つまりずっと近くにあるからだ。ところで、太陽までの距離を実際にはどうやって知るのだろう?

　地球から太陽までの距離は一七〇〇年代半ばまではまったくわかっていなかった。その測定方法を思いついた人物は、イギリスの天文学者で彗星に名を残すエドモンド・ハレーだった。一六七六年、南天の星の目録作成を考えていた初代王室天文学者ジョン・フラムスティードにより、19歳のハレーは南大西洋のセントヘレナ島に派遣された。滞在中の一六七七年十一月、ハレーは、水星が太陽の表面を横切る現象、いわゆる「通過」を観測した。水星と金星は地球よりも太陽に近いので、太陽面通過を見ることができるのだが、どちらもそうそう起こる現象ではない。水星の通過は１００年に13～14回、金星になるとさらにまれで、約１００年に８年の間隔をおいて２回しか起こらない。正確には８年、１０５・５年、８年、１２１・５年、８年の間隔だ。

　地球と太陽の距離は一六〇〇年代の天文学における最大の問題だった。天文学者が頭を悩ませていたことはハレーも知っていた。一六七七年に水星が太陽面を横切る様子を観測しながら、ロンドンで誰かが同じ現象を見たら、南大西洋のセントヘレナ島で自分の見ている現象とわずかにずれる、いわゆる視差が生じることに気づいた。同じものを異なる場所から見ると、背景に対して位置が変わる。顔の前に30センチメートルほど離して鉛筆をもってみよう。まず左目だけで見て次に右目だけで見ると、見る場所がわずかに違うため鉛筆が動いたように見える。私たちの目はこのような仕組みのおかげで奥行きを知覚している。ハレーは水星の通過を見ながら、他の場所で観測した軌跡と自分の観測した軌跡とを比較すれば、簡単な三角法によって太陽までの距離も算出できると推測した。

ロンドンに戻ったハレーは細部を検討した。ところが水星は地球から離れすぎていて使えなかった。地球からでは、異なる2点で観測してもほとんど差がなかったのだ。それに比べると金星は、地球にずっと近い。こちらを利用すればうまくいくと考えたハレーは、一七一六年にその方法を発表した。しかし、金星の次回の太陽面通過は一七六一年。自分で観測できないことはわかっていた。

ハレーの提案した方法は彼の亡くなったあとも引き継がれた。ヨーロッパの科学者は、一七六一年と一七六九年の六月の金星の通過に合わせて、ハレーの方法を使って地球と太陽の距離を測定する計画を立てた。そして一七七一年、オックスフォード大学の天文学教授トーマス・ホーンズビーより、地球から太陽までの距離は1億5083万8824キロメートルと発表された。現在の数値との差は1パーセント以内に収まっている。

太陽までの距離がわかれば他の恒星までの距離も算出できるのだろうか。地球は太陽のまわりを回っているので、はるか遠くの恒星に比べて近くの恒星ほど、見る季節によって位置を変えるはずだ。これもまた視差の効果だ。やっかいなのは、このような恒星の位置の変化（年周視差）を誰も確認したことがないことだった。地球は宇宙の中心ではなく、太陽のまわりを回っているとガリレオが主張したとき、視差による恒星の位置の変化を誰も確認したことがないという事実をもって、ガリレオに対する反論が展開されたこともあった。

望遠鏡が少しずつ改良され、天文学者のほうも恒星の年周視差の測定を試み続けた。一八三八年、ついにドイツの天文学者で数学者でもあったフリードリヒ・ベッセルがはくちょう座の暗い星、61番星の年周視差の測定に成功した。この星は0・31秒角、つまり0・00086度動いていた。測定までにこれほど時間がかかったのも無理はない。本当にわずかな角度、約32キロメートル離れた場所で1センチメートル高の角度を求めるようなものだったからだ。

19世紀が終わる頃までに測定された年周視差は、近い星の数十個どまりだった。遠い星は距離が開きすぎて視差を測定できず、天文学者の置かれた状況は一六〇〇年代と大して変わっていなかった。太陽系の近くにある星以外の、遠くの星については距離を決定する手がかりを何も持ち合わせていなかったのだから、お手上げ状態も同然だった。天の川銀河の規模もはっきりせず、直径は1万光年とも30万光年ともいわれていた。そんななか、一九一二年にヘンリエッタが開いた突破口によって、遠すぎて年周視差を利用できない星までの距離がわかるようになった。必要なのは、年周視差を組み合わせて近くのセファイド変光星までの距離を求めることだけだった。

その計算をしたのはデンマークのアイナー・ヘルツシュプルングだった。ヘルツシュプルングは翌一九一三年に年周視差を用いていくつかのセファイド変光星までの距離を求め、その変光星の光度の変化する時間を測定して、ヘンリエッタの周期光度関係に当てはめた。変光周期と見かけの明るさを測定して、あとはあらかじめ距離を算出しておいたセファイド変光星の明るさとを比較すれば、遠くのセファイド変光星までの距離を算出できる。こうしてヘルツシュプルングは小マゼラン雲までの距離を3万光年とはじき出した。この数字は小マゼラン雲が天の川銀河の外側にある可能性を示す最初の証拠となった〔訳注：現在は約20万光年とされている〕。

地球が宇宙の中心ではないことが認められて以降、宇宙に対する理解を最も根本的なところで転換させたのはヘンリエッタの仕事といってもいいだろう。何世紀もの間、夜空にぼんやり広がる、明らかに星ではない天体の存在は知られていた。このような天体は星雲、英語ではギリシャ語の雲に由来するnebula《ネブュラ》と呼ばれている。オリオン星雲は明るい星雲の代表だった。18世紀初頭には土星によく似た惑星状星雲も望遠鏡で観測されていた。なお、惑星状星雲は惑星とは関係なく、太陽に似た恒星が一生を終えかけているところで、外層が噴き出している状態である。

観測された星雲のなかで最も謎めいていたのは、おそらく渦を巻く銀河だった。夜空に浮かぶガスの渦のように見えたので、その正体は天の川銀河の内側にあるガスの雲で、星をつくる途中にあり、惑星系を取り巻いている状態と考える天文学者が多かった。一方、天の川銀河の外にある大きな恒星系だと主張する人もいた。ドイツの哲学者イマニュエル・カントは「島宇宙」と名付けた。19世紀から20世紀初頭にかけて、渦巻く銀河は島宇宙なのか、天の川銀河の内部で星をつくっている領域なのかを巡って議論が起こった。

望遠鏡が大きくなり、写真乾板の感度も上がってくると、渦巻銀河を長時間露光で撮影できるようになった。20世紀に入って間もなく、最も詳しく研究したのはエドウィン・ハッブル、20世紀で最もよく名を知られている天文学者のひとりだ。ハッブルはシカゴ大学ヤーキス天文台で渦巻銀河を研究した。

同天文台の24インチ（約61センチメートル）の開口望遠鏡はこのような天体の写真撮影に適していた。一九一七年、「暗い星雲の写真撮影による研究」と題して博士論文を提出し、一九一九年、わずかな期間、第一次世界大戦に士官として従軍したのち、カリフォルニア州南部のウィルソン山天文台に職を得た。ウィルソン山天文台は、ヤーキス天文台の初代台長ジョージ・エラリー・ヘールによって一九〇〇年代初頭に開設されていた。

大型望遠鏡を建設するための資金調達にかけてはジョージ・ヘールの右に出るものはいなかった。一九〇八年に60インチ（約1・5メートル）反射望遠鏡を完成させると、今度は100インチ（約2・5メートル）のための資金を集め始めた。大口の資金提供者はロサンゼルスを拠点に活動していた実業家ジョン・D・フッカーだった。フッカー100インチ望遠鏡が稼働しはじめた一九一七年当時、この望遠鏡は世界最大で、すぐ隣にあるライバルの望遠鏡の約3倍の光を集めた。澄んだ空、高性能の観測装置のあるウィルソン山天文台には選りすぐりの天文学者が集まってきた。エドウィン・ハッブルもそんなひとりだった。

エドウィン・ハッブルは終生ウィルソン山天文台の職員として、望遠鏡を熱心にのぞき続けた。一九二二年には100インチ望遠鏡を使える時間がますます増え、博士論文で扱った暗い星雲の研究をさらに進めることにした。前よりも望遠鏡は大きいし、写真乾板の感度も高かった。そのなかに大アンドロメダ星雲があった。現在はアンドロメダ銀河、M31でも知られている。M31は肉眼で見ることのできる唯一の渦巻銀河である。北半球では八月から十二月にかけて暗い場所に行くと、ペガスス座の四辺形の北東、アンドロメダ座の中に見える。

エドウィンはM31を定期的に撮影していた。ある晩、写真乾板にそれまで見たことのない星を3個見つけ、新星（nova）を意味する「N」と書き込んだ。以前撮影していた乾板と比較したところ、3個のうちのひとつは新しい星ではなく、前の乾板にもあった。エドウィンは、はやる気持ちを抑えた。この星は明るさの**変化する**星、セファイド変光星だった。「N」の上に線を引いて「VAR（変光星）！」と書き直した。この星を利用すれば、ヘンリエッタが10年前に導いた周期光度関係を用いて、アンドロメダ星雲までの距離を測定できることに気づいた瞬間だった。

計算を終えたとき、エドウィン自身も自分の出した数字を信じられなかった。とてつもなく遠くにあった。その距離、90万光年（その後230万光年に修正）。これまでに、他にも見落としていた星があるに違いないと思い、M31の写っている、手持ちの乾板をすべて調べ直した。もっと変光星があるかもしれない。つきが回ってきた。さらに2個見つけた。その距離を計算すると、同じ結果が出た。やはり90万光年。天の川銀河の大きさを大きく見積もっても、これほど離れているのであれば、アンドロメダ星雲は天の川銀河の中にはない。「島宇宙」以外の何ものでもない。この日を境に、宇宙の大きさががらりと変わった。

今こそはっきりした。天の川銀河は宇宙でただひとつの銀河ではなかった。M31をはじめ渦巻状の星雲はすべて、数千億個からの星を擁する独立した銀河だった。一九二〇年代が終わる頃、さらにエドウィン・ハッブルは、遠く離れた渦巻銀河ほど速く移動していることを示し、宇宙が膨張していると指摘した。銀河までの距離を求めるのに使った方法は、今回もヘンリエッタのセファイド変光星の周期光度関係だった。

北極系列を等級決定した仕事

ＳＭＣ中の変光星に関するヘンリエッタの研究がピッカリングによって発表された頃、ヘンリエッタは北極系列の仕事に引き続き没頭していた。エドワード・ピッカリングが長年温めていたこの研究に4年あまりこつこつと取り組むことになる。途中、病気のために何度か途切れ、時には数カ月中断したりもした。一九一三年の春は3カ月休んだが、一九一四年一月には、北極系列の96個の星の等級を決定する大仕事をとうとうやり遂げ、一九一七年、その結果を１８４ページにも及ぶ論文にまとめて『ハーバード大学天文台年報』に発表した。13基の望遠鏡で撮影された２９９枚の写真乾板を前にデータを粘り強く洗い出した仕事が結実した大論文だった。どの星の光度も慎重に確認しなければならず、ほかの乾板との照合も欠かせなかった。ヘンリエッタ自身、誇りに思っていたことだろう。博士号を授かってもおかしくない内容だった。

同じ頃、ハーロー・シャプレーも変光星が明るさを変える根本的な理由を探っていた。セファイド変光星を利用すれば天の川銀河の大きさを決定できると考えていたハーローは、ウィルソン山天文台でセファイド変光星の研究に集中していた。球状星団に含まれるセファイド変光星を調べ、太陽が天の川銀河の中心ではないこと、天の川銀河の直径は数十万光年になることを一九一〇年代半ばに明らかにした。この結論を出すまでの間、ハーローはヘンリエッタにたびたび手紙を書き、マゼラン雲の研究で得たセファイド変光星に関する最新のデータを送ってほしいと頼んでいた。

叔父のエラスムスが一九一六年に亡くなったあと、ヘリエッタはケンブリッジの下宿屋に引っ越してひとりで暮らしていたが、一九一九年に母がケンブリッジに越してきて、リニアン通りとマサチューセッツ通りの交差点の角、ハーバード大学天文台から数ブロック先にあるアパートで一緒に暮らし始めた。研究の大半は今も変光星が占めていたが、今後の進め方について助言をしてくれる人を探していた。というのも、この年の二月にエドワード・ピッカリングが他界したのだ。ヘンリエッタはハーロー・シャプレーに意見を求めた。一九二〇年、次にどのような研究をすればよいのかハーローに書き送ると、返事は、SMCに含まれる、「すでに研究した最も暗い変光星よりもさらに暗い変光星」の周期をグラフにプロットしてもらえれば、「球状星団までの距離と天の川銀河の大きさを巡る現在の議論にきわめて重要な意味をもつものと思われます」とあった。エドワード・ピッカリングが亡くなる数カ月前に、ハーローが彼を通してヘンリエッタに何度も依頼していた仕事だった。

ハーローはヘンリエッタに、大マゼラン雲でも周期光度の法則が成り立つかどうかを確かめてほしいと考えていた。この間、ハーローは何度か助言を与えていたものの、立場はあくまで研究協力者だった。ところが数カ月後、ハーローは上司となって現れた。ピッカリング教授亡きあと、ハーバード大学天文台の新しい台長は誰になるのか、天文学者の間ではもちきりだった。何しろ天文学の世界では注目を集める地位のひとつだ。ハーローの向こう見ずなところや、未熟さを懸念する声も聞こえてはきたが、有力な候補者が辞退をしたこともあり、ハーバード大学は若き天文学者に1年の試用期間を設けて採用する決定をした。一九二一年春、35歳になった数カ月後、ハーローはケンブリッジにやって来てエドワード・ピッカリングの跡を継いだ。その頃、ヘンリエッタは測光グループのグループ長だった。エドワード・ピッカリングが長年取り組んでいた大がかりな星表に載せる恒星の明るさを測定していた。この仕事は、最終的にヘンリードレーパー星表として22万5千個を超える恒星の位置、等級、分類が記載され、全9巻にまとめられた。

天文台で働く女性たち

ハーバード大学の天文台で女性が働くようになった数十年の間に、彼女たちの地位はゆっくりと向上していったものの、たとえばエドワード・ピッカリングがアニー・ジャンプ・キャノンを学内の職につけようとした試みはうまくいかなかった。女性は「細かい作業が得意」だとやや上から目線で褒めそやされていた。エドワードたちのこんな発言が記録に残されている。細かい作業ができるのは、彼女たちの頭が「単純すぎてほかのことを考えることもなく気が散らないからである」！　女性には助けられたが、決まり切った仕事しか割り当てなかった。トップレベルの天文学研究にヘンリエッタが貢献したのは、きわめてまれな話だった。物事を深く掘り下げる作業には思考と創意が伴い、それは男性に付属するのものとされていた時代だ。バサー大学を卒業したアントニア・ジャンプ・キャノンは友人に不平をこぼしている。「私は前からずっと微積分学を勉強したかったのに、ピッカリング教授はそれを望まなかった」。ハーロー・シャプレーも、計算作業の大変さを「ガール・アワーズ」、あるいは手間のかかる作業の場合は「キロ・ガール・アワーズ」という時間の単位で判断する男性であった。

ハーローの元で働くことにヘンリエッタが期待をしていたかどうかはさておき、長くは続かなかった。一九二一年の後半、ヘンリエッタはまたもや病に襲われた。今回はがんだった。アニー・ジャンプ・キャノンは十二月六日の日記にこう記している。「かわいそうなヘンリエッタ・リービットのお見舞いに行った。たちの悪い胃の病気でもう長くない。やせ細り、すっかり変わっていた。とても、とても悲しい」。それから1週間も経たない十二月十二日、ヘンリエッタは53歳で生涯を終えた。遺体はリービット家の墓のあるケンブリッジ墓地に埋葬された。息を引き取る数日前にヘンリエッタは遺言状を書いていた。財産（絨毯、テーブル、ベッドの台など細々したものもあわせて）の総評価額は314・91ドルだった。

ヘンリエッタの葬儀の4カ月後、アニー・ジャンプ・キャノンはペルー行きの汽船に乗り込みアンデスに向かった。アレキパの観測所を訪れる予定だった。その道中の日記にこう書いている。「マゼラン雲（大）がとても明るい。見るたびに、かわいそうなヘンリエッタのことを思い出してしまう。ヘンリエッタはあの『雲』を心から愛していた」。ハーバード大学天文台の同僚ソロン・ベイリーも追悼記事でヘンリエッタのことを思い返している。

ミス・リービットは、やや抑えた風ではありましたが、清教徒の厳格な美徳を受け継ぎ、人生と真剣に向き合っていました。責任感が強く、正義感にあふれ、誠実な人柄でした。軽い娯楽などにはほとんど興味をもたなかったようです。家族に深い愛情を注ぎ、友人には献身的に接しつつも自らの理念は曲げることなく、信仰と教会に心から寄り添っていました。まわりの人のよいところや魅力に思いを巡らす素晴らしい才能に恵まれ、みんなを明るくしてくれましたが、彼女自身も美しく意義深い人生を過ごしたと思います。

ヘンリエッタが科学に対してたゆむことなく真剣に向かい合った日々は、天文学者仲間からも称えられた。一九二二年五月、ローマで開催された国際天文学連合第1回総会の、ヘンリエッタもかつて所属していた恒星の測光委員会で、「天文学に対する大いなる貢献……彼女は困難な研究分野の先駆けとなり、輝かしい業績を残しました。最後に取り組んでいた仕事（北極系列）を成し遂げられなかったことは心から残念に思います」と称賛の辞が述べられた。

ヘンリエッタの周期光度の法則の真価は、一九九〇年に打ち上げられたハッブル宇宙望遠鏡によってもみごとに裏付けられた。遠すぎるため地上の望遠鏡では見ることのできない、おとめ座銀河団の銀河に含まれるセファイド変光星を、高性能のハッブル宇宙望遠鏡で観測し、今や宇宙の膨張速度も測定できるようになった。

宇宙は小さな原子から大きな銀河まで、あらゆるものを包み込んでいる。137億年前のビッグバンにより誕生して以来ずっと膨らみ続け、その広がりは無限と考えられる。科学者が膨張宇宙を話題にするときは、生まれてこのかた、成長し続けている宇宙という前提がある。私たちが知っている宇宙とはあくまでも観測可能な宇宙であり、光が地球に届くまでに十分な時間のある範囲に限られている。

ブドウパンの生地を思い浮かべてみよう。発酵させると膨らんでブドウはたがいに離れていくけれども、生地にはくっついたままだ。宇宙も同じような状態だが宇宙の場合は、あるはずのブドウ、つまり星が私たちからは見えない。見えない星というのはとても速く遠ざかっていて、光が地球まで届かないからだ。宇宙が膨張していることはわかっているが、その速さや膨らませているものはいまだに謎だ。とはいえ、ヘンリエッタの周期光度の法則とハッブル宇宙望遠鏡のおかげで、これまでできなかった測定が可能になったことは間違いない。

二〇〇一年、ハッブル宇宙望遠鏡キープロジェクトの成果が報告された。宇宙は72キロメートル毎秒毎メガパーセク（1メガパーセクは約300万光年）の速さで膨張している。ヘンリエッタが結果を残していなかったら、算出されなかっただろう。現在、天文学では、遠方の銀河にある超新星（大爆発を起こした天体）やダークエネルギーと呼ばれる力を調べ、宇宙の運命を解き明かす研究が進められている。天文学者集団の外に出ればヘンリエッタの名前はめったに聞かれないが、彼女の発見があったからこそ、宇宙の真の大きさと起源を深く理解できるようになったのである。

第7章 リータ・レーヴィ＝モンタルチーニ

Rita Levi-Montalcini（1909～2012）
リータ・レーヴィ＝モンタルチーニはイタリアの神経学者。第二次世界大戦下に隠し部屋のような研究室で実験を続け、神経成長因子（NGF）の存在を明らかにした。NGFの発見と性質の決定に対して1986年ノーベル生理学・医学賞を受賞した。

戦時下に隠し部屋のような研究室で実験を続け、神経成長因子（ＮＧＦ）の存在を明らかにしたリータ・レーヴィ＝モンタルチーニ。リータによるＮＧＦの発見を機に、その後、神経系の成長、発生の解明が進んでいく。リータは支配的な父親の意向に逆らい、戦時のイタリアの困難な状況も乗り越えて、医学と神経生物学の道をゆっくり歩んでいった。効率のよいタンパク質配列解析や組換えＤＮＡ技術はまだ利用できない時代の話だ。ＮＧＦを単離し、同定してから性質を明らかにするという実に骨の折れる研究には、約25年を要した。ＮＧＦの発見と性質の決定に対してノーベル賞を受賞した。この研究がさきがけとなり、さまざまな成長因子の研究があとに続く。発生学の分野も根本から変わった。たった1個の細胞から複雑な器官が発生し成長する仕組みを、化学物質を介した一連のコミュニケーションによって説明できるようになった。また、疼痛管理やアルツハイマー病、がんの理解も深まった。

科学の道に入ったのは少し遅かったが、それからは成功への飽くなき思いを抱き、帳尻を合わせるかのように長生きをした。魅力的で気品のあるたたずまいを見せる一方で、世の中を変えるための力になりたいとも願い続け、１０３歳で天命を全うした。

リータ・レーヴィ＝モンタルチーニは一九〇九年四月二十二日、イタリア北部のトリノで生まれた。スイスとの国境にほど近い工業都市トリノはピエモンテ（「山の麓」の意）州の州都で、イタリア最長のポー川が流れる。イタリアの由緒ある他の都市と肩を並べる文化の中心でもあり、素晴らしい土地にリータは生を受けた。

電気技師だった父は工場を順調に経営し、一家の暮らし向きは楽だった。父は強烈な個性の持ち主で、見た目も威厳があり、幼いリータには恐ろしい存在だった。自伝『美しき未完成』[1]には、髭にひっかかれるのが嫌で、父からのキスをどんなふうにして避けたかが詳しく書かれている。口髭は怒りっぽい性格によく合っていたようだ。怒りが爆発するとリータら子どもたちは震え上がった。とくにかわいがられたわけではなかったが、それでもリータは父を尊敬していた。子どもの頃のリータは内気だった。大人になってからは父親譲りの鋼のような意志の力と芯の強さがだんだん表に出てきた。2人は多くの点で通じるところがあり、リータは後年、「頑固で、実行力があり、創意にあふれて、仕事にのめり込む」性格は同じだと語っている。

レーヴィ家はユダヤ人だったが、敬虔なユダヤ教徒ではなかった。父アダーモ・レーヴィは子どもたちを自由思想家たれと育てた。両親の友人にはカトリック教徒が多く、宗教にとらわれないピエモンテ州に暮らすイタリアの人たちは皆、寛容だった。このような自由主義的な意識は、ゲットーでユダヤ人を手荒く扱っていたロシア帝国などとは大きく違っていた。一九〇五年にロシアのオデッサで起こったポグロム（集団暴行事件）の話を父から聞かされて以来、リータは自分の家族に同じことが起こる恐ろしい夢を何度も見たそうだ。

母アデーレの影響も大きかった。トリノに暮らすレーヴィ姓を名乗る人には知識人が多く、リータは区別するために、大人になってから母の旧姓をつけてレーヴィ＝モンタルチーニと名乗った。アデーレは夫の9歳年下で、イタリアの伝統的な妻や母となるように育てられた。そんなわけで、アダーモが支配者のように家を取り仕切っても、おとなしいアデーレはいっさい口を挟まなかった。リータは母のことは大好きだったが、この関係には納得がいかず、自分も家庭に縛り付けられる運命になるのかと気がかりだった。ビクトリア朝時代のような家の様子に疑問を抱きつつも、思い返せば「愛情にあふれ、たがいにいたわり合う」家族に囲まれ子ども時代を過ごした。

レーヴィ家には子どもが４人いた。５歳上のアンナと7歳上のジーノ。わりと年が離れていたのでリータはついて回ったりはしなかったが、２人にあこがれていた。ジーノは建築家を目指して勉強をし、優れた成績を収め、戦後イタリアの建築界に名を残した。アンナには作家になる夢があったが、気がつけば伝統的な妻と母の役割にすっかり忙しい日々を過ごしていた。

一番仲が良かったのは最愛のパオラだった。リータとは双子で、「自分の一部」と呼んだ。２人とも背は高くなく、１６０センチのリータのほうが少し大きかった。一卵性双生児ではなかったので、パオラは濃い肌色を父から受け継ぎ、リータの澄んだ灰緑色の大きな目や白っぽい肌色は母や母方の祖母に似ていた。興味の対象も違っていて、パオラは芸術家として開花し、リータは学問に夢中になった。

リータは引っ込み思案だったが、学校生活はまずまず楽しかった。ただ、一九二〇年代のイタリアでは女の子には妻と母以外の道は大きく開かれていなかった。科学と数学という科目は女子高校には存在せず、大学進学や就職に向けた準備は男子にだけ用意されていた。高校生の頃のリータの頭には科学に関わる仕事はなかったが、女子の教育の枠やイタリア社会での限られた将来を越えて冒険する人生を歩みそうな予感はしていた。「家にいたら、何も叶えられないと思いました。母のように結婚することは……私は子どもや赤ん坊に興味がなかったし、妻や母の役割をこれっぽっちも受け入れていませんでした」と思い起こしている。

第一次世界大戦が終わると他の国と同じくイタリアも経済状況が悪化した。リータが11歳を迎えた一九二〇年頃は労働者ストライキや激しいデモがしょっちゅう起こっていた。右翼の独裁政権誕生の機が熟していた。一九二〇年代初頭、ファシスト党はプロパガンダを展開し、腕ずくで政権を手に入れた。一九二二年、ベニート・ムッソリーニが首相となって権力の座に就き、一九二五年から独裁者として君臨して一九四三年に失脚した。

医学の道へ進む

一九二九年（リータに言わせると自分はまだ「暗闇の中を漂っていた」頃）、一家に悲しい出来事が起こった。もう何年も一緒に暮らしていて、子どもたちにとって第二の母のような存在だったジョヴァンナ・ブルッタッタが胃がんで亡くなったのだ。20歳だったリータに目指す道が見えてきた。医師になるために勉強すると決めた。

最初の関門は、父親アダーモの説得だった。父には文学と数学で博士号を取得した姉妹がいた。2人とも幸せな結婚生活を送っていなかったので、父はそれを教育のせいにしていた。ところが、母が取りなしてくれて、アダーモも心配に思うところはあったが、最後は許してくれた。それからというものリータは入学試験に向けて猛勉強を始めた。8カ月間、2人の教師について語学と数学と科学を教えてもらい、哲学と文学と歴史は自分で勉強をした。一九三〇年秋、入学試験を受けた自宅学習生のなかで最高得点をあげ、晴れてトリノ大学の医学生になった。

同学年に300人がいるなかで女子学生はリータを含めわずか7人。数年ほど学問から遠ざかっていたので、リータはがぜん水を得た魚のようだった。「研究だけに時間を使いたいと思っていました……

他の学生と感情にまかせたつきあいはしたくありませんでした。知的なつきあいは別でしたが」

リータの好きな分野は解剖学だった。ルネッサンス様式の階段教室で行う遺体の解剖に目を輝かせた。リータはジュゼッペ・レーヴィ教授についた。教授は親戚ではなかったが、がっしりした体格や激しい気性は父を思わせた。ジュゼッペは顕微鏡を使って細胞、正確にいうと神経をひたすら研究していて、組織学に対する教授の情熱にリータはひきつけられた。伝説級の激情の持ち主だったジュゼッペは、科学の世界に対して大きな影響を残した。リータと、彼女の生涯の友人サルバドール・ルリアと、レナート・ダルベッコ、のちにノーベル賞を受賞することになる3人は、ジュゼッペの研究室で学んだ仲である。レナート・ダルベッコによると、3人の成功のルーツはジュゼッペが植え付けてくれた「実験に向かう姿勢」にあるという。ジュゼッペは、計画通りに進まないと、建設的だけれども歯に衣着せぬ言葉を浴びせた。その一方で、興味深い結果が出ると引けを取らない勢いで興奮をあらわにした。

リータは医学生時代から神経系と、神経系が形成される仕組みに関心をもっていた。神経の機能を担うのは、大きな細胞体と細胞体につながっている線維（軸索）からなる神経細胞（ニューロン）である。神経細胞は電気信号（メッセージ、情報）を伝え、脳で膨大な神経ネットワークを作り、脊髄を経由して体中の末梢神経系と連絡している。このような神経細胞の特殊な構造は顕微鏡でのぞいてようやく見える。神経細胞の形成と機能は、脳の神経細胞が損傷を受けて生じるアルツハイマー病やパーキンソン病などの疾病からも注目されている。こういった病気の症状は記憶の著しい喪失から、ふらつきなどの運動失調、筋肉の震えや硬直まで幅広い。

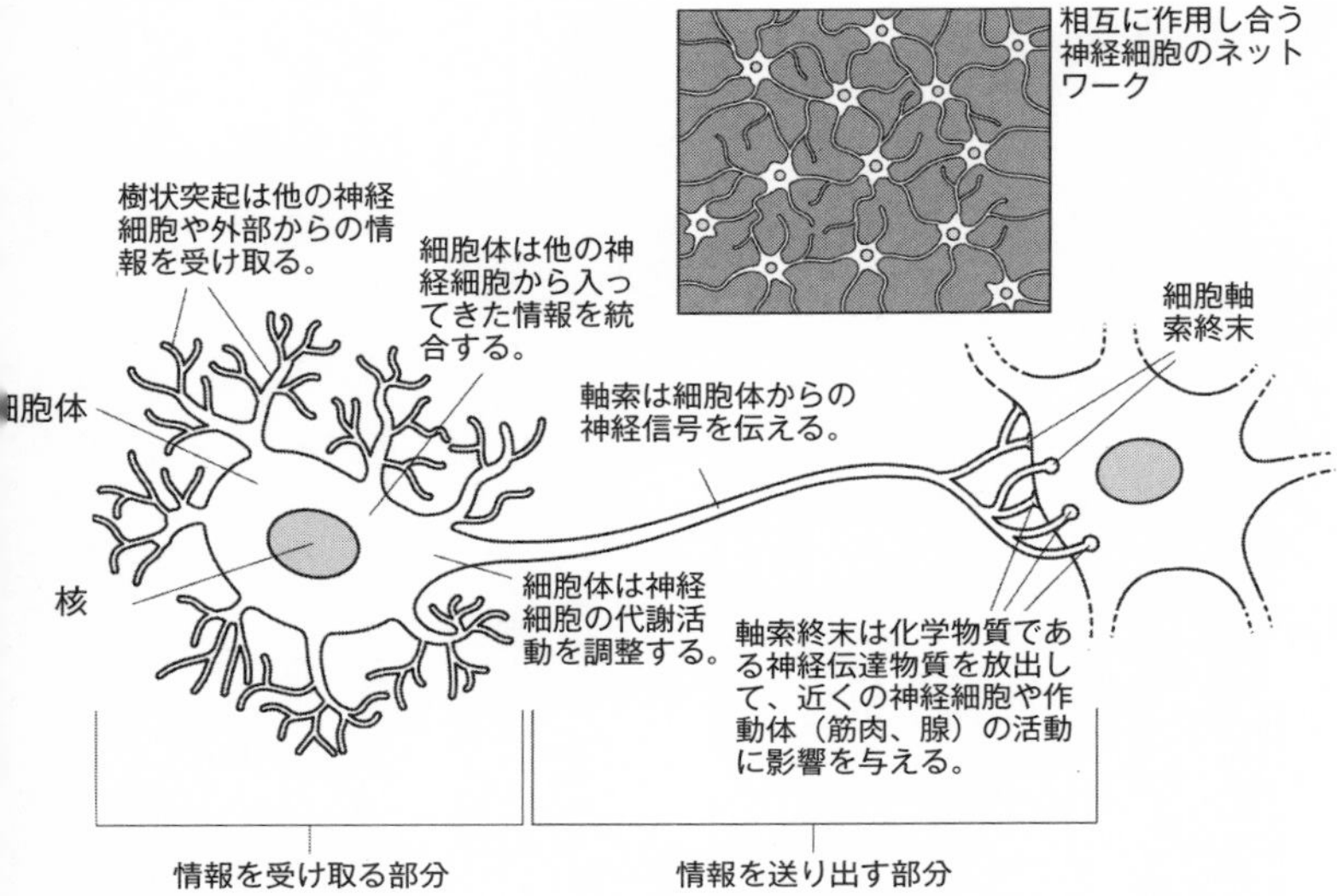
相互に作用し合う神経細胞のネットワーク
樹状突起は他の神経細胞や外部からの情報を受け取る。
細胞体は他の神経細胞から入ってきた情報を統合する。
細胞軸索終末
細胞体
軸索は細胞体からの神経信号を伝える。
核
細胞体は神経細胞の代謝活動を調整する。
軸索終末は化学物質である神経伝達物質を放出して、近くの神経細胞や作動体（筋肉、腺）の活動に影響を与える。
情報を受け取る部分
情報を送り出す部分

神経細胞の構造。神経細胞は相互に作用し、刺激に対して興奮する特殊な細胞である。情報を受け取り処理して、電気信号と化学信号を通して体中に伝える。

リータがジュゼッペ・レーヴィの研究室に入ったのは2年目の年、一九三二年だった。レーヴィ研究室では、組織学の研究に入る前にまず神経組織の薄片を切り取り、銀を用いて染色（一八七三年にイタリアの科学者カミッロ・ゴルジが発明した染色法）していた。神経細胞のみを染色し、その複雑な構造を明らかにする銀染色は簡単な作業ではなかった。しかし、リータは手間を惜しまず、のちの成功の鍵となるこの難しい技術を完全に習得した。

ジュゼッペ・レーヴィは、脊髄神経をはさんで膨らんでいる感覚神経節（相互に接続している神経の集合体）に含まれる神経細胞の数が、同腹仔でないマウスで同じかどうかを確かめようとしていた。リータは数え切れないほどのスライドグラスを調製し、何千という細胞を数えた。同じ作業を繰り返しながら、正確に数えているかどうかも怪しいし、さらに言えば意味があることなのかと首をかしげた日もあったそうだ。「科学というより技巧」だと思っていたと書き残している。この研究をさらに進めるための技術や装置は当時はなかったけれども、教授の研究は時代の先を行っていた。まだ解決されていない重要な問題が残っていた。のちにリータが戻ることになる問題でもある。神経系の特定の部分における神経細胞の数について、固定されているのか、環境によって変わるのかが謎だった。

リータ23歳、医学部に入学して2年目の年に父の健康状態が悪化した。最初は脳卒中、続いて心臓発作を繰り返し、八月に入って間もなく、65歳で帰らぬ人となった。父の死に一家はうちひしがれた。けっしてべったりの親子関係ではなかったが、リータも悲しみに暮れた。

翌一九三三年、ドイツでナチ党が政権の座につき、反ユダヤ政策を徹底して推進し始めた。時を同じくしてイタリアでも反ユダヤの兆しが見えだした。リータはといえば、患者を診ながらジュゼッペ・レーヴィの研究室でいくつかの実験をこなす日々に忙しく、迫り来る脅威にほとんど興味を示さなかった。実験のひとつ、神経細胞を取り囲む結合組織（他の組織を結びつけ支えるはたらきをする組織）に関する研究が博士論文のテーマになり、一九三六年に27歳で博士号を取得した。ここからリータの関心は、神経細胞の発生に向かうことになった。

ムッソリーニ体制が残虐さを増してきた一九三〇年代後半、リータはファビオ・ヴィジンティーニといっしょにニワトリ胚《はい》の発生を調べていた。生まれる前の神経系の発生の研究ではニワトリ胚がよく使われた。ニワトリの卵は手に入れやすいし、胚の神経系は成鳥や哺乳類ほど複雑でなく、しかも多くの情報を含んでいる。

神経細胞が電気信号をたがいにやり取りしていることは20世紀の初め頃から知られており、一九二五年にはイギリスの生理学者エドガー・エイドリアンが神経の電気信号を世界で初めて記録していた。ファビオ・ヴィジンティーニは当時開発されたばかりの小型電極を用いてニワトリ胚の神経細胞の電気活動を研究し、リータは神経細胞の発生、分化に伴って胚に生じる変化を銀染色で調べた。2人の成果を合わせると、ニワトリの一日目胚から二〇日目胚までの脊髄と神経系の発生の全体像が明らかになった。

戦争の足音、自宅に研究室

一九三八年七月十四日、イタリアで「人権憲章」が制定された。かねてより反ファシズムの中心地となっていたトリノ大学はユダヤ人職員を支援してはいたが、反ユダヤ主義のプロパガンダをいよいよ無視できなくなってきた。リータは、医学部の教員になっていた学生時代からの友人に結婚を申し込まれた。反ユダヤ感情からリータを守ることになるという理由からだったそうだが、リータは誰とも結婚をするつもりはないと伝えた。が、ほどなくして、このような結婚すらできなくなってしまった。一九三八年十一月十七日、「イタリア人種の防衛のための措置」により、アーリア人と非アーリア人の結婚が禁じられた。それよりももっと大きな打撃をリータに与えたのは、教職をはじめとする専門職の多くからユダヤ人が追放されたことだった。ある日突然、イタリアでは5万からのユダヤ人が職を失った。リータもそのひとりだった。

その後、ベルギーのブリュッセルにある神経学研究所からの誘いに応じたものの、6カ月後にはイタリアがドイツ側について第二次世界大戦に参戦したため、長くはいられなかった。年老いた母を残してイタリアを長く離れることが気がかりだったリータは、一日も早い戦争の終結を祈りつつ実家に戻ることにした。イタリアでは歯がゆい日々を過ごした。患者を秘密裏に診察し、非ユダヤ人の友人の善意に頼って代わりに処方箋を書いてもらっていた。危険と隣り合わせの行為で、やがてそれもだんだん難しくなってきた。数カ月もすると辞めざるをえなくなった。本を読んだり友人を訪ねたりするほかは何もすることがなくなった。

一九四〇年、31歳の秋、何気ない会話から事態が動いた。ジュゼッペ・レーヴィの教え子で、近頃アメリカから帰国していたロドルフォ・アンプリーノが、何ひとつ研究をしていないリータを見て、あきれ果てた様子をあらわにした。この反応がリータに火をつけた。その少し前に読んでいたニワトリ胚の神経系の発生の仕組みに関する論文を思い出し、追試をするべく自宅に研究室をつくった。ドイツ軍がヨーロッパに侵攻していたちょうどその頃、リータは寝室を「ロビンソン・クルーソばりの私設研究室」に変えた。ここで行ったいくつもの実験が、未熟な細胞の発生に影響を与える分子である成長因子の発見の基礎となった。

実験するにはまったくもって理想的な環境ではなかったが、建築家の兄ジーノの手を借り、工夫を凝らして必要な器具をそろえた。ニワトリの卵は自作の孵卵器《ふらんき》（恒温装置のついた箱）で育て、小さなニワトリ胚は、目の細かい砥石でとがらせた縫い針で切り分けた。小型のピンセットは地元の時計製造会社から、小型のはさみは目の手術用の鉗子《かんし》を眼科医からもらってきた。訪ねてくる人がいると母は「娘は手術中なので邪魔しないでください」と断ってくれた。戦時のごたごたから身を隠し、母にも守られ、リータは顕微手術と組織学の技術を存分に駆使して、研究を開始した。

リータにきっかけを与えた論文の著者はドイツ生まれのユダヤ人で、アメリカに逃れていたヴィクトル・ハンブルガーだった。ハンブルガーは発生神経生物学という、小さいけれども広がりつつある分野でニワトリ胚を標準モデル生物として確立し、神経系の生物学の基礎を築いた人物である。ハンブルガー教授は一九二七年から神経系の発生に関する研究に長らく取り組んでいた。

ハンブルガー教授がとくに着目したのは運動神経細胞だった。運動神経細胞は脊髄に細胞体があり、神経線維を四肢まで伸ばしている。運動神経細胞が活性化されると、筋肉が収縮して四肢が動く。一九三四年、ハンブルガー教授は、三日目胚で運動神経細胞が到達する前に発生中の翼を切断すると、その翼に働きかけるはずだった神経細胞を含む脊髄神経節が、正常のものよりもずっと小さくなることを発見した。逆に、胚に余分な四肢を移植したら脊髄運動神経細胞の数が増えた。一連の結果は、翼に存在する何らかの誘発因子によって説明されるはずだとハンブルガー教授は考えた。

その6年後、リータは寝室にこしらえた小さな隠し研究室でハンブルガー教授と同じ実験を行い、結果を確かめた。この頃、おもしろいことにリータとジュゼッペ・レーヴィの立場が逆転して、教授は助手のように実験を手伝ってくれていた。レーヴィ教授は大柄で手先が器用ではなかったため、狭い部屋で器具をよく壊したそうだ。痛し痒しといったところだったが、教授から助言をしてもらえたのはありがたかった。

3日目杯から肢芽《しが》（翼芽《よくが》）を除去した後、17日間にわたって6時間ごとに胚を解剖し、切片をスライドガラスに固定し銀で染色した。すると肢芽の近くにある神経節から神経細胞が形成されていく様子がはっきりわかった。神経細胞は切断した翼の基部に向かって形成され続けたが、ひとたび基部に達すると死んでしまった。リータはがぜん興味をそそられた。翼芽に含まれる未知の因子は、脊髄神経節から神経細胞を引き寄せ、つまり神経細胞の形成を促したが、生存とさらなる成長とには関わっていないようだった。未知の因子がない状態では神経細胞は死んでしまう。

ハンブルガー教授は、肢芽には、未成熟な神経細胞に運動神経細胞に分化するよう指示を出す物質が含まれていると仮説を立てていた。この物質には、いわゆる「形成体」に分類される、誘導的な影響（神経成長を誘発）を及ぼす働きがある。一方、リータは、肢芽には新生した神経細胞の生存を促進する物質が含まれると解釈した。

2人の結論は少しばかり違っていたが、リータは自分が正しいと確信していた。リータの解釈は、重要な栄養因子の存在を初めて示しただけでなく、神経細胞死は正常な発生の一部であるという新しい概念も導いていた。

「あんな旧式の実験器具でうまくいったのは奇跡といっていいほどです」と、リータはのちに振り返り、戦争が勢いを増す状況で研究に没頭した自分の集中力にも驚いている。「事態をすっかり理解してしまうと自暴自棄になりかねないので、何が何でも目をそらせたいという、人間に備わった半ば無意識な思いに動かされていたというのが本当のところでしょう」

その頃、イタリアの学術雑誌はユダヤ人の研究を受け付けなくなっていたため、リータは結果を短い論文にまとめてベルギーの学術雑誌『アルシーヴ・ドゥ・ビオロジー』で発表した。が、ほどなくして、穏やかだった寝室での日々も終わりを迎えた。一九四二年のことだった。工業都市トリノはイギリス軍による爆撃の標的となった。一家は地下室に身を隠した。もちろんリータは大事な顕微鏡とスライドガラスをしっかり抱えていた。やがて、そのままでは生き延びることもままならなくなり、皆でアスティという丘の連なる街に避難した。リータはアスティで研究を続けた。

アスティでの生活はもっと窮屈だった。「研究室」は居間の隅に置かれた小さなテーブルの上。繰返し起こる停電や卵不足にも悩まされた。だが、そんな状況でもリータは機転を利かせ、農家を回っては「私の赤ちゃん」のために、「栄養豊富な」ニワトリの有精卵を譲ってもらってきた。兄のジーノは嫌がったが、胚を取り出した残りでオムレツをつくり、戦時下の食事の足しにもした。

厳しい日々だったが、リータはくじけなかった。神経系の分析に「的を絞り、あのような地方の環境でも実験を進めていきました。専門の研究施設にいたら、あれほどの結果は出なかったと思います」と語っている。リータは新しいテーマ、ニワトリ胚の発生中の耳における神経の研究にのめり込んだ。神経線維の成長していく経路を注意深く観察すると、脊髄近くにある塊状の細胞から始まって、体の各部の目的地まで同じ経路をたどって伸びていた。リータはその様子を母アヒルの後をついて歩く子アヒルに例えた。健康な胚の発生過程で生じる正常な現象である、細胞の死も予測どおり起こった。これについては、当時、まわりで見ていた人の生と死がいや応なく頭をよぎったという。

地方での暮らしは戦禍からは守られていた。この頃のイタリアの戦況はムッソリーニにとってはよくなかった。一九四一年四月、連合国軍が北東アフリカからイタリア軍を一掃し、一九四三年七月にはイタリアに侵攻した。ムッソリーニは辞職を余儀なくされ逮捕された。だが、その知らせを聞いてレーヴィ一家が喜んだのもつかの間だった。一九四三年九月、ドイツ軍がイタリア北部に進駐した。勢いが衰えていたイタリア軍は反撃をしなかった。リータの自伝によると、なんの前触れもなく、「数日でも遅れれば、いやおそらくは数時間でも遅れれば、生命があぶない」[1]事態が訪れた。レーヴィ家は強制収容所への送還を避けるため、リータとパオラがつくった偽の身分証明書を携えて列車でフィレンツェへ向かった。それから2年ほど、一家はカトリック教徒のふりをして偽名で生活をし、見つからないかとおびえる毎日を過ごした。

今回の避難では、リータはあのかけがえのない研究室と実験器具を手放すほかなかった。フィレンツェではもっぱらパオラと偽造身分証明書を作ったり、ロンドンからのラジオ放送に耳を傾けたりして不安を抱えて過ごした。一九四四年春、ジュゼッペ・レーヴィがやって来て、少し息を抜くことができた。それから数カ月は、彼が組織学についてまとめた著作に手を加える仕事を手伝った。

一九四四年八月三日、非常事態が宣言され、電気と水道が止められた。イタリア軍とドイツ占領軍の闘いを部屋から目の当たりにして破滅への予感に襲われた。だが、「晴れやかな自由の気配」を感じてもいた。一九四四年九月二日、イギリス軍がフィレンツェを奪回するやリータは新たな決意を胸にし、翌年五月までの数カ月は家をなくした人たちの居住区で患者の治療にあたった。「厳しく、過酷な、医師としての最後の経験」[1]だったと自伝に残している。死がすぐそこに忍び寄っていた。とくに、幼い子どもたちは寒さと飢えで弱っているうえに、抗生物質は使えず、腸チフスなどの感染症による犠牲者もたくさんいた。

アメリカへ

重々しく不安しかなかった時間をリータは生き延び、生まれ変わったイタリアを喜びのうちに迎えた。一九四五年四月二十五日、連合国軍とパルチザンが残りのドイツ軍をイタリアから撃退した。レーヴィ一家とジュゼッペ・レーヴィはトリノに戻り、少しずつ生活を立て直していった。無理のないことだったが、リータは、すんなりと元のようには研究に向き合えないでいた。しかし、一九四六年七月、ヴィクトル・ハンブルガーからの手紙を受け取ると、気分が一気に高まった。一時しのぎに構えた自宅の研究室でハンブルガーの実験を追試して、その結果をまとめた論文が、当時、セントルイスのワシントン大学に籍を置いていた本人の目に止まったのだ。

一流の科学者からの招きに、リータの意気は上がった。37歳の年に、1学期間という契約を提示された。女子教育に対する父親の反対、イタリア社会にあった女性差別や反ユダヤ主義、そして第二次世界大戦と続いたおかげで後れをとったが、リータの科学者人生がようやく始まった。この時の訪問が結局、その後30年近くにも及ぶことになるとはリータは知るよしもない。ワシントン大学で過ごした日々が「人生の中で最高に幸せで、一番成果を出せた時間でした」とのちに振り返っている。

西部開拓の起点となった街、セントルイスで始まる新しい人生の第1章を思うと、リータの胸は弾んだ。ワシントン大学の創立は一八五三年。つたに覆われたレンガ造りの建物や穏やかな雰囲気に心も和んだ。見知らぬ土地の街歩きを楽しみつつも、最初の2年間は大変だった。英語力がいまひとつだったし、アメリカの大学のくだけた雰囲気にも戸惑った。とはいうものの、ヴィクトル・ハンブルガーには、話をしたそばから好感を覚えた。ヴィクトルは親切で心の広い、堂々とした物腰の人だった。慎重に研究を進めていくヴィクトルのやり方は、イタリア仕込みのリータの大胆な流儀を補い、２人はいい関係を築いた。

　ヴィクトルは自分の関心（発生学）とリータの神経系の研究（神経生物学）とを組み合わせることによって広がる可能性に注目していた。ヴィクトルを研究の道に向かわせたのは、２人のドイツ人、ヒルデ・マンゴルトとハンス・シュペーマンだった。ヒルデとハンスは一九二四年に、両生類の初期（嚢胚《のうはい》期《き》）胚の領域の一部が、胚の各部の形成に指示を与える「形成体」として働くことを明らかにした。これは、「誘導」の概念を初めて証明するものだった。誘導とは、２つの細胞グループの間で生じる相互作用、たとえば、片方のグループがもう片方のグループの発生運命に影響を与える現象である。

　ヴィクトルとリータがともに関心をもっていたのは、神経細胞の複雑なネットワークが末梢組織を支配する仕組み、つまり脊髄から四肢までの神経の成長の詳細だった。ハンス・シュペーマンが「形成体」を発見したときに彼のもとで学生だったヴィクトルは、今、自分とリータのニワトリの翼の実験で見られた神経成長に、「誘導」が関係している可能性があると推測していた。

　一九四〇年代後半、ワシントン大学でリータはもう一度自分とヴィクトルの実験を行った。ニワトリの胚から四肢を取り除いたり、移植したりすると神経成長に大きな影響が見られた。リータの実験結果を見たヴィクトルは納得した。結果の解釈はリータが正しかった。四肢に含まれる因子は新生神経細胞の生存を促していたのであり、未成熟な神経細胞に対して運動神経に分化する指示を出してはいなかった。ヴィクトルはリータの熱意と実験の腕前にたいそう感服し、一九四七年、短期契約を延長して研究員の職を用意することにした。

その秋、リータは観察力の鋭さと組織学で培った技術を活かして、さらなる結果を出した。リータが調べたのは発生3日目から7日目までの胚だった。ニワトリ胚ではこの期間に脳と脊髄で神経細胞が形成され始めるのだが、脊髄の特定の部分で、わずか数時間だけの変化が起こっていることにリータは気づいた。神経細胞が、まるで「戦場の軍隊」のように、ある場所から別の場所へ長い列をなして移動していた。このような神経細胞の移動は、渡り鳥が「あらかじめ組み込まれた」本能にしたがって移動する現象に似ているとリータは思った。持ち前の素晴らしい直感のおかげでこういった実験を成功させ、その結果を的確に解釈していった。リータ自身も自分の直感力に気づいていた。「私はとくに頭脳が明晰なわけではありません。ごくごく平均的な人間です。けれどもふと直感が浮かんでくることがあって、その直感に間違いはないと思っています。これは意識の下に宿っている特別な才能です」

胚の観察を続けるなかで、死んでいく細胞も見つけた。戦場に横たわる「死体」を思わせる死んだ細胞は、免疫系の一部を担うマクロファージに「食べられた」。細胞が移動して死を迎える成長の周期をはっきり示していた。一九四二年の春にアスティで初めて確認した、変化し続けるその動的な様子は、一九四二年の春にアスティで初めて確認した、正常な発生の過程で死ぬ神経細胞がたくさんあることと、胚肢を切断するとさらに多くの神経細胞が死ぬことを示す直接の証拠をリータはつかんだ。発生していく神経細胞の運命は、四肢からの信号に左右されていて、その信号を得られなければ死んでしまうのである。

神経成長因子（NGF）の発見

一九五〇年一月、リータの研究は大きく前進した。ヴィクトル・ハンブルガーの教え子であるエルマー・ビューカーの手も借り、マウスの肉腫をニワトリの3日目胚に移植してみたところ、胚の感覚神経節から腫瘍細胞への神経成長が刺激されることが示された。神経の成長していく様子は、リータの目には「石の河床を絶えることなく流れる小川」のように映った。また別のマウスの肉腫でも同じような効果が見られ、こちらはあまりにも勢いよく成長していたため、幻覚を見ているのかと思ったそうだ。

ここで、リータは重要なことに気づいた。神経線維が胚の静脈内にまで入り込んでいたのだ。一方、動脈にはそのような神経線維は存在していなかった。肉腫から胚へ、静脈を通って何らかの物質が運ばれ、動脈では逆の現象が起こったからだろう。間違いなく、肉腫は神経成長を刺激する液状の物質をつくっている。リータはこの発見を確認してさらに掘り下げるため、新しい方法を編み出した。肉腫を胚の表面に直接付着させるのではなく、胚を包む膜に移植してみた。こうすれば肉腫と胚は直接接触することなく、作用をもたらす物質が半透性の膜を通って胚まで到達する。

はたして、先の実験で観察したとおりの結果がでた。肉腫細胞がつくる、拡散する性質をもつ物質によって神経は著しく成長していた。一九五一年一月、レナート・ダルベッコに手紙で報告すると、「胸躍るみごとな」発見だと返事が来た。ニューヨーク科学アカデミーでリータの講演を聴いた発生学の第一人者ポール・ワイスは、この年一番の興奮する発見だと語った。

リータの勢いは衰えるところを知らず、ついにブラジルに渡って、当時ヴィクトル・ハンブルガー研究室では導入されていなかった、簡単かつ迅速にできる新しい技術を学んでくることになった。その技術を習得すればリータの研究は大きく先に進むはずだ。ロックフェラー財団からの助成金を手にし、一九五二年九月、リオデジャネイロへ飛んだ。このとき、リータにとっては武器ともいうべき大事なものも2つ、携えていた。腫瘍を発症した実験用マウスを2匹、手荷物に紛れ込ませていたのだ。続く数カ月はどんどん実験を進め、得られた知見をこと細かくヴィクトル・ハンブルガーに書き送った。来る日も来る日も、神経成長を促す物質を特定する作業に奮闘しているリータの様子にヴィクトルは、「本当の研究というものは七転び八起き、意気揚々と終わる日もあれば打ちのめされる日もあることがありありと」伝わってくると胸を打たれたという。

一九五〇年代は、成長する神経細胞を生体外つまり試験管内で扱えるようになってまだ20年ほどしか経っておらず、細胞培養は一般的ではなかった。そんな時代に、リータはこれこそが進む道だと気づいた。生体外での細胞培養がうまくいけば、神経細胞の成長、発生、特性に影響を与える因子を自在に操って研究する理想的な環境が得られる。リオデジャネイロの生物物理学研究所では、一九三〇年代にいっしょに研究をしていたことのあるヘルタ・マイヤーが組織培養研究室を主催していた。リータはヘルタのもとで実践されている新しい技術をなんとしても習得したいと願ったのだった。

リオでは当初、組織培養ではあの実験結果は再現できそうにないと思ったりもしたが、いくつか実験系を試してみると、肉腫細胞の断片ははっきり神経成長を引き起こした。さらに、正常なマウスの組織も、程度は違っていたものの神経線維を成長させていた。実験結果が出る前は、こういった成長を促す物質をつくるのは、増殖が早く制御不能な肉腫細胞だけだと考えていた。そこで、次なる疑問が湧いてきた。神経線維を成長させる物質をつくるのは、マウス組織の一般的な特性なのだろうか。

ブラジル滞在も終わりに近づき、最後のひと月はリオの街を楽しむことにした。ゆっくり休みがとれる、めったにない機会だった。例のカーニバルは見なかったが、本番前の雰囲気は存分に味わった。自分の扱っていた、とらえどころのない物質を、リオの雑踏に見かけた仮面をつけた謎めく人に重ねた。「腫瘍に起因する因子が正体を現したのはリオデジャネイロでした……あふれんばかりの生命の息吹がほとばしる、リオのカーニバルの、あのまばゆい雰囲気に打たれたとでも言うかのように、いかにも芝居がかった様子で登場しました」と記している。

ブラジルで手応えをつかんだリータは、神経成長に関わる因子を単離、同定する準備をすっかり整え、目算では数カ月ほどで片をつけるはずだったが、それから6年を要した。一九五三年、44歳の年にブラジルからセントルイスのワシントン大学、ヴィクトル・ハンブルガー研究室に戻ると、新しくスタンリー・コーエンが加わっていた。スタンリーは生まれも育ちもブルックリンの堅実な人だった。おとなしくて無口なところは、イタリア人気質そのもののリータとは真逆だった。リータはといえば、極上の夕食会に数カ国語の飛び交う会話、画家で双子の妹の影響を受け芸術を好むことでも知られていた。誰かとたがいに補い合い、緊密に協力し合って研究を進める経験は、リータにとって二度目のことだった。生化学者のスタンリーは神経系に関する知識をほとんどもっていなかった。同じく、リータのほうも生化学についてはまったくの門外漢だった。

科学に取り組む姿勢も違っていた。スタンリーは最初から最後まで一貫して細かいことにこだわる質《たち》だった。一方、リータはいつも例の直感に従って、素晴らしい結果を幾度となく出していった。スタンリーはリータの見せる「成功に向けた精神力」に一目置いていた。2人はたがいをうまく補い合っていた。「リータ、私たちはどちらもそれなりにいい線をいっているけど、2人が一緒になると、これ以上のものはないでしょう」とはスタンリーの弁。

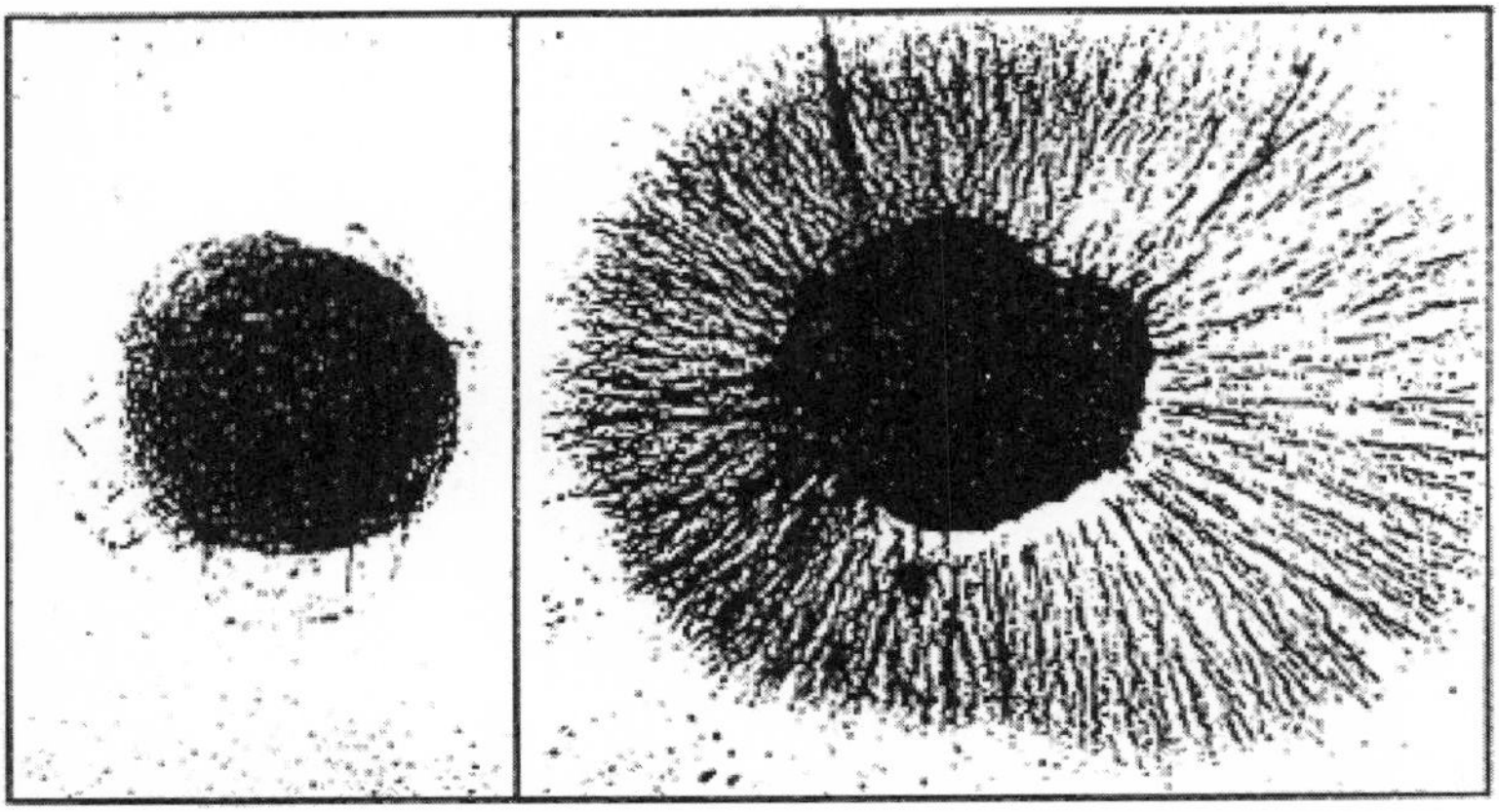

ニワトリ胚の神経成長。NGFなし（左）、NGFあり（右）
R. レーヴィ＝モンタルチーニ, P. カリサーノ, 神経成長因子,『サイエンティフィックアメリカン』, 1979, Vol. 240, pp. 68-77

リータと同じようにスタンリーも学部生時代から胚発生に関心があり、ワシントン大学へは生物学研究における放射性物質の利用方法を学ぶために一九五二年にやって来ていた。スタンリーは、リータが発見した物質の化学的性質を明らかにする研究に取りかかり、一九五四年、２人はこの物質に神経成長因子（ＮＧＦ）と名前をつけた。

リータが大量の胚で腫瘍を培養して調整した試料から、スタンリーがＮＧＦを抽出して分析した。根気のいる作業を数年間続け、とうとうＮＧＦがタンパク質であることを明らかにし、ヘビ毒の中にＮＧＦが高濃度（腫瘍細胞の千倍以上）で存在することも発見した。ヘビ毒から高濃度のＮＧＦを入手できたおかげで、続く生化学分析がみるみる進んだ。さらに、マウスのほとんどの組織に、濃度はさまざまだったがＮＧＦが存在していることもわかった。

続く一九五六年から五九年にかけての３年間で、

スタンリーはＮＧＦの分子量（1分子に含まれるすべての原子の原子量を合わせた重さ）が2万であることを明らかにした。リータのほうはＮＧＦが生体内に及ぼす作用に集中した。生まれたばかりのマウスやラットに3週間にわたって毎日ＮＧＦを注射すると、神経節の大きさが10倍になることや、周囲の器官や組織にも神経成長が及んでいることを明らかにした。

とりわけ注目すべきは、ＮＧＦの遮断によって、その作用が特異的であることを示した点だ。このような場合、生物学では抗体を利用する。抗体とは、体外から侵入した異物（おもに細菌やウイルスなどの微生物）に応答して免疫系で作られ、特異的な免疫反応を引き起こす物質である。生体外で培養した組織に抗血清（マウスのＮＧＦに対する抗体を含む）を与えたところ、ハロー（太陽の暈《かさ》、図右）状の神経線維は現れなかった。

ＮＧＦの作用は生体内ではもっと著しかった。生まれたばかりのマウスとラットにひと月間、毎日抗血清を注射すると、脊髄に沿った神経節がほぼ消失していた。しかも、それ以外の神経系は正常にそろっていて、何の問題もなさそうに見えたのだ。この実験の結果が出た日、研究室を訪れていたヴィクトル・ハンブルガーは、一九五九年六月十一日は「神経生物学にとって記念すべき出来事」が起こった日だと言った。ＮＧＦは神経成長だけでなく、ある種の神経の生存と分化も刺激していた。とても大きな意味をもつこの研究は、一九六〇年に『米国科学アカデミー紀要』に発表された。リータ、51歳の年だった。

充実した6年が過ぎ、一九五八年が終わりを迎える頃、ヴィクトルの研究室ではスタンリー・コーエンを雇用できなくなった。そのまま雇い続けるのであれば動物学の講義の担当が必須とされたのだが、スタンリーは生化学者だった。翌年、スタンリーはテネシーのヴァンダービルト大学に職を得、移っていった。現在ならば、科学は分野を横断し、動物学部といえども当たり前のように生化学者を採用しているが、一九五〇年代にそのような人事はほとんどなかった。リータは大きな衝撃を受けた。この話を聞いたときは「まるで葬儀の鐘が鳴り響いたような気がしました」と、のちに語っている。だが、一九五八年、リータは教授になり、翌年にはイタリアから生化学者ピエトロ・アンジェレッティを迎えた。リータの研究は途切れることなく続いた。

ローマとワシントンの二重拠点

ワシントン大学に来て15年が経とうとする頃、52歳になっていたリータは、1年のうち数カ月をイタリアで暮らすことにした。その間、ワシントン大学の研究室はアンジェレッティが仕切ってくれた。イタリアにいる家族とは小まめに手紙のやり取りをしていたし、毎年夏には帰っていた。それでも、もっと頻繁に会いたくなった。母もかなり高齢になっていた。二重国籍を取得していたリータはどちらの国にも自由に住めたので、思い切って両方で研究をすることに決めた。ローマに滞在中は双子の妹パオラの部屋で暮らした。

一九六〇年代、イタリア政府は科学に対する支援は二の次だったものの、リータの評判は高く、おかげで国の健康研究所から研究用の部屋と実験器具を借り、国の研究基金からは研究資金を得ることができた。研究員の採用も滞りなく進み、わずかな給金でもリータのもとで研究したいという若い科学者が何人も集まった。一九六一年、ピエトロ・アンジェレッティが帰国すると、2人はローマの高等健康研究所に神経生物学センターを新たに設立した。

しかし、イタリアでの生活はすんなりと元のようには戻らなかった。ワシントン大学で当初、くだけた雰囲気になかなかなじめなかったあの逆の状況に陥ったのだ。今度はヨーロッパの学生と教授との堅苦しい関係に戸惑った。が、持ち前の性格でうまく対処した。若かった時分は「修道女のような」質素な身なりをして凌《しの》いだように、五〇代の今はイタリアの社会にもう一度どっぷり浸ることにした。上品なドレスに、美しい刺しゅうの織り込まれた絹の上着をあつらえ優雅に装った。身長こそ低かったが、白衣で服が隠れていても、セットした髪、入念に選んだアクセサリーに、威厳ある存在感が漂い「白衣をまとったイタリアの女王」と呼ぶ学生もいた。

そうはいっても、ここからはリータにとってあまり居心地のよくない日々が始まった。まず、自分のなかでイタリアの家族とアメリカの友人とのバランスをとるのに悩んだ。そして、一九六三年に母が、その2年後には恩師で友人だったジュゼッペ・レーヴィが永遠の眠りについた。一九六九年、ローマに新設された細胞生物学研究所の所長を任された。しかし、新しい研究所を取り巻く状況は芳しくなく、とくに自分の研究がそれほど関心を呼んでいないことに気づかされた。

ＮＧＦはこれまでに確認されていないまったく新しい現象だったため、その存在がまず神経学者に受け入れられなかった。さらに、リータは自分の研究を囲いたがっているとの噂が立ち、彼女の考え方の是非についても意見が分かれた。リータは自分の考えをずばずば言う人だった。意志の強さは間違いなく科学の世界を突き進む一助となっていた。だが、それは誰からも慕われることにはつながらなかった。この頃は、初恋の場所に戻りたくてたまらなかった、と言えば十分だろうか。数年間はゴキブリの神経系を研究した。

一九七二年に元の研究路線に戻り、アメリカとイタリアの研究室でも一層集中してＮＧＦを追究できるようになった。ピエトロ・アンジェレッティと化学者ヴィンチェンツォ・ボッキーニが十分量の純粋なＮＧＦ試料の調製に成功し、アミノ酸（タンパク質の構成要素。20種類ほどある）配列を明らかにした。ＮＧＦはいずれも１１８個のアミノ酸からなる、２本のアミノ酸鎖でできていた。

ＮＧＦと他の分子、とくに受容体との相互作用の解明にもリータは大きな関心を寄せた。成長因子やホルモン、免疫調節性分子といった情報伝達分子は、タンパク質分子である受容体を利用して細胞に結合しなければならない。情報伝達分子にはそれぞれに対応する受容体があり、ＮＧＦの最初の受容体は一九七〇年代に入るとすぐに同定された。２番目の受容体の発見はそれから20年先の話になる。

一九六〇年代半ば、スタンリー・コーエンが、成長因子の一種で、皮膚の外側の層である表皮の成長を促すはたらきをもつ上皮成長因子（ＥＧＦ）を発見した。そして、ＮＧＦやＥＧＦなどの成長因子が受容体と結合すると、受容体ごと細胞内に取り込まれる仕組みも明らかにした。細胞内では、細胞の種類に応じて緻密な調節をする成長因子に従って成長、分化、ときには死が促される。

ＮＧＦの作用機構を解明するには長い年月を要したが、一九七四年には、自分がかつて提唱した説明が正しかったことがわかり、リータはとても喜んだ。神経成長因子は、初期の発生段階での神経細胞死を防ぐはたらきをする。ＮＧＦが存在しないと、初期の発生段階の細胞の半数ほどは死んでしまう。また、発生中の胚の組織では、ＮＧＦの濃度勾配に従って神経支配が確立する（神経が発達する）。リータが最初の頃の実験で解剖していた胚肢は、脊髄近くの神経節と比べると高濃度のＮＧＦを産生していた。ＮＧＦは交感神経線維（身体に「闘争と逃走」反応を引き起こす）あるいは感覚神経線維の末端で取り込まれ、神経線維の中を神経細胞体まで逆向きに輸送され、それによって四肢をはじめとする各組織への神経の成長を刺激する。

神経成長因子は発生中の神経系で影響が確認されたことから、実は最初に関心を寄せたのは神経生物学者だった。一九八〇年代全般は、神経生物学者の間でＮＧＦと、その相互作用と影響に対する関心が急激に高まった。この関心の高さを反映するように論文も次々と発表され、10年間だけで千報を超えるまでになった。現在では、動物の誕生から死までの間に、たとえばホルモン産生への影響、免疫系の調節などＮＧＦが幅広く機能していることがわかっている。

神経系と免疫系が相互に作用する仕組みを最初に示唆したのは、ＮＧＦと、免疫系に及ぼすＮＧＦの影響に関する研究だった。さらに、がんを引き起こす遺伝子（発がん遺伝子）のなかには、成長因子遺伝子が突然変異したものがあり、これが制御できない増殖を導くことも明らかとなった。こういった重要な発見の他にも、新たな知見がいくつも示され、ＮＧＦをはじめとする成長因子はさらに脚光を浴びることになった。

一九八三年、ＮＧＦの遺伝子配列が決定されると、その基本的な特性や、広く分布する性質が一段と注目されだした。ＮＧＦ遺伝子は高度に保存されていたことから、ＮＧＦ遺伝子がコードするタンパク質は脊椎動物において重要な機能を果たすことが示唆された。さらにＮＧＦ遺伝子は１番染色体の短腕にあった。この領域は他の領域よりも欠失《けっしつ》が生じやすい。また別の研究結果からは、病気に対するＮＧＦの作用が関係づけられた。

大学退職後も研究続行

一九七七年、リータは68歳でワシントン大学を退職し、公的な立場は離れたけれども、そのまま研究を続けた。「研究をやめるのは、死ぬとき」と考えていた。リータによるＮＧＦの発見以来、体中の細胞の成長、分化、生存、さらには炎症や組織の修復を刺激する成長因子が次々と発見されている。その数は１００を優に超え、10以上のファミリーに分類されている。病気の治療を目指した研究も進み、実際に使われている成長因子もある。スタンリー・コーエンが発見した上皮成長因子（ＥＧＦ）は、火傷や角膜移植後の治療で広く用いられている。

リータとスタンリーの研究により、成長因子の存在とその能力が世界中の注目を集めるようになった。そして、一九八六年十月十三日、２人が生涯をかけた研究が大きな評価を得た。ノーベル生理学・医学賞が「成長因子の発見」（それぞれＮＧＦとＥＧＦ）に対してリータ・レーヴィ＝モンタルチーニとスタンリー・コーエンに与えられると発表された。リータ、77歳、ノーベル賞を受賞した４人目の女性、科学分野のノーベル賞ではイタリア人女性初だった。ノーベル賞委員会は、リータによるＮＧＦの発見は「優れた技能をもつ観察者が、混沌としたなかから根本となる仕組みをいかにして考え出すのかを示す、素晴らしい一例」だと評した。

ノーベル賞のほかにも、リータは数々の賞を受賞した。一九八七年にはアメリカ政府が授与する最高の科学賞である米国国家科学賞を受けたし、イタリアのローマ教皇庁科学アカデミーでは女性初の会員となった。イタリア科学の発展のために、リータは自分の高まる名声を臆することなく利用した。その堂々たる様子にイタリア人の間では、ローマ教皇ジャン・ポール二世はリータ・レーヴィ＝モンタルチーニを伴って現れて初めてその存在が認められると冗談がささやかれたほどだった。

リータの研究方法や研究環境はときに型破りだったかもしれないが、彼女は結果を出していったし、驚異的な量の書き物も残した。論文は２００報を超え、英語にも翻訳された一九八八年の自伝『美しき未完成』や、一九九七年の論文集『神経成長因子研究の歴史』を含む著作も数点ある。

リータの自伝に対してはさまざまな評価がある。科学の実際をおとぎ話のように書いているとか、仲間の貢献をないがしろにしているなどと評する向きもあった。しかし、リータが成長因子の母であることは、本人を含め多くの認めるところだ。そして母なる人のご多分に漏れず、リータも「子ども」を独占し、保護者然としたがったのも事実である。成長因子のもつ可能性が、科学者の間でなかなか認められないことにリータは間違いなく苛立っていた。スタンリー・コーエンのほうは楽観的で、「誰も手を出そうとしないし、誰と競争することもないのだから、いい状況だったと思います。手間がかかったのは、たしかに存在するものを研究しているのだと相手に納得してもらわなければならないことでした」と語っている。

マリー・キュリーとマリア・カラスを足して２で割ったような人だと言われたこともあったそうだが、リータは自分の性格やジェットコースターのような人生を冷静にとらえていた。自伝の題名『未完成を讃えて』（邦題は『美しき未完成』）にもリータの現実的な見方が表れている。自伝の中では、アイルランドの詩人ウィリアム・バトラー・イェイツが、人生の完成と仕事の完成は両立しないと謳った詩を引用しているが、リータの思いは違っていた。「しかし、そのような未完成なかたちで私がやってきた活動は、私に限りない喜びを与えてくれましたし、今もって喜びの源泉なのです。このことから私は……完成よりは未完成こそが人間の本性になじむものだと考えるようになりました」[1]

女性支援に精力を傾ける

年齢を重ねるにつれてリータは若い人たち、とくに女性の直面する困難に思いを至らせるようになり、慈善事業になおもかなりの精力を傾けた。一九九二年、83歳の年、長年かけてためた資金を元手に、父への追悼の思いもこめてパオラとともに慈善財団を設立した。教育を受ける機会がほぼ閉ざされているアフリカの少女に対する差別的な扱いと、一九三〇年代から四〇年代のファシズムが渦巻くイタリアでユダヤ人であり女性であった自分の受けた経験との共通点に心を痛め、女性は社会的な力をつけなければならないと、ひしひしと感じていた。「何世紀にもわたる長い休眠から目覚めた今、若い女性は、自らの手で形づくる将来を望むことができます」。財団では医学を学ぶ学生をはじめ、何百人もの少女の学費を支援している。財団のウェブサイトでは、可能性を存分に開花させる手段を若い女性に提供することの重要性と、その影響がひいては社会全体の経済、社会、文化の発展に及ぶことが強調されている。

これだけではない。一九九五年には社会学者のエレオノーラ・バルビエ・マシニらとともに、「女性国際ネットワーク・緊急に対処し連帯をするために」(WIN) を立ち上げ、貧困、売春、薬物濫用、宗教紛争、移民、その他あらゆる問題にぶつかっている女性を支援する団体の名簿を出版している。

研究に取り組んでいたときと同じように、たとえ激しい議論になったとしても、さまざまな問題に真っ向から立ち向かうことを恐れなかった。誰かに向かって大声を上げているリータを目にした、元秘書で友人のマーサ・フォイアーマンは「じきに終わりますよ。そのあとは何のわだかまりもありません。

彼女にとって重要なのは２つだけ。研究と双子の妹、この順番で」と言っている。
90歳にさしかかる頃には視力が衰え実験台に向かえなくなっていたが、それでも科学をはじめ各方面での仕事をうまくこなしていた。九〇代後半でイタリア議会の議員として会議に出席したときは、出席者のなかで最年長だった。イタリアの科学に長きにわたって貢献してきたので、科学に及ぼす新税制の影響に関する政策演説などがあればすぐにお呼びがかかった。

リータが科学の世界、こと成長因子に果たした役割は、亡くなる二〇一二年のずっと前から誰もが知るところとなっていた。ＮＧＦは、神経系の働き、タンパク質、受容体、がんといった生物学の重要な局面を解く手がかりとなり、謎を解読する「ロゼッタストーン」とも呼ばれるようになった。最初の成長因子を同定したときは、細胞間の情報はインスリンなどの血液を介する物質に頼るほかに、短い距離でやり取りする方法もあることを示した。これはまったく新しい理解だった。さらに、異なる器官系の間で成長因子の促す相互作用が明らかにされると、神経系の機能する仕組みに対する科学者の見方が変わった。神経系は体を監視し調節するだけでなく、体によって調節されてもいた。

ＮＧＦの発見から数十年が経つ間に、神経系と内分泌系（ホルモン）と免疫系の間の重要なつながりが解明されてきた。これらの系の関係は20世紀の初め頃からすでに指摘されていたが、ＮＧＦの関与を最初にはっきり示したのはリータだった。

たとえば、交感神経が関係し、ストレスにさらされると生じる「闘争・逃走」反応はＮＧＦによって調節されている。この反応は神経系から始まり、内分泌系（ホルモン）、免疫系にまで広がっていく。一九八〇年代後半に、ＮＧＦとストレスとのつながりを初めて明らかにしたのもリータだった。マウスを攻撃するとＮＧＦの濃度が唾液腺だけでなく、血流と視床下部でも上昇していた。脳の視床下部領域は血圧と心拍数を調節する神経に情報を伝え、同時に下垂体からのホルモン分泌に始まる一連の段階反応を引き起こす。その結果、ストレスホルモンが産生され、続いて免疫系に影響が及ぶ。下垂体の細胞、視床下部の細胞、免疫系の重要な細胞である肥満細胞、いずれもＮＧＦの受容体をもっている。

生涯にわたる学習もＮＧＦと関係している。この20年ほどの間に、脳は年をとっても状況に応じて変化する能力、すなわち可塑性を保持していると考えられるようになった。かつての理解とは逆で、たとえば頭部に傷を負ったような場合でも、新しいつながりが形成されることがわかってきた。一九八九年にリータらが齧歯類《げっしるい》の成体で、ＮＧＦの刺激により脳の神経末端から新しい神経線維が成長することを発見して以来、脳には可塑性があるのではないかと推測されていた。

二〇〇一年、リータらの発見を支持する報告が神経学者ハワード・フェデロフより提出された。マウスの海馬（記憶、とくに長期記憶や空間認識に関連する脳の領域）の神経細胞を、ＮＧＦを大量に産生するように遺伝子改変したところ、正常なマウスよりもはるかに多くの神経細胞が学習に関わる脳のさまざまな領域とつながっていた。さらに、たとえば複雑な迷路の通り抜けといった新しい作業を、正常なマウスに比べてかなり速く学習した。

二〇〇二年、リータはローマにヨーロッパ脳研究所を設立した。ここでは神経系の発生から役割までについて生物学と医学の両面からの研究を目指している。とくに、力を入れているのがアルツハイマー病、パーキンソン病、ハンチントン病といった神経変性疾患の新たな治療方法の開発である。神経成長因子は、神経変性疾患において神経系の変性を遅らせる可能性があるニューロトロフィンと呼ばれるタンパク質ファミリーの一種である。ＮＧＦは末梢神経系だけでなく、脳でも活性をもつ。この3種類の神経変性疾患はいずれも、ＮＧＦを産生する、あるいはＮＧＦに応答する神経細胞に病変を起こすことがわかっている。

二〇一五年、マーク・タシンスキらは、アルツハイマー病の患者に遺伝子治療を施し10年間追跡した画期的な研究を『アメリカ医師会雑誌　神経学』に発表した。患者の脳にＮＧＦ遺伝子を標的注入すると、注入部位の周辺で死にかけている細胞を助け、その成長を促進させた。なかには、注入後10年経ってもなお効果が続いている患者もいた。この報告は、安全性を確かめるための小規模な第1相試験の結果だが、有効性を予備的に評価する第2相試験では、同じ疾患の患者で精神機能の低下を遅らせることも示唆されている。

ＮＧＦの研究が進むにつれて、成長を調節する役割、すなわちがん細胞における役割が注目されるようになってきた。受容体を介したＮＧＦの情報伝達が、さまざまな種類のがん細胞の生死に関与することが明らかになり、がん治療の標的として大きな関心を集めている。たとえば、乳がんのモデル動物ではＮＧＦに対する抗体が腫瘍増殖を抑制したことから、ＮＧＦの過剰発現が要因の乳がんの治療には抗ＮＧＦ抗体に効果を望める可能性がある。また、2種類の前立腺がん細胞株を用いた試験管レベルでの実験では、抗ＮＧＦ抗体は細胞移動を40パーセント程度抑制した。このことから抗ＮＧＦ抗体には腫瘍の転移を抑える可能性が示唆される。

一九九〇年代に入ると、リータのチームは炎症に伴う痛みにＮＧＦが関わっていることを見つけた。ＮＧＦは、炎症部位の神経末端が熱や圧に対してより敏感に反応するよう作用していた。この発見により、鎮痛剤の研究という新たな分野が拓けた。たとえば、タネズマブ®（ＮＧＦに対するモノクローナル抗体）という薬は、膝の変形関節炎で慢性の痛みを抱えている患者への第３相臨床試験で、痛覚を遮断することによってかなりの効果を示した。関節の状態が悪化した患者が複数現れたため、試験は予定よりも早く二〇一〇年六月に終了したが、この副作用は、痛みを感じなくなったため関節を使いすぎて生じたものと思われる。

可能性を多く秘めた新しい治療法ではあるものの、解決しなければならない難題もある。当然ではあるが、これほど広範に作用する、強力な分子には副作用がつきもので、薬理学的に活性を示す用量を投与し続けると問題が生じる場合もある。とくに治療薬として利用する場合に関係してくる、生物学の側面からも検討しなければならない課題がたくさんある。ＮＧＦと受容体の相互作用（生理的な現象にせよ治療薬にせよ）で生じる立体構造を、ドロシー・ホジキン（第５章参照）が先駆けとなったＸ線結晶学を利用して進める研究もそのひとつだ。

二〇〇九年、１００歳を迎えたリータは、ＮＧＦに関連した自身の研究課題を新たに設定した。治療薬としての研究に加え、生殖や受胎に果たすＮＧＦの役割の研究も提案した。またしても、リータの直感力は正しかった。３年後の二〇一二年、さまざまな哺乳類の精液の中から発見された、排卵を誘発する物質に関する論文が発表された。その物質こそＮＦＧだった。

２世紀目の人生に入った頃、長寿の秘訣を明かしたことがある。ひとつには、１日１食で、標準よりも10パーセント少ないカロリー摂取でも問題ない代謝効率が関係しているそうだ。「夜にスープ１杯かオレンジ１個。まぁ、そんなところです」、「実は食や睡眠にはあまり関心がありません」。仕事をこなすことと、脳を活発に保つこと、これがリータにとって最優先だった。二〇〇九年のインタビューでは、「100歳になってみたら、20歳の時よりも思考力は格段にさえています。経験に感謝します」と答えている。朝5時に起きて、午前は研究所で全員女性のチームに指示を出し、午後はアフリカ財団で過ごして、自分の積んできた知識を後進に伝えた。

リータは家族の誰よりも長生きをした。兄ジーノは一九七四年に72歳、双子の妹パオラは二〇〇〇年に91歳で先立ち、姉アンナもそれから間もなく世を去った。リータ・レーヴィ＝モンタルチーニの長い人生は二〇一二年十二月三十日、ローマの自宅で幕を下ろした。103歳だった。葬儀はイタリア議会で執り行われ、亡骸はその翌日、トリノで荼毘《だび》に付された。遺骨はトリノのヘブライ記念墓地にある一家の墓に納められている。

NGFとのつきあいは最期の年まで続いた。その年、リータの名前の載った最後の論文が発表された。米国科学アカデミー紀要に掲載された論文のタイトルは「ニワトリ胚の発生初期段階における軸の回転に対する神経成長因子の調節」。最初の成長因子NGFが発見されてから60年が過ぎたが、この重要な分子については今も新たな知見が次々と報告され、一九三〇年代、ファシストの席巻したイタリアの隠れ家のような研究室でリータが使っていた実験モデル系も利用されている。

訳注

［1］『美しき未完成』リータ・レーヴィ＝モンタルチーニ著、藤田恒夫他訳、平凡社、一九九〇年

第8章　リーゼ・マイトナー

Lise Meitner（1878～1968）
ドイツのマリー・キュリーとも言われた、オーストリア出身の核科学者リーゼ・マイトナー。ナチスドイツから亡命中にウランの核分裂を発見した。1944年のノーベル化学賞は、共同研究者のオットー・ハーンにだけ授与された。

アルバート・アインシュタインに、ドイツのマリー・キュリーと言わしめた、オーストリア出身の小柄なリーゼ・マイトナー。20世紀の前半、科学の分野に女性の進む機会がほとんどなかった時代に、2人の女性が先陣を切って、原子の構造を解明していった。ひとりは、多くの人がその名を耳にしたことのある、数少ない女性科学者のひとり、放射能研究の分野を切り拓いたマリー・キュリー（第3章）。そして、もうひとりがリーゼ・マイトナーだ。

リーゼはドイツで何本かの指に入る、優秀な核科学者である。第二次世界大戦中はぎりぎりまでドイツにとどまり、ヒトラー政権から辛くも逃れた。ウランの原子核が2つに分かれ、しかも、この分裂が膨大な量のエネルギーを放出する現象であることを亡命中に見抜いた。驚くべき発見だった。この発見は、たちどころに核物理学を根本から変え、原子爆弾の開発へとつながることになる。第二次世界大戦後、「原子爆弾の母」と呼ばれたが、原子爆弾の製造に手を貸したいと思ったこともなければ、貸した事実もない。科学に対してリーゼがどのような貢献をしたのか、戦後しばらくは本当のところはあまり知られていなかった。一九四四年、リーゼの発見に対してノーベル化学賞が、リーゼの共同研究者オットー・ハーンに授与された。リーゼは何も関与していないものとされた。

リーゼ・マイトナーは一八七八年十一月七日、オーストリア＝ハンガリー帝国の首都ウィーンで生まれた。知的なユダヤ人家庭の8人兄弟、女の子5人、男の子3人の3番目だった。生まれたときの名前はエリーゼだったが、のちに自分でリーゼと短くした。父フィリップ・マイトナーはウィーンで最初に弁護士になったユダヤ人のひとりである。反ユダヤ主義の空気が漂うなか、社会的にも政治的にも行動を起こした人だった。

リーゼはウィーンでもユダヤ人が多く暮らすレオポルトシュタット地区で育った。そのような環境ではあったが、家族には不可知論者が多かった。一九〇八年、2人の姉妹がカトリックに、リーゼはプロテスタントに改宗した。ナチスは大虐殺を行う際、キリスト教の洗礼を受けたからといって見逃したりはしないと、のちに多くのユダヤ人が知るところとなる。リーゼもそのひとりだった。

フィリップは自由思想の持ち主で、家には弁護士に作家、チェスの達人に知識人や政治家など実にいろいろな人がやって来た。子どもたちは遅くまで起きていることを許され、大人たちが語るそれぞれの意見に耳を傾けていた。のちにリーゼは「両親の独特な考え方と、途方もなく刺激的な雰囲気に囲まれて私たちは育ちました」と振り返っている。

母ヘートヴィヒ・マイトナーは一家の大きな存在だった。才能豊かなピアニストで、子どもたちにも音楽の手ほどきをした。また、「私やお父さんの言うことを聞きなさい。でも、自分の頭で考えること」と、自立した人間になるよう導いた。両親は子どもたちに科学の勉強を促し、リーゼの気持ちは8歳にして固まっていた。水に広がる薄い油膜が光を反射する様子を書き留めた、その頃のノートが残っている。文化的な環境に包まれて育ったリーゼは、生涯、音楽と物理学を愛してやまなかった。

リーゼは、懐疑的なものの見方をする子どもだった。自分のまわりのあれにもこれにも疑問を抱いては確かめた。とくに、迷信に対しては、理性と批判的思考という武器を携えて挑んだ。安息日に縫い物をしてはいけない、さもなくば天が落ちてきてしまうと、幼い頃に祖母から教えられていた。ある日、針の先を刺しゅう飾りにおそるおそる刺してみた。じっと上を見上げていたが、大きな音はしなかった。

もうひと縫いして、満足した。祖母の言葉は間違っていた。

リーゼは学ぶことに貪欲な子でもあった。８歳になる頃には、寝る前になると算数の教科書を枕の下に隠し、寝室のドアの下のすき間はふさいだ。そうすれば、就寝時間を過ぎて勉強していても気づかれないですむからだ。両親はどの子どもにも教育を受けさせた。ただ、娘３人にとってはたやすくはなかった。当時のオーストリアでは、女の子は家事を効率よくさばけるようになれば十分とされていた。女子の教育に対する制約は厳しく、リーゼのウィーンでの学校生活は14歳で終わってしまった。とてももどかしかった。

一八六七年、オーストリアの大学は男子には出自を問わず開かれていたが、女子には閉ざされていた。講義を受けてもいいかと教授に直談判し許された女子もいるにはいたが、ごく少数で、しかもその多くはただ座っているだけだった。公の立場ではなかったし、学術賞の類いを与えられることもなかった。リーゼは十代半ばになると物理学者を目指すことにした。が、いろいろな意味で実現は難しそうだった。当時の産業界では物理学者に対する需要がほぼなかった。そもそも物理学は死んだ学問と考えられ、測定結果を確認する以外、物理学の世界について学ぶことはほとんど残っていないとされていた。

22歳でウィーン大学に入学

一八九二年から一九〇一年までをリーゼは「失われた時間」と呼んでいる。一九〇一年、女子に対する規制が緩和され、リーゼは高校の入学資格を得た。22歳になっていた。論理学、文学、ギリシャ語、ラテン語、植物学、動物学、物理学、数学と８年分の勉強を20カ月で片づけた。勉強の合間に休憩をしていると、弟や妹から「リーゼ、試験に落ちるよ。勉強をしないで、うろうろしてたら」と茶々を入れられたこともあった。この頃の写真を見ると、目の下にはくまをつくり、青白い顔をした若い女性の姿がある。リーゼは幼い頃から数学に抜きんでていた。19世紀ヨーロッパの女性に与えられていた機会と女性個人の能力との間に相関はほぼない。「若い頃を思い返すと……年端のいかない普通の女の子の人生に、なんと多くの問題が存在していたのか、心の底から驚いてしまいます。今の時代には想像できない話です。なかでも大きかったのは、標準的な知的教育を受ける機会がなかったことでした」と、リーゼは語っている。

両親からの後押しもあり、リーゼは、13人の学生と一緒に入学試験を受けた。リーゼを含む4人だけが合格し、一九〇一年十月、23歳手前でリーゼはウィーン大学に入学した。マイトナー家では8人の子どもたち全員が、男女の分け隔てなく好きな道に進み、上級の学位を取るよう育てられた。一番下の妹フリーダは物理学の博士号を取得し大学の教授に、姉はコンサートでソロ演奏するピアニストになり、弟のウォルターは化学で博士号を取得し、フリッツは技師になった。

リーゼは、ウィーン大学物理学部に入学を許可された初めての女性だった。当時の女子の大学生は、女性のなかではは み出し者の扱いだったし、リーゼ本人もどうしようもなく引っ込み思案だったので、空いている時間はコンサートに通ったが、それもほぼひとりだった。ウィーン宮廷歌劇場の一番安い席のチケットを買い、「音楽の天国」と密かに名付けた天井桟敷に腰を下ろして、楽譜をたどりながら演奏を楽しんだ。

大学では多くの講義から刺激を受けた。放射能の研究が始まった頃、ウィーン大学をその中心にしたフランク・エクスナー教授は、物理学をとてもわかりやすく解説したので、物理以外の専攻の学生も聴講していた。2年目に入ると志を同じくする女子学生のグループに加わり、理論物理学者のルートヴィッヒ・ボルツマンから教えを受けた。ボルツマンは、物質は小さな粒子で構成されているとする「原子論」を支持する立場で、気体分子運動論（すべての物質を構成する小さな粒子が常に動いていると考える説）を発展させ、原子の運動を統計的に扱う統計力学を確立したことで知られている。リーゼはルートヴィッヒ・ボルツマンにすっかり魅了され、たちまち物理学を天職と確信した。

ボルツマン教授は、動き回る原子は直接見ることこそできないが、たしかに存在する現象であると主張していた。当時の主流派とは真っ向から反対の考えだった。科学が、産業や戦争のしもべと見られていた時代にあって、リーゼ・マイトナー、ルートヴィッヒ・ボルツマン、アルバート・アインシュタイン、マックス・プランクといった科学者は、科学研究を理想の世界の探究ととらえていた。このような背景をもつ理論物理学者たちは、探究する境界を、見えるものの向こうまで広げ、厳格な実験を通して自説を証明したり、あるいは反証したりして、知見を深めようとしていた。ボルツマン教授は、原子の存在を徹底して擁護したひとりだった。20世紀に入ったばかりの頃、この議論はまだ決着をみていなかった。リーゼのおいの物理学者オットー・フリッシュが振り返っている。「物理学を、究極の真実を得るための闘いとリーゼが考えるようになったのは、ボルツマンからの影響です。彼女は、この見方を生涯変えることはありませんでした」

一九〇五年の夏にはカリキュラムを終え、博士課程の研究にとりかかった。その頃のオーストリアとドイツの大学では、博士号取得のための研究は数カ月で終わっていた。リーゼの場合も、同じだったと思われる。リーゼは真面目な人生観の持ち主で、どうでもいいと思うことには時間を割かず、つまり、研究にもっぱら焦点を当てていた。結婚はしなかった。子どもも産んでいない。個人的な文書を見る限りでは、熱烈な恋愛もしていない。けれども、満ち足りた人生を送った。親友はいたし、本人曰く「魔法の伴奏」を奏でてくれる、「愛すべき、素晴らしい人たち」に囲まれていた。

一九〇六年二月、最優秀の成績で物理学の博士号を取得した。固体の熱伝導に関する学位論文は、ウィーン物理学研究所で発表された。その年の後半、リーゼは、当時、話題を集めていた放射能に興味をもち、一歩を踏み出した。その道は、研究人生の大部分を占めることになるのだが、まずはその出しからつまづいた。リーゼは、ウィーン大学で物理学の博士号を取得したようやく2人目の女性だった。つまり、オーストリアでは女性科学者になれるあてはなかった。マリー・キュリーに手紙を書いてもみたが、席がないと丁重に記された返事が届いた。リーゼは、父親の案に従って学校の教師になった。

昼間は学校で教え、夕方から大学の物理学部へ行き研究を続けた。一八九六年の、アントニー・アンリ・ベクレルとキュリー夫妻による自然放射能の発見が、眼では直接見ることのできない現象の研究への扉を開いた。自然界に存在する放射能は、不安定な放射性核が、彼らの発見した3種類の放射線のいずれかを放つことによって安定になろうとしている現象であることは、のちに明らかにされる。ちなみに、3つの放射線にはそれぞれギリシャ語のアルファベットの最初の3文字から名前がつけられている。アルファ粒子は透過性の低いヘリウムの原子核。ベータ線（放射性元素の放出する電子）は中程度の透過性をもつ。ガンマ線は高エネルギーで透過性が高く、電子や原子核を構成する粒子ではない。

リーゼは、ボルツマン教授の助手ステファン・マイヤーといっしょに研究を進めた。アルファ粒子の性質を調べる実験では、いろいろな元素を繰り返し衝突させて、原子量の大きな元素ほど大きく拡散することを示した。この発見はとても重要で、数年後のアーネスト・ラザフォードによる原子核の発見へとつながった。

28歳でドイツ・ベルリンへ

実験の成果にも支えられて、自分は科学者になるために必要なものをもっているとリーゼは思うに至った。「意を決して、両親に数学期ほど、ベルリンに行かせてほしいと頼みました」。父も母も賛成してくれた。同じ頃、ウィーン大学を訪れていた物理学の巨人のひとり、マックス・プランクからの刺激も大きかった。当時、ドイツは科学における世界の中心地だった。ドイツでは昔から大学や工科大学に力を注いでいたし、アルバート・アインシュタイン、マックス・フォン・ラウエ、マックス・プランクがいた。のちにノーベル物理学賞を受賞する人たちだ。一九〇七年九月、28歳でドイツに到着したリーゼは、当初はほんの数学期で帰るつもりだったようだが、その後、30年あまり居続けることになる。

リーゼにとってマックス・プランクはよき指導者であり、友人にもなった。プランクのほうはリーゼに対し実の娘のように接した。しかし、ドイツの大学は女性に対していまだかたく門を閉ざしていたので、プランクの講義を聴くためにはわざわざ許可を願い出なければならなかった。リーゼはプランク教授が受講を認めた、ただひとりの女子学生だった。特別な取り計らいだということはリーゼも承知していた。

ベルリンに到着後しばらくして、リーゼはオットー・ハーンと出会うことになる。リーゼは華奢で小柄で、内気なところがあったが、オットーとは友人や共同研究者としてやっていけそうな気がした。2人は同い年。がっしりして背の高いオットーは感じのよい、気さくな性格で、社交的なところはリーゼの内気な性格とうまく補い合っていた。のちに、友情の限界を試されるような事態に追い込まれたこともあったが、科学に対する好奇心と愛を生まれながらにもっていたような2人は、生涯、交流を続けた。

オットー・ハーンはウランなど放射性元素の化学を専門にしていた。2人はやがて放射能の分野で広く知られることになる。たがいの技術で相補いながら進めた共同研究は30年に及んだ。物理学の教育を受けたリーゼには有能な数学者の素養もあり、頭の中で考えを組み立て、自説を確かめるために独創的な実験を編み出した。オットーのほうは、化学の教育を受け、綿密な実験に長けていた。

ベルリンのエミール・フィッシャーの化学研究所でオットーと一緒に研究にとりかかる話は、すんなりとは進まなかった。そもそも、研究所への女性の出入りが許されていなかった。なんでも、女性は実験室で髪を燃やしてしまうと所長が信じ込んでいたからだそうだ。リーゼには地下の部屋が与えられたものの、オットーと話をするときでさえ上の階に上がることは禁じられ、用を足すときは、通りの先のホテルまで出かけた。だが、リーゼの固い決意と鋭い頭脳はすぐにまわりの知るところとなり、廊下ですれ違うたびに無視を決め込んでいた男性たちからも一目置かれるようになった。

続く数年間、リーゼとオットーはベータ線（3種類の放射性崩壊のうちのひとつにより放出される。マリー・キュリーも研究していた）を研究し、一九〇八年から翌年にかけて、ベータ崩壊で放出される粒子、すなわち電子のエネルギーの大きさについて、多くの論文を発表した。この頃の2人は放射能の理解を深め、研究上のたがいのつながりを強くし、実り多い時間を過ごした。リーゼは、自分と同じくオットーも音楽好きだと知って以来、親近感を抱くようになっていた。「彼は楽器は演奏しませんでしたが、音楽の才能にあふれた人でした。耳はよかったし、楽曲の覚えも抜群でした……仕事がうまくいったときなどは、ブラームスの歌曲をよく二重唱しました」。それでも、2人の間に節度は保たれていた。何年もの間、一緒に食事をとることもなかった。リーゼがオットー・ハーンと一緒にしていた仕事に対して給料が支払われていなかった事実には驚きしかない。それでもリーゼは研究所にいた期間、生活を支えてもらうために夫を探したりはしていなかったようだ。その代わり、父が仕送りを続けてくれていた。それが、唯一の収入源だった。

一九一二年、ベルリンにカイザー・ヴィルヘルム化学研究所が設立された。オットーと、最終的にはリーゼも、新設されたこの研究所に職を得た。ベルリンに降り立ってから5年後、リーゼはマックス・プランクのもとでプロイセン初の女性研究助手となった。リーゼの胸は高鳴った。「素晴らしい人たちや、プランクのような一流の科学者の下で研究をする機会が与えられただけでなく、私にとっては科学者の道への入口でもありました。これで、科学研究へのパスポートを獲得したと、科学者から認めてもらえました。また、学術研究をする女性に向けられていた数々の偏見を取り除く、大きな後押しにもなりました」。リーゼはカイザー・ヴィルヘルム化学研究所で、生まれて初めての給料を受け取った。34歳になっていた。

第一次世界大戦が始まると、オットーをはじめドイツ人科学者の多くは徴兵された。リーゼは物理学の知識があったことから、X線装置を扱える看護師として志願した。時には24時間の交替勤務もあり、くたくたになるまで働いた。さらに、戦争のおぞましさも目の当たりにした。ただただ衝撃の日々だった。一九一五年十月、リーゼはオットーにこんな手紙を宛てている。「想像を絶する毎日を過ごしています。物理学のある生活、物理学の研究をしていた生活、これから先もう一度物理学に囲まれる生活、どれも手の届かないくらい遠いところにあるようです。そんなことはまるでなかったかのように、これからも起こらないかのように思われます」。だが、そうはならなかった。戦争が終わるとリーゼとオットーは、2つの放射性元素、アクチニウム（原子番号89）とウラン（原子番号92）をつなぐと思われる物質の研究に戻った。一九一八年、プロトアクチニウム（原子番号91）と名付けた元素を発見し、論文に発表した。アクチニウムがプロトアクチニウムの放射性崩壊産物であることを実験で確定した。

カイザー・ヴィルヘルム研究所の教授に

プロトアクチニウムの発見が認められて、40歳にさしかかっていたリーゼは、カイザー・ヴィルヘルム研究所の新しい物理学部門の部長に就任した。一九二二年八月七日、教授資格講演を行った。教授資格とは、ヨーロッパの国の多くで教授職に就くために課されていた資格である。講演のタイトルは「宇宙（cosmic）の成り立ちにおける放射能の重要性」だったのだが、誤って「化粧品（cosmetic）の製造」に関する議論と告知された。

一九二六年、47歳。若い頃はあんなに内気だった女性が、いまや、自分の考えをしっかり主張する教授になっていた。この頃のリーゼをおいのオットー・フリッシュは「ちびで、色黒で、偉そうにしている」とからかっている。一九二六年から三八年はリーゼの人生で最も成果が出て、最も幸せな時間だった。夢中になって物理学の研究を重ね、若さゆえの自信のなさがすっかり影をひそめ、情熱のままに突き進んでいった。オットー・ハーンとは独立して核物理学という新しい分野を開拓し、一九二一年から三四年の間に56報の論文を発表した。

20世紀の初頭は、原子の構造について理解が飛躍的に深まった時代だった。原子とはすべての元素の基本となる単位のことである。一九一一年にアーネスト・ラザフォードが、正の電荷をもつ粒子を、薄くのばした金箔にあてる実験を行った。ほとんどの粒子は金箔を通り抜けたが、なかには曲がったりそれたりする粒子もわずかながらあった。この結果から、アーネスト・ラザフォードは、金原子（したがってすべての元素の原子）の質量の大部分は中心部分である原子核に集中していて、原子核のまわりを電子が回っていると考えた。ニールス・ボーアらあとに続く物理学者が、ラザフォードの原子模型を改良し、原子核のまわりでは、軽い電子が複雑で不規則な雲のような軌道を描きながら回っているとするモデルを提出した。

一九一七年、アーネスト・ラザフォードは、原子核の中に正の電荷をもつ粒子を見つけ、一九二〇年にはその粒子に陽子と名前をつけた。それから10年が経とうとする頃、原子核に存在する陽子の数が原子の種類（元素）と周期表の位置を決めていることが（76ページ参照）わかってきた。周期表の最初の元素、水素の原子番号は1（原子核に陽子が1個）、次の元素、ヘリウムの原子番号は2（原子核に陽子が2個）と続く。

一九三〇年代に入った頃のリーゼは手を広げ、宇宙線（宇宙空間を飛び交う原子核）から放射能の性質まで、複雑な領域に切り込んでいた。いまや、ドイツでも第一線級の核科学者だった。実験器具も、財源も、研究員もそろっていて、どんな問題にも取り組めた。実際、新しい現象に気づくとすぐに首を突っ込むこともよくあった。

リーゼの研究室はいつもきちんと整頓されていた。きれいな実験室ほど信頼できる結果が出ることに、リーゼは若い頃から気づいていた。電話とドアノブの隣にはトイレットペーパーを用意し、いつもしっかり拭っていた。握手も禁じた。研究室を放射性元素による汚染から守ったことで、リーゼとオットー・ハーンはキュリー夫妻が被ったような放射能の影響を免れ、2人とも健康なまま長く生きた。

マリー・キュリーが放射性元素の研究を始めた頃、原子が分裂したり、変化したりすると考える科学者はいなかった。ある元素の原子が他の元素の原子に変わるなどあり得ない話だった。それが、放射能の発見により、原子は変化すること、その変化の過程で放射性原子はエネルギーを放出することが明らかにされた。一八九八年の放射能とラジウムの発見は現代物理学の扉を開いた。

重い放射性元素が軽い元素になる崩壊の仕方と、軽い元素に衝撃を与えるとそれよりも重い元素ができる仕組みついて、リーゼは一九三一年にまとめた総説で触れている。リーゼも同僚の研究者も、その頃は第三のプロセス、つまり重い原子核がちぎれて軽い原子核になり、膨大な量のエネルギーを放出する現象を予見していなかった。原子に関していろいろなことがわかってきたばかりで、原子のもつ力についてはあまり重きは置かれていなかった。アルバート・アインシュタインは「原子のエネルギーの解放には意味がない」と語り、アーネスト・ラザフォードは「原子の変化から力を得ようなどとは、ばかげた話だ」と言い切っている。

一九三二年、イギリスの物理学者ジェームズ・チャドウィックが中性子を発見した。すると、原子核に存在し、電気的に中性の粒子である中性子を確認する実験が、あちこちの研究室で始まった。まず、間違いなく存在すること、次に、中性子は陽子と電子の組み合わせではなく、基本的な粒子であることを確かめてから、どのように物体と相互作用するのかを明らかにする研究へと進んでいった。

研究者たちは、中性子を利用すると原子核の特性を調べられることにすぐに気づいた。重い原子核に中性子をぶつけると、ウラン（当時、周期表の中で最も重い元素だった）より重い元素ができるかもしれない。イギリスのアーネスト・ラザフォード、フランスのイレーヌ・キュリー（マリーの娘）、イタリアのエンリコ・フェルミ、そしてベルリンのオットー・ハーン／リーゼ・マイトナーが先を争って研究を進めた。誰もが、科学の真実を追い求めたい一心で研究にいそしんだ。その研究が何を導くことになるのかなど、ひとりとして思いを馳せることはなかった。

この後、すべての社会情勢が変わってしまった。一九三三年一月、国家社会主義労働者党、ナチス党の党首アドルフ・ヒトラーがドイツ帝国の首相に就任した。たちまち、民主主義は否定され、ドイツは独裁国家になった。同年四月、ナチスは、権力と影響力のある職からすべてのユダヤ人を追い出した。そのなかには研究職についていたリーゼのおいのオットー・フリッシュをはじめ優秀な人たちがたくさんいた。リーゼはユダヤ人の出自を否定していなかったので心許ない状況ではあったが、その後、5年間は何とか研究所に残ることができた。次第に勢いを増していくナチス政権と闘おうとする同僚はほとんどいなかった。リーゼが一九三三年以降もドイツに残ると決めたことについては、「現実的な観点からだけでなく、道義的にもよくなかったと思います。残念なことですが、それに気づいたのは、ドイツをあとにしてからのことでした」と一九四六年に本人が語っている。

リーゼは、いまやカイザー・ヴィルヘルム化学研究所の所長となっていたオットー・ハーンと研究を続けた。一九三四年一月、イレーヌ・キュリーとイレーヌの夫フレデリック・ジョリオが、軽い元素にアルファ粒子を衝突させると放射性同位体ができることを発見した。原子に含まれる陽子と電子の数は元素ごとに決まっている。ところが同じ元素でも中性子の数が異なる場合もあり、そのような元素を同位体という。同位体には放射能をもつものもある。

アルファ粒子が核反応を誘導することはわかっていたが、イタリアのエンリコ・フェルミは、電気的に中性の中性子のほうが反応を起こしやすいと考えていた。中性子は電荷をもたないので、標的の原子核を貫通する可能性は、正の電荷をもつ原子核からの強い斥力《せきりょく》を打ち消さなければならないアルファ粒子に比べてずっと高いはずだ。

フェルミの研究チームは、最も軽い元素である水素から順に、中性子を衝突させる実験を行った。放射能ができていることを最初に示した元素はフッ素（原子番号9）だった。そうして、一九三四年五月には周期表のウランまですべて調べ終えた。

さて、ここでフェルミは腑に落ちない結果に直面した。ウランに中性子を当てると、数種類の生成物ができたのだが、それらの化学的性質は、自然に崩壊した場合とは異なるようだった。ウラン（原子番号92）は天然に存在する放射性物質であり、半減期はとてつもなく長く、およそ45億年である。

フェルミたちは、原子番号86のラドンまでさかのぼって調べたが、周期表でウランの近くにある、どの元素にも生成物は似ていなかった。フェルミは、超ウラン元素をつくり出し、ウランよりも重い元素を初めて示したと主張した。物理学者は、自然界に存在しない新しい元素を生成しようと、先を競っていた。中性子がウランの原子核に取り込まれると、原子は電子を放出し、中性子が陽子になって、原子番号が93もしくはそれより大きい新しい元素ができると、みな考えていた。

リーゼは次のように書き残している。「非常におもしろい実験だと思ったので、その話を知ったときはただちに……問題を解決したくて、もう一度一緒に研究してはもらえないかと、しばらく共同研究を休んでいたオットーに声をかけました。フェルミの研究に、私はすっかりひきつけられました。と同時に、物理学だけでは先に進めないともはっきりわかっていました。結果を出すには、オットーのような優秀な化学者の力が必要でした」

リーゼとオットーに化学者フリッツ・シュトラスマンも加わり、ウランの他にもいくつかの元素に中性子を衝突させ、崩壊生成物を次々と調べていった。オットーは化学分析を慎重に進め、リーゼは物理学者として、原子核の中で起こっている現象を説明しようとした。

重い原子核に中性子を当てると中性子と陽子の数が少しだけ変化する、と大方の科学者が考えるなか、ドイツの化学者イーダ・ノダックだけは、フェルミの結果からは、ウランが割れてもっと軽い元素ができている可能性があると一九三四年九月に指摘していた。ところが、イーダはそれ以上の説明を控え、リーゼが関心をもつまでは、彼女の主張もいつしか忘れ去られていった。

研究人生のなかでも一、二を争うほどの、困難だけれどもやりがいのあるテーマにリーゼは没頭し、研究も重要なところにさしかかろうという、まさにそのとき、ドイツ国内でのリーゼの立場を無視できなくなってしまう政治的事態が生じた。一九三八年三月十二日、ヒトラーがオーストリアを併合し、ユダヤ系オーストリア人はもはや別扱いされなくなってしまった。危険が迫っていた。オーストリアは実質的にドイツの一部となり、リーゼはオーストリア人として享受していた保護をひと晩にして失った。

ドイツから出国

30年にわたって、最も近くで研究をともにしてきたオットー・ハーンは圧力に屈し、研究所から出ていってほしいとリーゼに告げた。このときの、たまらなく苦々しい気持ちをリーゼは日記に書き残している。「彼は、要するに、私を追い出した」。オットーは自分と自分の研究所を救うために、リーゼを「人身御供《ひとみごくう》」にした。

リーゼは職を解かれたというのに、ドイツからの出国は最高権力者の指示により認められなかった。ナチスはリーゼのような「ユダヤ人」は国外に出さずに拘束し、見せしめにしようと目論んでいた。コペンハーゲンのニールス・ボーアをはじめ国外の科学者からリーゼに講演依頼の手紙がいくつか届いた。表向きはドイツを離れる正当な理由を装い、実は亡命を手助けする試みだった。リーゼはひるまなかった。リーゼにとって、研究こそが人生そのものだった。リーゼはできるだけそのまま研究所に居続けようとしたが、いよいよ危険が現実のものとして迫ってくると、友人や研究者仲間が一刻も早くリーゼを出国させなければならないと奔走してくれた。

妹ローラの暮らすアメリカ合衆国が候補となった。しかし、リーゼにとってアメリカは遠すぎたし、気持ちのうえでもかけ離れていた。オーストリアが併合されたいま、オーストリアのパスポートは無効になっていたものの、オランダとスウェーデンは、このような事情には寛容だった。さらに、デンマークのボーア研究所は評判がよく、魅力的だった。一九三八年六月二十八日、コペンハーゲンのニールス・ボーアに近い研究者エーベ・ラスムッセンがストックホルムに空きポストがあるという知らせをもってベルリンを訪れた。一九二四年にX線分光学に関する研究でノーベル物理学賞を受賞したマンネ・シーグバーンの新しい研究所だった。

七月十二日、その日リーゼは朝早く研究所に出かけた。以後のあらましは、彼女の日記より。「怪しいと思われないように、ドイツで最後となる日は研究所で夜8時まで過ごした。若い同僚の投稿予定の論文に目を通し、それからきっかり1時間半で必要なものを少しだけ小さなスーツケース2個につめた」

旅の連れはディルク・コスター。リーゼを救い出すためにオランダから駆けつけてくれた研究者仲間だった。コスターはオランダで、ドイツから逃れてきた科学者を支援していた。そうしてリーゼはドイツに永遠の別れを告げた。財布には10マルクだけ入れて。国境警備隊員に袖の下を渡すようなことでもあればと、出発の前にオットー・ハーンがくれたものがあった。彼が母親から譲り受けたダイヤの指輪だった。使うような場面はついぞ訪れず、のちにリーゼのおいの妻ウッラ・フリッシュの指に誇らしげに納まることになる。

リーゼはオランダ当局から入国の許可は得ていたが、オーストリアの旧パスポートしかもっていなかったため、国境警備隊員が列車に乗り込みパスポートを調べに来た瞬間は緊張が走った。そのときの様子をこう思い返している。「とても恐かったです。心臓が止まるかと思いました。ナチスがユダヤ人狩りを表明したばかりで、実際に狩りが始まっていました。私は座ったまま10分間待ちました。その10分が何時間にも感じられました。戻ってきたナチスの役人は、何も言わずにパスポートを返してくれました」

その数分後、リーゼはオランダ国境を無事に越えた。一方、ベルリンのオットー・ハーンは、暗号で書かれた電報を受け取った。赤ちゃん　到着。間一髪だった。熱心なナチス党員の化学者クルト・ヘスが、リーゼが逃げる寸前だと当局に通報していた。

一九三八年の夏、リーゼはオランダからスウェーデンに向かい、マンネ・シーグバーンのノーベル実験物理学研究所で研究を始めた。60歳になろうとしていたリーゼはゼロからやり直した。思い描いていたような、大団円ではなかった。マンネ・シーグバーンは女性科学者に対して偏見を抱いていた。つまりリーゼは歓迎されていなかった。実験室はもらえたものの、装置もなければ技術支援もなし。鍵すら渡されなかった。それでもリーゼはオットーと連絡を取り続け、共同研究について相談をした。リーゼのドイツからの脱出は、回り回ってヒトラーの敷いた政権に大きな打撃を与えることになる。

オットー・ハーンとフリッツ・シュトラスマンは、引き続き中性子をぶつける実験を行い、生成物の化学分析をしていた。リーゼがベルリンを脱出する前に3人で進めていた実験だ。ただ、リーゼからの助言を仰げないまま、目の前の現象を理解しかねていた。一九三八年十一月、リーゼはコペンハーゲンでオットーと秘密裏に会い、不可解な結果について議論を交わした。

ウラン原子（原子番号92）の原子核に中性子を1個ぶつけると、崩壊生成物の中にバリウム（原子番号56）の同位体のようなものができていた。低速の小さな中性子が、決してもろくはない原子を不安定にして砕いた現象は驚きだった。原子を原子番号の小さなものに分解し、化学的挙動を変えるなどとは、まるでダビデが投石器から石を放って巨人兵士《ゴリアテ》を倒すような空想の話じみていた。

当時は、原子核が放射線を放出しながら別の元素の原子核に変わる核変換は少しずつしか起こらないと考えられていた。それに、放射性崩壊が起こったとすれば、質量のあまり違わない別の元素に変わるはずだ。ところが、バリウムはウランの質量の半分を少し超えるくらいである。どうなっているのだろうか。物理学者リーゼの意見を聞けないまま、ベルリンの２人の化学者の考えは正しい筋からそれていった。彼らは、原子核に含まれる陽子と中性子の数の合計である、原子の質量に注目し、陽子の数である原子番号には考えが及ばなかった。

オットーはストックホルムのリーゼに手紙を書いた。「あなたなら、みごとな説明をしてくれると思います。ウランが壊れてバリウムになるなどとは、ありえないことです。こちらでは、他の可能性を探ってみることにします」。リーゼは、オットーの知らせてきた結果を信じられなかったので、もう一度実験を繰り返すよう提案した。フリッツ・シュトラスマンはのちにこう語っている。「ベルリンにいた私たちはリーゼ・マイトナーからもらう意見を重く見ていたので、必要な対照実験をただちに行いました」

核分裂を発見

一九三八年のクリスマス休暇、リーゼのもとをおいのオットー・フリッシュが訪れた。彼も同じくドイツから逃げ出し、その頃はコペンハーゲンのニールス・ボーア研究所で研究をしていた。リーゼとオットーは散歩に出かけた。スキーをはいたオットーの横をリーゼは歩きながら考えを深めていった。おいによると、ちょうどいい場所を見つけ、ひと休みすることにしたそうだ。木の根元に座って、オッ

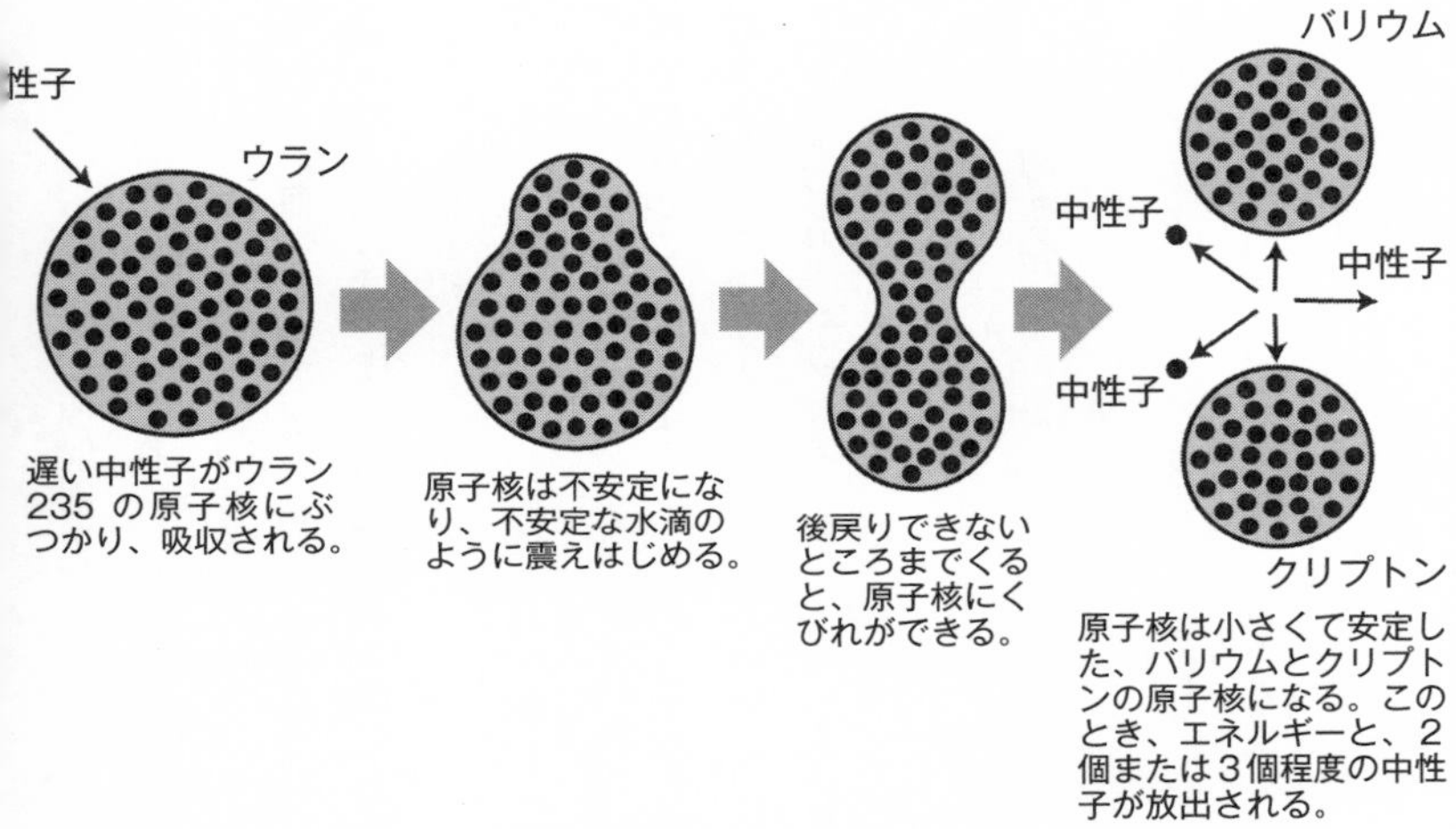
性子
ウラン
遅い中性子がウラン235 の原子核にぶつかり、吸収される。
原子核は不安定になり、不安定な水滴のように震えはじめる。
後戻りできないところまでくると、原子核にくびれができる。
バリウム
中性子
中性子
中性子
クリプトン
原子核は小さくて安定した、バリウムとクリプトンの原子核になる。このとき、エネルギーと、2個または3個程度の中性子が放出される。

2つに分かれるウラン原子

トー・ハーンの出した奇妙な結果についてあれこれ話をしながら、リーゼは紙を取り出して計算をはじめた。そうして、オットー・ハーンの実験で何が起こっていたのかを、公式を使って導き出した。

　このとき、リーゼは原子核を水滴のようなものとしてとらえていた。先にロシアの物理学者ジョージ・ガモフが提出し、ニールス・ボーアが発展させた原子核の液滴モデルである。ウランの原子核を、ぶるぶる震える不安定な水滴と考えると、中性子の衝撃のようなわずかな刺激でも2つに分かれることが可能になる。オットー・フリッシュは、中性子の衝撃が水滴状のウランの原子核を引き伸ばす様子を上のような図で示している。水滴の中ほどがくびれ、最後は2つに分かれていく。生物の細胞が分裂して2つに分かれる様子に似ていることから、原子が分かれる現象も分裂と呼ぶようになった。

　リーゼは通説にとらわれることなく、オットー・ハーンの見逃した点に気づいて、ウランの原子核は実は2つに分かれたと考えた。余分な中性子を取り込んだ水滴、すなわち原子核は2つに分かれる。これは、膨大な量の核エネルギーを放出する可能性も示している。新たにできた2つの原子は異なる2種類の元素であるとする、きわめて斬新な説だった。元素の組み合わせは、バリウム（陽子数56）とクリプトン（陽子数36）のように陽子数の合計が92となるような、中くらいの重さの原子がいくつか想定される。こう考えると、研究チームによって異なる結果が出されてきたことにも説明がつく。

核分裂の結果できる原子核は元の元素とは異なる。したがって、核分裂は核変換の一種である。ウランの原子核はバリウムとクリプトンに分かれ、分裂の際には中性子を数個放出する。2個の水滴が離れるとき、たがいに電気斥力によって引き離され、２００メガ電子ボルトもの膨大な量のエネルギーをもつことになる。では、これほどのエネルギーはどこから来るのだろうか。

ここで間のよいことに、原子核の質量を計算する方法をリーゼが思い出し、分裂によってできた2つの原子核の質量の合計は、ウランの原子核の質量より小さくなることに気づいた。アルバート・アインシュタインのあの有名な公式$E=mc^2$から、軽くなった分の質量はエネルギーに変わったことが導かれる。この瞬間を、オットー・フリッシュは「これが、エネルギーの源。すべて解決！」と記している。

実験で結果を出したのはオットー・ハーンだったが、その意味を読み解いたのはリーゼだった。核分裂の証明には、オットーとフリッツ・シュトラスマンによる化学の知見と、同時にリーゼの考察が必要だった。原子核にこのようなことが起こるとは、そのときまで誰も思いもしなかった。頭をよぎることもなく、結果を前に3人とも戸惑い、3人いっしょに暗闇の中にいたはずなのに、リーゼの果たした役割は、この話の一部始終から外されてしまった。

オットー・ハーンは極秘のうちにリーゼと議論を重ねた。オットーは「非アーリア人」との接触を禁じられていたからだ。そうしてオットーは、リーゼの展開した画期的な考察を奪って先へ進み、一九三九年一月に論文を発表した。リーゼの名前をはずし、化学的な反応にのみ着目した内容だった。一方、リーゼとオットー・フリッシュはウラン原子が割れてできる2つの分裂片を検知する実験を行ってから、自分たちの論文をまとめた。一九三九年二月、『ネイチャー』に掲載された2報の論文で、核分裂という新しい言葉を提唱し、この現象の裏にある物理学を説明した。

オットー・ハーンが、ナチス当局の怒りを買いたくないと思っていたことはまず間違いない。だが、それよりも彼には個人的な嫉妬が大きかったのだろう。ともかく、リーゼはオットー・ハーンの不当な仕打ちに、裏切られた思いしかなかった。弟ヴォルターにこんな手紙を書いている。「私は自信がありません……ハーンは、私たちが一緒に行った研究をもとに、このうえなく素晴らしい論文を発表しました……私個人としても、科学者としてもハーンのためにいっしょに喜びたいところですが、こちらでは、皆、私は何の貢献もしていないと考えているに違いありません。それを思うと、気が滅入ってしまいます」。リーゼは予想だにしなかったが、戦争が終わって長い時間が経ってからもなおオットー・ハーンは、当時の説明の段になると必ずリーゼを外した。リーゼは、晩年まで声高に語ることはなかったが裏切られたとの思いは抱き続けていた。

核分裂を発見した頃のリーゼは、いまだ異国の地になじめず、男性優位の職種にあっては部外者で、住まいは狭苦しく、生活はかつかつだった。そのうえ、ベルリンでの30年分の研究がオットー・ハーンによって無に帰されたと知り、すっかり力を落としていた。その後、20年間、リーゼはスウェーデンに居続けることになるのだが、ヨーロッパ物理学の中心だった本来いるべき場所から追い出され、やむなく亡命に走ったあのときを境に、まったく同じ所には戻れなくなっていた。

兵器開発に利用される

イギリスとアメリカの科学者は核分裂の発見を耳にし興味を示した。とはいえ、この頃は兵器としての利用など微塵も頭になく、新しい知見が得られるたびに皆、包み隠すことなく発表していた。ハンガリーの３人の物理学者だけは、ドイツが核兵器の開発に積極的に取り組んでいることに、一九三九年から四〇年の冬に気づいていた。彼らは、ドイツよりも先に原子爆弾の製造計画に着手するよう進言する手紙をアメリカ大統領フランクリン・ルーズベルトに送ろうと画策し、権威づけのためにアインシュタインに署名を依頼した。アインシュタインの署名入りの手紙をルーズベルトが相手にしないわけはなく、それを機に一九四二年のマンハッタン計画の開始へと進んでいく。一九四〇年が終わる頃には秘密のベールがかけられ、アメリカの科学系学術雑誌に核分裂研究に関する話題はいっさい掲載されなくなった。

戦争が激しくなるなか、リーゼはマンネ・シーグバーンの研究所で、孤立してやりきれない気持ちを抱えながら研究を続けた。ドイツとオーストリアにいる友人たちの安否を気遣うあまり、自分の健康状態も悪化し、体重は41キロを切っていた。一九四二年、ロスアラモスでマンハッタン計画に参加しないかと、イギリスの科学者グループから声をかけられた。だが辞退した。核分裂の軍事利用に強い嫌悪を覚えていたのだ。おいのフリッシュに「爆弾と関わるつもりはいっさいない！」と打ち明けている。

核分裂の発見から7年後の一九四五年八月六日、広島市の上空で、核分裂反応が引き起こされた爆弾「リトルボーイ」が投下された。「リトルボーイ」は広島市の90パーセント以上を破壊し、投下直後には8万人の命を奪った。その後、放射線被曝により10万人を超える人が命を落としている。広島と長崎への原爆投下が第二次世界大戦を終わらせたと見る向きもあるが、多くの歴史学者は、冷戦の火ぶたを切ったとも考えている。

あのとき、自分が一気に理解を深めたことで核の時代が始まりを告げたと知り、リーゼは動揺した。原爆のニュースを聞いたときには大きな衝撃を受け、その後、数日は記者たちを避けて、どうみても間違いと思われる記事だけ正して過ごそうとした。原爆については詳しくは語らなかった。というのも、おもには、リーゼは何も知らなかったからだ。地元の農家の女性と「原子核分裂について語り合う」リーゼの写真を載せた記事もあった。世界中の人たちと同じく、リーゼも原爆投下を、人類にとって憂慮すべき転換点と受け止めていた。数年後、リーゼは、「素晴らしい科学の発見がおぞましく邪悪なものにされてしまう恐れに苛まれることなどなく、自分の研究を愛することができた」時代が終わったことを憂えている。

リーゼの関心は核エネルギーの放出のコントロールに向いた。一度に放出させると想像を絶する爆発を引き起こす一方で、エネルギーを少しずつ放出させる方法がわかれば、無尽蔵に近いエネルギー源となるはずだ。リーゼは核反応の研究を続け、スウェーデン初の原子炉の開発に大きく貢献した。

戦時中ドイツに残り、ヒトラーのもとで研究を続けたかつての同僚たちが、戦後になって関係を戻したいと言ってきた。リーゼは一九三三年から三八年の間、ドイツに居続けた自分の道義的な落ち度を自覚しつつも、オットー・ハーンを厳しく批判した。彼に送った手紙より。「あなた方は皆、ナチス・ドイツのために研究を進めました。ささやかな抵抗すらしようとしませんでした。良心のあるところを見せようと、迫害された人をひとりぐらい助けたことはあったかもしれませんが、何百万という何の罪もない人たちが、声を上げて抵抗することすらできずに殺されていきました……」

ノーベル賞はオットー・ハーンだけに

オットー・ハーンが自分の地位を案じていたことは、歴然としていた。少しずつリーゼから離れ、あげくはリーゼの功績を認めず、自分の利になることだけを守った。このようなオットー・ハーンの態度が、関係者の記憶からリーゼを拭い去るのに力を貸したのだろう。リーゼは何度もノーベル賞に推薦された。しかし、科学の世界でも亡命者のような立場のままで、ついぞ受賞することはなかった。核分裂発見の数週間後、オットー・ハーンはノーベル化学賞に単独で推薦された。彼は論文の中で物理学と化学の果たした役割をきっちり分けていた。ノーベル賞のほうでも物理学賞と化学賞は、それぞれの委員会によって選考が進められる。一九九〇年代に入り、当時のノーベル賞委員会の審議に関する資料が開示された。これらの資料から、当時の組織は学際的な研究を適切に評価するような構造ではなく、一九四四年のノーベル化学賞受賞からリーゼが除外された背景には、異なる専門分野に対する偏見、政治的な力、理解不足、早急な決定などが絡み合っていたことが裏付けられる。

オットー・ハーンは「核分裂の発見は化学の発見である」と大きな声で繰り返していた。リーゼが過小評価されるのも当然の成り行きだった。オットー・ハーンはリーゼが積み上げてきた研究を、ことごとくなかったものにした。恐れる気持ちがもたらした自己欺瞞《ぎまん》だった。

ときが経ち、リーゼの果たした役割が認められた。もっとも、かならずしも本人が望んでいたような方向ではなかったと思われる。一九四六年にリーゼはアメリカを訪問した。「原子爆弾を財布に入れてドイツをあとにした」人物として、アメリカの報道関係者から一躍脚光を浴びた。アメリカには6カ月滞在し、妹家族を訪ねたり、ワシントンの研究者に出会ったりしてからドイツに向かった。マンネ・シーグバーンの研究所を去り、アメリカを訪れたことで、この数十年の間ずっと覚えていた孤独感をいくらか振り払うことができた。

一九四七年には、ウィーン市自然科学賞を受賞した。この受賞を皮切りに、その後、数年にわたって、いくつもの賞を受け、一九六六年、原子力委員会（当時）のエンリコ・フェルミ賞に至る。フェルミ賞は、核分裂の発見に「独自に、かつ協力して貢献した」業績に対して、オットー・ハーン、フリッツ・シュトラスマンとの共同受賞だった。リーゼはフェルミ賞を受賞した最初の非アメリカ人であり、最初の女性だった。国際的な科学者共同体が核分裂に対するリーゼの研究をついに認めたことをはっきり示していた。

アインシュタインとは違い、リーゼは戦後、踏ん切りをつけ、いつの日かドイツを訪れることは間違っていないと考えていた。ただし、招待を受けた名誉ある賓客に徹し、それ以上の感情は抱かなかった。一九四七年、スウェーデン王立工科大学に迎えられ、ようやく自分の実験装置の備わった研究室と助手と安定した給金を手に入れることができた。ここでは、一九五四年にスウェーデンで初めて稼働することになる原子炉の研究に取り組んだ。一九四九年にスウェーデンの市民権を獲得してからは、一九五三年、75歳で引退するまであちこちへ旅をし、研究交流を深めたり、家族を訪ねたりした。ドイツを、自分の帰る場所と思うことは二度となかった。戦後、いくつも賞を受賞したにもかかわらず、ドイツでは核分裂の発見にリーゼはいっさい関係していなかったとする歴史がつくられていた。一九五〇年代半ば、リーゼがかつて25年間働いた場所に新しい建物が建てられた。そこに刻まれていたのはオットー・ハーンの名前だけだった。

リーゼは自分について短い言葉をいくつか残しているが、自分のためにあえて行動は起こさなかった。自伝も書いていない。存命中は伝記が書かれることも認めなかった。研究人生を歩み始めた頃におかれていた不安定で孤独に耐えていた状況を深いところで引きずっていたが、教育や受け入れを巡る苦労についてもほとんど口にしなかった。自分の人生の本質は、自分の書いた論文から探り出してほしいというのが望みだった。

第二次世界大戦中にドイツが原子爆弾を開発しなかったのは、なぜか。歴史学者の間でも、いまだに結論に至っていない。マックス・プランク研究所（かつてのカイザー・ヴィルヘルム研究所）には原子爆弾を研究している科学者もいたが、ベルリンのような大都市では爆撃が激しくなり研究の続行はきわめて難しく、最後はほぼ不可能となっていた。ドイツの物理学者がリーゼの物理学研究を完全に理解していなかった可能性もある。あるいは、ナチス当局を説得しきれず十分な資金を得られなかったのかもしれない。それでもドイツの科学者は、自分たちはイギリスやアメリカの科学者よりもはるかに詳しいと思い込んでいた。一九四五年八月、広島への原子爆弾投下の知らせを聞いても容易には信じなかった。その証拠に、ドイツの理論物理学者ヴェルナー・ハイゼンベルクなどはデマだと決めつけた。だが、ドイツ側で開発計画に携わっていた面々が詳細を知るに至り、アメリカが、自分たちが決して試みなかった、あるいは不可能だとした規模で成功させた事実を認めざるをえなかった。

リーゼは、どのような役回りであれアメリカのマンハッタン計画への参加は断ってきた。したがって、戦後、アメリカで「原爆を生んだユダヤ人母」ともてはやされることに戸惑いを覚えた。どこをとっても間違いばかりだった。ナチスがなんと言おうと、そもそも自分をユダヤ教徒だと思ったことは一度もなかった。核兵器はリーゼとオットー・ハーンの遺産とされたが、今日の核兵器の大部分は核分裂ではなく、もっと破壊力の大きな核融合を利用している。冷戦の間に開発された熱核兵器すなわち水素爆弾である。現在、世界中で保有されている核兵器をすべて集めると、地球上のあらゆる生命を跡形もなく、しかも何度も全滅させることができるほどの威力がある。

リーゼは研究を通して物理学者に影響を及ぼす一方、核兵器の不拡散や核軍縮問題に関心のある人たちにも刺激を与えた。核兵器の開発は常軌を逸した行為であり、その技術は医療やエネルギー生産の分野で応用されてこそ世の中のためになる、とリーゼは考えていた。リーゼの核物理学研究は、基礎的な科学研究が社会的にも政治的にもとてつもない結果をもたらした典型的な事例である。

リーゼは、自分の行ってきた科学によって自分に関心が向くとは思っていなかったし、望んでもいなかった。彼女が追いかけていたのは、科学の真理ただそれだけであり、国際的な功績をあげることでも賞を取ることでもなかった。自分の研究やその研究の重要性が次第に認められていくことになるとは想像もしていなかっただろう。一九八二年に発見された超重元素のひとつ、周期表（76ページ参照）で109番目の元素には、リーゼにちなんでマイトネリウム（Mt）と名前がつけられた。

　リーゼは、いかなるときもずばりとものをいう、強い性格の持ち主だった。核分裂の応用についてもしかり、戦時中の科学者の態度についてもしかり。リーゼは、第三帝国の恐怖を容認してしまったことを久しく前に認めていたが、ドイツの物理学者たちは罪の意識を感じるまでに長い年月を要した。一九五八年、リーゼの80歳の誕生日に寄せてマックス・フォン・ラウエは次のような手紙をしたためた。「正義に反する事態が進行していたことを私たちは皆知っていましたが、目を向けようとせず、自らを欺きました。一九三三年になると、本来ならば即刻破るべきだった旗に従ってしまいました。そうしなかったのですから、私は今、責任を負わなければなりません」。彼はリーゼが、あのような時代にあっても丁寧に指導してくれたことに感謝を述べている。ハーンとは、2人の間にあれほどのことがあったにもかかわらずたがいに連絡をとり続け、穏やかな関係を続けた。リーゼはハーンを責めなかった。

　一九六〇年、リーゼは引退し、イギリスのケンブリッジに住まいを移した。一緒に研究に打ち込んだおいであり、いまやトリニティーカレッジで教授職とフェローを務めるオットー・フリッシュの近くで暮らすことにした。一九六八年十月二十七日、リーゼは安らかに最期の眠りについた。90歳の誕生日を迎える数日前、オットー・ハーンの旅立ちから数カ月後のことだった。遺体は、一九六四年に亡くなった最愛の弟ヴォルターの墓の近くに埋葬された。ハンプシャー州にあるその墓石にはオットー・フリッシュが選んだ銘が刻まれている。

「人間愛を失わなかった物理学者」

第9章　エルシー・ウィドウソン

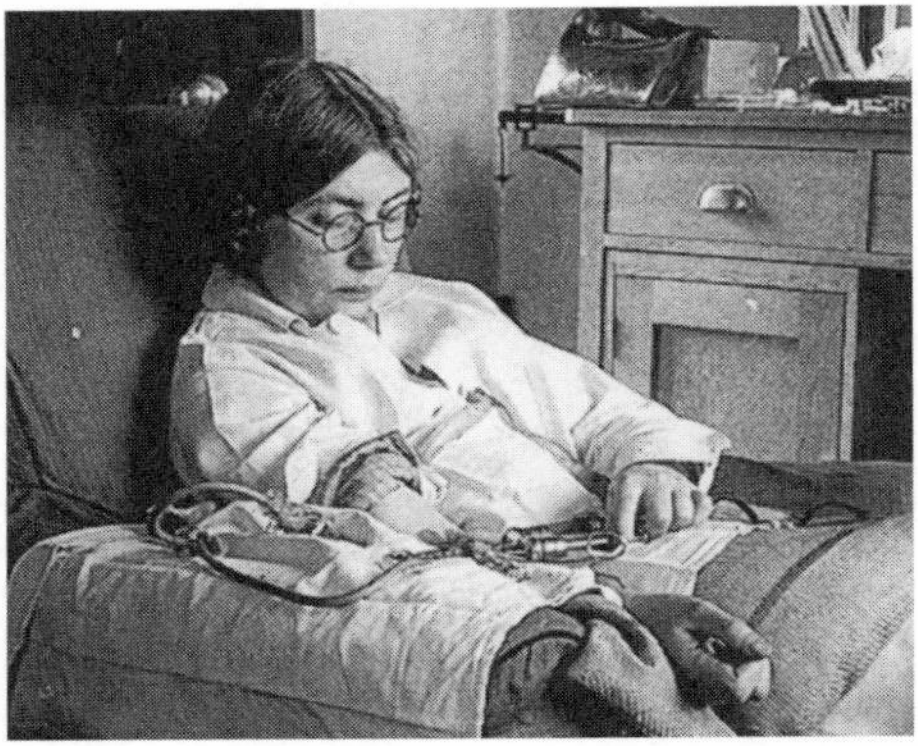

Elsie Widdowson（1906～2000）
エルシー・ウィドウソンは栄養学や食品成分表を開拓した化学者で栄養学者。第二次世界大戦中には、配給食の開発に携わった。自分の身体を実験台にして塩類などの消化吸収を分析したこともあった。

20世紀イギリスの栄養学の第一人者エルシー・ウィドウソン。栄養の科学の先駆けであり、自身も含め人の体を使って数々の実験をした。ロバート・マッカンスといっしょに研究を進め、第二次世界大戦中は配給食の開発に携わった。この配給食はイギリス国民が口にした食事のなかで現在でも最も健康的な食事とされている。食の栄養強化に科学を携えて切り込んだ2人は「現代のパンの生みの親」と呼ばれる。ロバート・マッカンスとエルシー・ウィドウソンの共著『食品の無機質含量表』[1]は栄養学の分野で今なお大きな影響を与えている。根拠に基づいて栄養研究に臨む姿勢は、一九三〇年代以降の栄養指導のあり方を導いた。

無駄がなく徹底して、それでいて温かく相手を思いやるエルシーの人となりにも助けられて、ロバートとの共同研究は60年も続いた。2人は、食べ物の化学組成と健康状態とを結びつけ、妊娠中の母親と新生児の食事が子どものその後の健康に長期にわたって影響を及ぼすことを指摘した。近年、「健康と病気の発生学的起源」という新しい説が提唱され、エルシーとロバートの研究に研究者や医師の関心が再び集まっている。

エルシー・ウィドウソンは一九〇六年十月二十一日、ロンドンの南東部にて、トーマスとローズ・ウィドウソン夫妻のもとに生まれた。父は食糧雑貨店の店員で、6歳違いの妹エバがいた。両親はどちらも学問畑の人ではなかったけれども、勉学に取り組む娘を支え、姉妹はそれぞれの選んだ分野で第一人者となった。

エルシーは毎日、学校まで自転車で通った。シデナム女子グラマースクールの第6学年〔訳注：中等教育の最終学年。日本の高校3年に相当〕で動物学に興味をもち、自分で大学学部レベルの勉強を始めた。化学の教師はエルシーの能力を認め、大学では化学専攻を勧めた。シデナム女子グラマースクールでは生徒をロンドン大学の女子カレッジに進学させていた。生徒の多くはベドフォードカレッジに進んだが、1学年上には違う進路を選ぶ人たちがいたことに刺激され、エルシーはインペリアルカレッジを選んだ。エルシーに言わせると、これはただごとではない決断だった。「私たちの学年は学生100人のうち女子は3人。男子一色の世界でした」

女子学生が増え始めていたインペリアルカレッジでは、一九二四年に女子学生のための環境改善に学長が乗り出した。インペリアルカレッジ女子学生会の会員の多くは教授の妻だったが、会長は学生から「女王蜂」とよばれていた化学者マーサ・ホワイトリーだった。学長はマーサにも助言してもらい休憩室の模様替えをして、最終的には一九三〇年、男女ともに新しい休憩室が設置された。女子にふさわしい環境にしつらえるべく、「ほどよい花瓶と小さな彫像」が置かれ、女子向けの読み物、『ヴォーグ』、『シアター・ワールド』、『サタデー・イブニング・ポスト』がそろえられていた。

エルシーはここで2年間学んでから理学士の試験を受け、当時の決まりでさらに1年間研究をしてから化学の学士を取得した。妹も学問の道を歩み始めていた。エバは奨学資金を得てキングスカレッジで数学を学び、量子力学で修士号を取り、一九三八年にロンドン大学で核物理学を修めて博士号を取得した。シェフィールド大学で物理学を教えたのち、量子力学からハチの研究へと唐突に方向転換し、世界でも指折りの養蜂研究者となった。エバがそもそもハチに関心を寄せるようになったのは、夫ジェームズ・クレーンとの結婚のお祝いにもらったミツバチの巣箱に始まる。戦時の砂糖の配給の足しになればとの心遣いからの贈り物だったが、これがのちに姉の研究とつながるのはなんともおもしろい。

エルシーは、サミー・シュリーヴェルス教授の、こぢんまりとした生化学研究室でインペリアルカレッジ最後の年を過ごした。植物や動物からアミノ酸（タンパク質の構成成分）を分離したのだが、時代はまだクロマトグラフィー（溶液中の成分を移動速度の違いに基づいて抽出する技術）が普及する前で、ビーカーではなくバケツを使って膨大な量の出発材料から抽出をした。

一九二八年に学士号を取得し仕事を探していたところ、インペリアルカレッジの植物生理学科でリンゴの化学と生理学を研究していたヘレン・ポーター（旧姓アーチボールド）から声をかけられ、食と栄養の世界に足を踏み入れた。エルシーは1週間おきに列車に乗って、「英国の菜園」と言われたケント州の果樹園まで出向き、指定された樹からリンゴを収穫してきた。研究室に戻ると、熟成期から貯蔵まで、各生育段階のリンゴに含まれる糖（単純な炭水化物）を単離し、測定する方法を研究した。

博士論文を指導してくれることになったヘレン・アーチボールドのおかげで、エルシーに研究人生の道が見えてきた。ヘレンから教えてもらったことはいくつもあるが、彼女はとくに、自分の行った研究を伝えることの重要性を強調していた。ヘレンに背中を押され、エルシーは新たに得た知見を『バイオケミカル・ジャーナル』誌に発表し、この研究を元にして博士論文をまとめた。

一九三一年、リンゴの研究を終え博士号を取得したエルシーは、研究対象を植物から動物と人間に移し、ロンドンのサセックス病院コートルード研究所で、腎臓の代謝に関する重要な論文を発表していたエドワード・ドッズ教授についてヒトの生化学を1年間学んだ。一九三三年、27歳になっていたエルシーは研究職を探し始めたが、簡単には見つからなかった。「私は栄養士になるつもりはありませんでした」。けれども、一九三〇年代のはじめ、駆け出しの身で研究職にはなかなかありつけませんでした」。この新栄養の科学を実際に応用する栄養学は、科学者や医療関係者の関心を集め始めたばかりだった。この新しい分野に可能性を見込んでいたドッズ教授に勧められ、エルシーはキングスカレッジの家庭・社会科学科の栄養学で最初のポストグラデュエート・ディプロマ課程〔訳注：学士取得後、専攻変更などにより修士課程に直接進めない場合に履修する課程〕に籍を置くことにした。

ロバート・マッカンスと出会う

ディプロマ課程が始まるまで、キングスカレッジ病院の調理室で働き、大人数のまかないを実際に体験した。この調理室でエルシーはロバート・マッカンス博士と出会う。大きな肉片を切り分けながら肉の成分を調べていたロバートは、もとは生化学を学び、一九二九年に医師の資格を取って糖尿病患者の治療に取り組んでいた。その8年前にインスリンが発見され、糖尿病の治療でインスリンを使って糖濃度を管理するには、果物や野菜など食品中の炭水化物、すなわち糖質含量を詳しく知らなければならないことがわかっていた。

世間話を交わすうちに、ロバートも食品に含まれる糖に関心をもっていることを知った。ロバートに誘われて彼の研究室に行き、それまでに得ていたたがいの知見を交換した。ロバートのデータを見たエルシーは、果物に含まれる炭水化物の数値が低すぎると恐る恐る切り出し、果糖が酸加水分解されている可能性を指摘した。ロバートは気を悪くするどころか感心して、エルシーのために医学研究審議会に助成金を申請することにした。以後、2人は一緒に研究を続け、果物、野菜、ナッツ、肉、魚など加工していない食品の成分や、調理後に生じる変化を詳しく調べた。

ロバート・マッカンスとの研究に乗りだし、ディプロマ課程で学ぶうちに、エルシーは栄養学がおもしろくなっていった。こうして60年に及ぶ共同研究が始まった。2人の取り組んだ問題は幅広く、食品の成分、無機物の代謝、戦時中の食事、栄養強化したパン、体組成、成長期における食事の重要性など、挙げればきりがない。

一九三四年、栄養学のディプロマ課程の一環として、聖バーソロミュー病院の治療食調理室に出向き、マージェリー・エイブラハムズのもとで仕事をした。栄養学が一歩先んじていたアメリカで教育を受けてきたマージェリーはエルシーの同僚となり、よい友人にもなって数年後の一九三七年には2人で『現代食事療法』を著した。

聖バーソロミュー病院での実習は当初6カ月の予定だったが、6週間で切り上げた。それだけあれば、イギリス独自の食品成分に関するデータが必要だと気づくのに十分だった。病院ではアメリカの食品成分表を使って患者の既定食を計算していた。アメリカの食品成分表は生の食材だけを対象にし、しかも炭水化物の含量は水、タンパク質、脂質を差し引いた残りとされていた。食事に含まれる糖質の量を何より厳密に求めなければならない糖尿病患者にとっては、およそ正確とはいえない数値だった。

ここから、イギリスの食品成分を対象にした、実際の食生活に即した表を完成させるための、長くて緻密な作業が始まった。エルシーとロバートが繰り返した詳細な分析は何万回にも及んだ。分析に使える技術は現在とは違う。大量の試料を用意しなければならない時代だった。6年後の一九四〇年、1万5千ものデータを掲載した『マッカンスとウィドウソンの食品の無機質含量表』が出版された。生鮮食品と加工食品を対象にした初めての包括的な栄養成分分析だった。以後、何度も版を重ね情報が更新されている。イギリスでよく食べられる食品も、あまりなじみのない食品も広範囲にわたって扱った、現在も信頼のおける栄養成分分析である。

食品の成分分析を続ける一方で、エルシーは別の研究課題にも次々と取り組んだ。科学としての栄養学は始まったばかりで、新しい知見がどんどん出てきた。一九三四年から三七年の間、エルシーとロバートは塩類の欠乏が体に及ぼす影響を調べた。糖尿病、なかでも糖尿病性昏睡の患者は代謝に問題を多く抱えていて、尿中の塩化物が少ないことにロバートは気づいていた。塩化物とは電解質であり、血液や体液にのって電荷を運ぶ無機物である。負の電荷をもち、カリウム、ナトリウムといった電解質と作用して、体の水分量や血液の酸度（pH）、筋肉の働きをはじめとする重要な機能を調節する。食塩として体に取り込まれた塩化物は消化を経て吸収され、余分なものは尿と一緒に排出される。

ロバートは健康なボランティアを募って、塩類の欠乏状態を再現させてみた。みごとというほかない実験だった。食塩抜きの食事をとったあと、熱風浴の中で2時間横になり大量に汗をかかせる。若いボランティアたちになんとか頼み込んで、これを毎日、2週間続けてもらった。体重の減少を測って水分の損失を求め、蒸留水を体にかけて汗を集めて分析していき塩類が欠乏したところで、腎臓の機能も含む、種々の生理学的検査を行った。この塩類欠乏実験のおかげで体液の理解がかなり進み、糖尿病性昏睡、心臓障害、腎臓病の患者に対しては化学物質の正常な数値の維持に注意が払われるようになった。

エルシーとロバートはいつもひたむきに研究に取り組んだ。自分たちの体を使った実験も厭わなかった。「私たちは、自分たちであらかじめ同じ実験をしない限り、被験者に痛みや苦しみや危険を伴う実験をしてはならないと考えていました」と、のちにエルシーは語っている。人体に備わっている耐久力や制御機構に対してかなり過酷な課題を課した初期の頃の栄養成分分析実験には、エルシーとロバート、そして２人に負けぬ熱意で参加したボランティアの並々ならぬ姿勢がうかがえる。

２人は、人体が無機物を吸収、排泄する仕組みに焦点を当てた実験をいくつも行っている。一九三〇年代の初め、ロバートはキングスカレッジ病院で入院患者を担当していた。そのなかの、赤血球の数が異常に増える赤血球増加症の患者がのちの研究につながっていく。この患者にアセチルフェニルヒドラジンを投与したところ、赤血球は壊れたものの遊離した鉄は排泄されなかった。驚いたロバートが同僚と自分にも鉄を注射してみると同じ結果が得られた。当時、鉄の濃度は吸収ではなく、排泄によって調節されていると考えられていたのだが、その解釈がみごとに覆った。

この実験を元に鉄の代謝に関する論文をまとめ『ランセット』誌で発表したロバートに、一九三八年、ケンブリッジ大学医学部から上級講師職の声がかかった。医学研究審議会の助成もついていた。ロバートは、エルシーも一緒に採用できるならばと条件をつけて承諾した。かくして、２人は共同研究を続け、成果を上げていくことになる。自らの体で繰り返した実験にまつわる逸話のなかでもきわめつけの出来事は、最初の年に起こった。ロバートに言わせると「ささいな事故」なのだそうだが。

ストロンチウムを使った実験をしたときのこと。ストロンチウムとは銀色の金属で、非放射性元素として自然界に存在し、人体にもほんのわずか含まれている微量元素である。人体ではストロンチウムの約99パーセントは骨に集中している。ストロンチウムは１００年にわたって薬としても使われ、現在は骨粗しょう症の治療に、また放射性ストロンチウムは前立腺がんや進行した骨がんの治療に効力を発揮する。知覚過敏の傷みを減らすために塩化ストロンチウム六水和物を添加した歯みがき剤もある。

２人は、安全で有効な治療薬として用いられている微量元素ストロンチウムの吸収と排泄に関する研究に取りかかっていた。エルシーが立てた実験計画に従って、毎日、交替で乳酸ストロンチウムをたがいの静脈に注射し、尿と便に含まれるストロンチウムの濃度を測定することになった。1週間の予定だったが、最初は適切な投与量を決められなかった。初日、エルシーからストロンチウムが検出されなかったため、投与量を2倍にすることにした。

5日目になると、当初の予定がずれ込み、用意していたストロンチウムが足りなくなった。急いで追加分を滅菌した。6日目、それまで副作用は出ていなかったので、何も問題ないと思い2人だけで実験をした。誰も立ち会っていなかったその日に限って2人はひどい頭痛に見舞われた。会話をするにも歯をかちかち鳴らすほどだった。たまたま同僚が訪ねてきて、2人とも高い熱を出していることに気づいた。運がよかった。さほど重篤な状態にはならず、ほどなく回復して、必要な試料も何とか集めて滞りなく分析を終えた。原因は、2回目に用意したストロンチウムが、菌の出す毒素パイロジェン（発熱作用のある物質）に汚染されていたためだった。

とんだ災難を乗り越え、自分の体を使って実験する際の教訓も得て、実験のほうもなかなかよい結果が出た。人体はストロンチウムを時間をかけて処理していること、そしてその排泄の大部分を担当しているのは腸ではなく腎臓であることがわかった。第二次世界大戦後、地上に降る放射性粒子が問題になったとき、一九三〇年代後半の時点でエルシーとロバートがストロンチウムの排泄を研究していたことに、関係者は驚いたそうだ。

食品の成分に関する知見が蓄積していく一方で、2人は、男性、女性、子どもそれぞれのエネルギー必要量と栄養摂取量にも着目するようになった。以前はこういった数値は、家族全体のエネルギー必要量の推定値、いわゆる「男性値」を元に求められていたが、一九三〇年代には個々の必要量を考慮に入れなければならない状況になっていた。というのも、「男性値」では女性と子どもの栄養必要量を低く見積もり、すべてのタンパク質必要量を多く見積もることが明らかになったからだ。

エルシーは、まず男女を63人ずつ調査し、続いて1歳から18歳までの子どもを調べて、それぞれの食事に関する詳しい情報を得た。すると、エネルギーと栄養の摂取には、同じ年齢や性別でも人によってきわめて幅のあることがわかった。この結果をまとめて、一九三六年に発表した。

第二次世界大戦下、配給食の実験を開始

一九三九年、第二次世界大戦が始まると、エルシーとロバートは食品の成分と、性別、年齢別のエネルギー摂取量に関する知見を手に、待ったなしの状況にあった配給食に関する実験に集中した。ドロシー・ホジキン（第5章）と同じく、エルシーも「チャーチルの科学者たち」のひとりだった。ウィンストン・チャーチル（イギリス首相在職一九四〇～五年、一九五一～五年）は、戦争と国の将来に科学が重要な意味をもつと見通し、自国の科学の発展に期待を寄せていた。第二次世界大戦のイギリスの勝利へとつながる科学の重要な成果が、チャーチルの科学への関心によって導かれたことは、あまり知られていない話である。エルシーの戦時中の食事の研究の他にもレーダーの発明や、ペニシリンを代表とする抗生物質の生産、最初の原爆の開発を支えた極秘研究など多方面にわたる。

一九三九年から四〇年のイギリスでは、食糧供給と栄養と配給食が一大問題だった。戦争が始まった頃、イギリスが自国で生産していた食糧は必要な量の3分の1にも満たなかった。そこで敵の軍艦は連

合国の商船に狙いを定めた。果物、砂糖、シリアルに肉と、生きていくために欠かせない物資をイギリスに入れないためだ。イギリス政府は、国内で生産する食糧で国民に必要な量をまかなえるかどうかを知りたがっていた。エルシーとロバートはもう一度モルモットになった。同僚も巻き込んで実験食を食べながら、健康を保つために必要な最低限の栄養成分とその量を調べた。政府の提示した配給食は、今日はもちろん当時の水準に照らしても量が少なく、およそ不十分だと当初から厳しく批判されていた。1週間分の配給は、1人につき脂113グラム、砂糖142グラム、国産の果物170グラム、卵1個、チーズ113グラム、肉と魚が合わせて454グラム。全粒パンとジャガイモを含む野菜はなし。

エルシーたちは、パンとキャベツとジャガイモを主体にした実験食で3カ月過ごしてみた。体調に変わりはなかった。そこでさらに湖水地方に滞在して長い距離を歩いたり自転車で走ったりしながら健康状態を確かめた。たとえばある日のロバートは、たぶん今どきの自転車よりも変速段数の少ない自転車で58キロメートル、高低差2キロメートルの遠出に挑戦して、4700カロリーを消費した。記録更新を目指していたわけではなく、実際に記録もつくらなかったが、配給食でも、自分たちが身をもって挑んだ挑戦に十分過ぎる健康と持久力を得られることがわかった。政府の提示した配給は、乳製品が限られているものの、一点だけ手を加えれば国民に必要な量を満たすという結論に至った。

配給食の実験から、全粒粉のパンはカルシウムの吸収をいくらか阻害することが明らかになった。戦時の食事には、牛乳やチーズなど、カルシウムを豊富に含む食品が少ないので、この問題はとくに重要だった。全粒粉パンはリン化合物であるフィチン酸を含んでいた。フィチン酸は小腸でカルシウムと結合して不溶性の塩《えん》をつくり、カルシウムの吸収を妨げる。強力粉に炭酸カルシウムを添加したところ、カルシウムの吸収が改善され、同時に新たなカルシウム源にもなった。

混ぜ物を含む食品を認めない人たちからの同意を得られず、１００パーセント全粒粉には炭酸カルシウムは添加されないことになった。イギリスではさまざまな製粉状態の小麦粉から各種のパンがつくられていて、小麦粉の種類は抽出率で表される。全粒粉を抽出率１００パーセントとし、抽出率の高い、つまり全粒粉に近い小麦粉ほどふすまや胚芽、固い皮を多く含む。エルシーとロバートの知見を元に、抽出率約70パーセントと、70から85パーセントの小麦粉に栄養が強化された。今日の食事の内容は当時に比べるとずいぶん変化し、カルシウムを含む乳製品も十分あるにもかかわらず、今も変わらず強化されている。現在、精白小麦粉には炭酸カルシウムに加え、鉄、ビタミンB_1、B_3も強化されている（全粒粉はその限りではない）。さらにイギリスでは葉酸の添加が検討されている。妊娠中の女性が摂取すると、胎児の二分脊椎などの神経管欠損を防ぐことから、アメリカではすでに添加されている。

第二次世界大戦中のエルシーとロバートは、食品の栄養強化を重点的に研究していた。その頃、アイルランドでは小麦が不足し、強化されていない全粒粉を使ってパンを焼いていたところ、骨が軟らかくなって四肢が変形したり、折れたりするくる病の患者が増えた。原因はおもにカルシウム、ビタミンD、リン酸塩の不足にあった。ダブリンに呼ばれたエルシーとロバートは、医師やエイモン・デ・ヴァレラ首相をはじめとする政治家に、自分たちの栄養強化の研究を説明した。その後、アイルランドでも精白小麦粉にリン酸カルシウムが添加され、くる病の発症が少しずつ減っていった。

戦争が終わると、ヨーロッパの一部で栄養失調に起因する問題が出始め、ビタミンBと鉄と炭酸カルシウムを添加した、エルシーとロバートの栄養強化パンに関心が寄せられるようになった。エルシーはサー・エドワード・メランビーと戦後のパンについて意見を交わした。医師であり薬理学者でもあったエドワードは、早い時期からくる病の原因について研究を進めていて、一九一九年に原因は栄養失調にあることを明らかにしていた。エドワードはエルシーに「ドイツにはお腹をすかせた子どもがたくさんいるはずです。実際に行って、自分の目で確かめてきてください」と勧めた。一九四六年の春、医学研究審議会の助成を受け、エルシーとロバートはドイツへ向かった。当初6カ月を予定していたエルシーの滞在は3年に及ぶことになる。

一九四七年一月、エルシーは雪の降る中、ドイツの田舎道を車で走り、研究対象になりそうな児童養護施設を探した。デュースブルクに、身長も体重も平均以下の、5歳から14歳までの子どもの暮らす施設があった。エルシーはきっちりと実験計画をたてた。動物のタンパク質は1日きっかり8グラム、エネルギー摂取量の75パーセントはパンからまかなう。パンに使う小麦粉は１００パーセント抽出の全粒粉から75パーセント抽出の精白小麦粉の間の5種類とし、それぞれについてビタミンBと鉄を含むものと含まないものを子どもごとに変える。ただし、すべてのパンに炭酸カルシウムはあらかじめ添加しておく。実験を始めてから18カ月が過ぎると、ひとり残らず身長も体重もぐんぐん増加し、健康状態も格段によくなった。エルシーは、各実験グループからひとりずつ代表を選んで、ケンブリッジの英国医師会の年次大会に連れていき、結果を発表した。どの少女がどの種類のパンを食べていたか、誰も区別できなかった。パンの種類による成長や健康の違いは、測定できる限りにおいては見られなかった。この一連の実験は、もちろん少女たちには最後まで心躍る体験だったそうだ。

エルシーはドイツにいる間に、複数の児童養護施設で他の栄養学研究も始めていた。小麦粉の抽出度による違いは見られないものの、それまでの結果に当てはまらない事例が出てきた。パンには条件をつけず、マーガリンやジャムもついた特別配給食を受けているはずのある児童養護施設の子どもが、特別配給食ではない施設の子どもよりも成長が遅かった。実験を手伝ってくれていた看護師が丹念に調べていくと、以前、施設を運営していた女性が思いやりに欠け、およそ子どもの面倒を見ない人だったことがわかった。その影響が子どもたちの成長に及んでいたのだ。「愛情をこめて子どもと接する、あるいは大切に動物を飼育することで、周到に計画されたはずの実験の結果が大きく変わる場合もある」とエルシーは書いている。

また、強制収容所に捕らわれ、尋常ではない飢餓にさらされた人が社会復帰する際の食事について、科学者に助言が求められ、エルシーも相談を受けた。エルシーとロバートは、このときドイツで立てた研究計画をその後40年継続し、栄養が成長と成人に及ぼす影響を調べ続けていくことになる。

体組成の調査

一九四九年一月、43歳になっていたエルシーはドイツをあとにし、その４年前から始めていた体組成の研究に本腰を入れることにした。食品成分の研究で培った分析手法を元に、各成長段階での体脂肪などの体組成を調べていった。実験には、ケンブリッジのアデンブルックズ病院の病理学者から提供された解剖体を用いた。同時に、ブタ、ラット、ネコ、モルモットなどの動物も用いて比較した。人間の新生児は体脂肪の割合が高く、体重の16パーセントを占めていた。対して、ほとんどの種は１から２パーセントだったが、なかには例外もあった。スコットランドの海岸でハイイロアザラシの生後間もない赤ちゃんの死体を見つけ、ケンブリッジに持ち帰って分析したところ、およそ10パーセントだった。モルモットもこのくらいである。

エルシーと同僚のジョン・ディカーソンらは、哺乳類は生まれた段階で成長の程度にかなりの差があり、この違いは器官や組織の体組成に表れていることを発見した。エルシーとジョン・ディカーソンによると、化学分析をしてわかる体の組成は「人や自動車で混雑した道路を写したスナップ写真」のようなものであり、「……要するに、個々の、あるいは集団の活動に満ちた、本来は動的な景観の静的な再現である」。エルシーは、とくに栄養不良の動物や人間に着目した。この分野でのエルシーの研究は、脳や骨格や筋肉の発達には十分な栄養が欠かせないことを明らかにした。

エルシーは、ロバートがケンブリッジシャーの自宅の庭で飼っていたブタを使って15年にわたる研究もした。3歳まで栄養不足の状態にしておくと、ほとんどのブタが成長しなくなった。その後、ほしがるままに食べさせても、栄養の行き届いた同腹のブタに追いつけない。ところが、そのようにして育ったブタでも正常な大きさの子ブタを産み、その子ブタは完全な大きさの成体に成長した。

産仔数の異なるラットを使った実験でも同じような結果が得られた。一緒に産まれた子が多いと、1匹が乳にありつける機会は減り、体も大きくならない。離乳させた時点で体の小さかったラットは、その後、制限なしに餌を与えても小さいままだった。産仔数の違いを利用したエルシーのこの実験手法は、その後、世界中のさまざまな研究で使われるようになった。産仔数を操作すると、乳の組成、エネルギー、タンパク質と脂肪の摂取、乳に含まれる生理活性化合物の摂取、母親の行動や子との関わり、学習行動、脳の重さが影響を受けることが明らかにされている。

ブタを使った実験では、生まれて初めて経験する食べ物の重要性も明らかになった。生まれてすぐに母ブタから引き離し、最初の24時間は水しか与えなかった子ブタは、消化管の成長に影響が現れた。母ブタから乳を存分に飲んで育った同腹仔のほうが、消化管ははるかに長く重くなり、腸管局所免疫反応も発達していた。この免疫反応は、生まれた直後に飲む初乳に含まれる抗体と成長因子の吸収に関係しているとエルシーは考え、のちに証明もされている。

動物実験で得られた結果を、そのまま人間には当てはめるのは難しい。人間の場合、遺伝要因、食事、性別、身体活動など、影響を及ぼす交絡因子が多数入り交じっているからだ。とはいえ、エルシーや、エルシーに続く科学者の実験は、母体と乳児期の食事がその後の健康に重要だという認識を高める結果を導いた。

一九六八年、62歳になっていたエルシーは、医学研究審議会の管轄するダン栄養研究所の乳児栄養研究部門の部長職を任され、ここでは脂肪組織の分析に関わることになった。脂肪組織とは、断熱材やエネルギー源として働く脂肪を含む脂肪細胞からなる、膠原線維の少ない結合組織である。エルシーは、とある学会の乳幼児養育部会の企画に関わった縁で、それまでとは違う方向に歩を進めた。

この頃、オランダでは母乳を与えられない乳児は、牛乳の乳脂肪をコーン油で置き換えた人工乳を飲んでいた。このような人工乳に含まれる脂肪酸は60パーセントがリノール酸（不飽和脂肪酸）だった。牛乳の場合は1パーセント、母乳ならば8パーセントである。リノール酸含量の違いが体組成に大きく影響することにエルシーは気づいた。人工乳で育ったオランダの乳児は体重の10パーセントがリノール酸だったのだ。この数字は母乳で育った乳児の10倍、イギリスで飲まれていた牛乳由来の人工乳で育った乳児の40倍を超えていた。

乳児期の体組成がその後の成長に及ぼす影響はまったくわかっていなかった（今なおはっきりはしていない）。エルシーは動物を使って、さらに調べることにした。モルモットの胎児は人間と同じように、脂肪を脂肪組織に蓄える。生まれた子の体脂肪は、これも人間の場合と同じように母親に与えた油の種類によって違っていた。そして赤血球、筋肉、肝臓、脳に含まれる脂肪酸組成も同様の結果だった。なかでも脳の髄鞘の脂肪酸組成に対する影響は重要と思われた。

髄鞘形成は子宮内で始まり、出生後しばらくしてから完了する。中枢神経系の正常な発達の土台を築く発生現象のひとつである。髄鞘は、神経細胞から神経細胞へ情報を運ぶ電気信号が素早くかつ正確に伝わるよう支える働きをしている（202ページ参照）。脂肪酸でできていて、神経線維を守ると同時に断熱もする。こういった働きにおける脂肪酸の種類（母乳あるいは人工乳由来）による違いは、今も議論が続いている。とはいえ、エルシーの出した結果により、人間の栄養に特定の脂質を用いる場合は、脳の発達に及ぼす影響を考慮し慎重に選定しなければならないことがはっきりした。

80歳で新たな研究

一九八六年、80歳になっていたエルシーはワシントンDCを訪れ、国立動物園の栄養学研究所で、友人オラフ・オフテダルと一緒に数週間にわたって研究をした。オラフはかねてから、さまざまな動物種の母乳に関するデータを集めていた。一九八四年には流氷の離れた頃を見計らってカナダの北部に位置するラブラドール地方まで出かけ、アザラシを探した。生まれたばかりのズキンアザラシは、脂肪を6

パーセント含む高脂肪乳を飲んで4日で出生体重の2倍に育つ。すると母親は子から離れ、海に戻る。オラフは、生後間もないアザラシと授乳中のアザラシを集めた（カナダのアザラシ狩り規制に従って捕獲した）。そして2年後の今、冷凍庫の中にはたくさんの標本が分析を待っていた。

動物の母乳と、その母乳が脂肪組織と体組成に及ぼす影響にエルシーは関心を寄せていた。オラフは、そんなエルシーの助けを借りれば自分の研究も進むと考えた。2人はアザラシを解剖し、体の各部の重さや大きさを測定し、分析した。このときの様子をエルシーは「手を、厳密に言うとゴム手袋をひたすら汚して、やることなすこと、心の底から楽しんでいました」と振り返っている。ズキンアザラシの赤ちゃんが短時間で独り立ちできる、脂肪を豊富に含む母乳の組成を明らかにし、それまでの研究と同じく論文にまとめて発表した。

一九八八年、エルシーはついに栄養学の研究から退いた。しかし、八〇代になっても別の方面で活動は続けた。国の委員会や国際委員会で何年にもわたって委員長を務めたり、要職に就いたりした。栄養学会（一九七七〜八〇年）、新生児学会（一九七八〜八一年）、英国栄養学財団（一九八六〜九六年）では会長職を務めた。一九八〇年代は講演が評価され、国際講演者賞を2度（一九八五年、一九八八年）、ニュージーランド栄養学会からも講演者賞（一九八九年）を受賞した。

エルシーは自分の知識や経験を伝える機会があれば喜んで引き受けた。相手が子どもや学生の場合などは、わかりやすく身近な問題に即して話すようにした。とある寄宿学校を訪れた時のこと。第6学年の生徒を前に、この学校の先輩たちが第二次世界大戦中に食べていた食事を見せた。1日約55グラムの肉。これは生徒たちの注目を集めた。量が少ないからではなく（当時の配給とほぼ変わらない量）、その学校が現在では厳格な菜食主義だったからだ。

エルシーは栄養研究という分野を開拓した。本人に言わせると、「私が研究を始めた頃は、栄養は研究の対象ではありませんでした。私は化学者であり、生化学者でした。植物生理学者でもあり、医学研究者、生理学者でもありました」。世界中で長きにわたって利用されている『マッカンスとウィドウソン食品の無機質含量表』に今も2人の名前が入っているように、彼らの存在を栄養の分野から切り離すことはできない。エルシーの研究は、現在もなお世界中の栄養学者に参照され続けている。栄養学に関する文献を調べると、エルシーの名前がほぼ引用されている。エルシーの研究は、戦時の配給食を確立し、栄養強化パンを生んだ。さらに、胎児や乳幼児期の不十分な栄養状態がもたらす成人の健康被害に関する研究への道を拓いた。

第二次世界大戦中、食べ物は乏しかった。それでも配給食はおおむね健康によい食事だった。配給食のもたらす影響は戦時中限りのことではなかった。配給食は持続可能性と節約と栄養に着目していて、イギリス国民が、第二次世界大戦以降、配給食時代よりも健康だったことはない。あの頃の砂糖は少なめ、野菜はたっぷりの食事が、現在、2型糖尿病や心臓病など肥満と関係する病気の発症を抑えるのに大いに貢献していることはよく知られている。また、配給食が知能に影響を及ぼした可能性も指摘されている。二〇一四年に発表された研究によると、衛生状態や医療の向上を考慮しても、一九三六年に生まれ、戦時の配給食で子ども時代を過ごした人は一九二一年に生まれた人と比べると、知能指数の平均が15ポイント高いそうだ。

一九四〇年代の初頭、イギリスでは学校給食に栄養基準が初めて導入され、食品表示法が制定され、そしてビタミンAとDの強化が義務化された。戦時中にエルシーとロバートが、パンに含まれるカルシウムの有効性を確かめた研究は、炭酸カルシウムを強化したパンの法制定へとつながり、苦しい時期にあった国民の健康に多大な貢献をした。パン用強化小麦粉へのカルシウムの添加（鉄、ナイアシン、チアミンも含む）は、二〇一三年の環境・食糧・農村地域省の審議を経て、現在も継続されている。審議した委員のほとんどから、費用をかけずに健康に大きな利益をもたらすと評価されたとのことである。

イギリスでは全国食品調査が一九四〇年に始まった。子どもの食事に関しては、一九四七年にエルシーがまとめた医学研究審議会特別報告が初の全国調査だった。同様の調査は現在も続いていて、その報告には各種の情報や提言が盛り込まれている。最も新しい二〇一一年の乳児および幼児の食事栄養調査では、イギリスの一般家庭で生活している乳児と幼児（18カ月から4歳）の食品消費、栄養摂取量、栄養状態に関する詳しい情報が示され、10項目ほどの提言も含まれている。たとえば、生まれてから6カ月までは母乳を主体にすること、授乳中の母親はビタミンDのサプリメントを摂ること、6カ月を過ぎた乳児には偏らない補助食品を与え始めること、など。

早期栄養計画プロジェクトのメンバーであり、エルシーの伝記を著したマーガレット・アッシュウェルは、次のように語っている。「エルシーは、成長段階の早い時期の栄養と、その後の影響にとりわけ関心をもっていました……赤ちゃんは母親が妊娠中に食べた物でできていて、生まれてから食べた物が後々の健康に影響することを見抜いていました」。早期栄養計画プロジェクトはEUの支援を受け、世界各国35の研究施設から研究者が参加した。二〇一二年から始まり、早期の栄養摂取状況と生活要因が肥満と肥満に関連した病気に与える影響を精力的に研究した。

早期栄養計画プロジェクトは、食事にまつわるどのような要因が長期の肥満リスクを増加させるのか、いくつもの方向から切り込んで解決を目指す大がかりな研究である。早期の栄養摂取においてとくに慎重を期す時期はあるか。関連する特定の代謝マーカーあるいはエピジェネティック（遺伝子発現に及ぼす非遺伝的環境の影響）マーカーはあるか。腸内環境、常在細菌をはじめ微生物はどのような影響をもたらすか。こういった問題を解くべく、動物を使った研究や、大規模な複数の集団の同時観察研究、介入群を用いた無作為化対照試験などが行われた。このプロジェクトが広範囲にわたって徹底して研究を進める様は、先人のいないなかで栄養研究の道を進んでいったエルシーを見るようだった。将来世代の健康を守るために、妊娠中の食事と生活様式をどのように変えたらよいか、早期栄養計画プロジェクトのような研究が、その一助となることをエルシーは見通していたに違いない。

生涯で600報以上の論文を発表

エルシーは60年にわたるロバートとの共同研究で膨大な数の論文を発表した。一九三一年の還元糖の検出方法に関する論文から、一九九二年、86歳で発表した乳児の生理機能から見た出生と早期の発達に関する論文まで、すべてを合わせると600報を超える。マーガレット・アッシュウェルは伝記で、そのうちの100報を一覧にまとめている。これを見ると、ロバートとエルシーの共同研究が幅広い領域に及んでいたことがわかるし、2人の深い友情関係も浮かび上がってくる。さまざまな観点から選ばれた100報のなかにはアメリカに向かう船の上で大西洋の風力9の荒波に耐えて書いた論文など、2人にとって忘れがたい逸話をもつものもある。一九三〇年代や四〇年代に書かれた論文からは、今ほど形式張らない論文様式だったこともうかがえるし、聖書からの引用を散りばめるなど、エルシーのキリスト教信者としての一面も見える。栄養研究にまつわる史上初の記述（ダニエル書、第1章11～16）は対照群の必要性を指摘していると、満足げに記した一文がある。

エルシーの残した影響は多岐にわたっていて、枚挙にいとまがない。イギリスの医学研究審議会で一九九八年に新設された栄養研究部門は、エルシー・ウィドウソン研究所と命名されている。二〇〇〇年、ロンドンに本部を置く英国食品基準庁が設立された折には、エルシーの名を冠した図書館がつくられた。エルシーの名前のついた奨学金もある。インペリアルカレッジ・ロンドン（エルシーの母校）の女性大学職員を対象にしたエルシー・ウィドウソン特別研究員奨学金は、出産、育児休業を終え、仕事に復帰した女性が心置きなく研究に集中できるよう支援する。この奨学金制度では、さらに、1年間、講義の担当も免除される。

エルシーは生涯の間にたくさんの栄誉に浴した。一九七六年、王立協会会員に選ばれ、その3年後には大英帝国勲位三等を与えられた。イギリスで、晩年のエルシーほど称えられた科学者はいない。一九九三年には87歳で名誉勲爵士を受けた。この勲章は一九一七年、国王ジョージ5世が創設したイギリスの栄典で、各分野で著しい業績を残している男女65人にだけ与えられる。エルシーにはエリザベス女王から授与され、エルシーは多少戸惑いはしたものの喜んで受け取った。

エルシーの研究を語るうえで、ロバート・マッカンスの存在と、彼と続けた共同研究は避けて通れない。ロバートも言うとおり、2人は一九三〇年代にキングスカレッジの調理場で「将来を決める出会い」をした。驚くほどの実を結んだ、2人の関係を見ていくと、どの研究においても、たがいの相異なる技量と考え方の釣り合いがうまくとれていたことがわかる。ロバートは率直な人で、ややもすると気むずかしい一面を見せることもあり、批判の矛先が個人攻撃に走ったと思われたときなどは、エルシーが取りなして回った。研究に対する姿勢も違っていた。「教授は研究に広がりを与え、エルシーは深さを与えた」とスーダン出身の同僚ハマド・エルネイルは言う。また別の同僚エリック・グレイザーは「結果は、2人の才気が余すところなく混ざり合った賜であり、それぞれの技量の単純な合計よりもはるかに大きな効果が得られた」と指摘する。

マーガレット・アッシュウェルによれば、エルシーは「俗事」におよそ無関心だった。熱心に研究を進め、洞察を深めて答えを探し当てていったが、謙虚のかたまりのような人で自分ばかりを主張することはなかった。ワシントンで開催された栄養学の学会で、講演の前に座長がエルシーをほめちぎったところ、「話半分で聞いてください」と応じたそうだ。

エルシーの実験好きは栄養研究にとどまらず、生活の隅々にまで及んだ。アメリカ訪問にマーガレットが同行したときのこと。空港の保安検査場で見せたエルシーの行動に少々驚いた。検査装置を最初に通ったときに警告音が聞こえたと言い、その後も何度も通ろうとしていた。それにしてもなぜ何回もとマーガレットがいぶかっていたところ、2回目は補聴器を外したら干渉音が大幅に減り、音の正体はヘアピンでもサスペンダーでもなく、補聴器だったと説明してくれた。

エルシーは一度も結婚をせず、ケンブリッジシャー州バリントンを流れるカム川近くの藁葺きの家で暮らした。大きなリンゴ園があり、野菜もつくっていた。マーガレットによると、エルシーの育てたリンゴや野菜は訪れた人たちにたっぷり振る舞われ、皆「世界で一番大切な人であるかのようにもてなされた」。エルシーの自宅から19キロほど離れた場所に住んでいたマーガレットは、一九八八年、英国栄養財団に加入し、定期的に開かれていた会合に出席するたびにエルシーと一緒にロンドンまで列車で出かけた。

エルシーとロバート、2人の伝記を書きたいとマーガレットがエルシーに切り出したところ、「私たちの本を、誰が読みたいと思う?」と返ってきた。しばらく時間をおいたが、一九九三年に、『マッカンスとウィドウソン：60年におよぶ共同研究』が出版された。その1年後、ロバートは自宅で倒れ帰らぬ人となった。エルシーはロバートより7年長く生きた。二〇〇〇年、アイルランドで休暇を過ごしていたときに脳卒中に襲われ、その後、ケンブリッジのアデンブルックズ病院で永遠の眠りについた。

鋭い頭脳としっかりした良識をもちつつ、気取らない人柄のエルシーは、まわりの人たち、とりわけことあるごとに議論を交わしていた若い科学者たちに刺激を与えた。科学の道を進もうとしている人たちへ向けたエルシーの助言は、栄養学の分野で長きにわたって積み上げた実績と重ねた苦労から生まれたものであり、現実的で本質を突いていた。「自分の出した結果に生理学的な意味が見えなかったら、ひたすら考えてください！　何か間違っているかもしれないし（その場合は誤りを認める）、あるいは新しい発見があるかもしれません。何よりも、うまく当てはまらないことを大事にしましょう。どんなデータよりも、そこから多くを学ぶはずです」

エルシーが行った栄養学のさまざまな実験を足がかりにして、この重要な科学分野は発展していった。さらに、日常生活における食事に対して、現実に即した、たしかな情報に基づく提言が出されるようにもなった。97歳まで生きたエルシーは、自分自身の食事と長寿についてたずねられ、こんな風に答えている。「バターと卵と白パンを食べています。体によくないという人もいるでしょうが、私はそうは思いません。もっとも、果物と野菜もたっぷり食べているし、水もたくさん飲んでいますよ。思うに、私が長生きしているのは遺伝（父は96歳、母は１０７歳で永眠）によるところが大きいです。母乳で育ったことも影響しているかもしれませんね！」

訳注

［1］『食品の無機質含量表』ロバート・マッカンス、エルシー・ウィドウソン著、佐々木理喜子訳、第一出版、一九六六。原書の最新版は本書翻訳時で7版だが未邦訳。

第10章　呉《ウー》　健雄《チエンシユー》

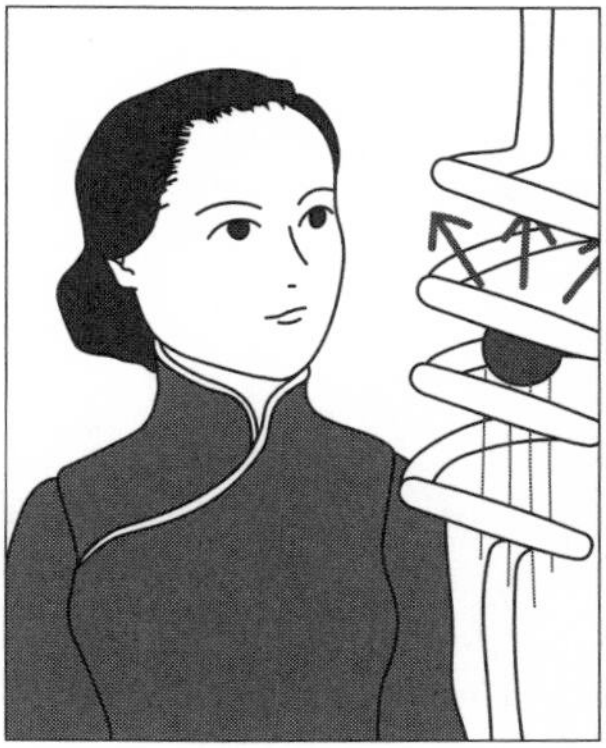

呉　健雄（1912〜97）
呉健雄は中国系アメリカ人物理学者。専門は放射線物理学。繊細で複雑な実験をいくつもこなし、1956年には難解な実験を進めて、「パリティ対称性の破れ」を証明した。“中国のキュリー夫人”とも呼ばれた。江蘇省出身。

中国からアメリカに渡り、同世代の実験物理学者のなかでも抜きんでた存在となった呉健雄。並み居る物理学者がとても不可能と及び腰になる、繊細で複雑な実験をいくつもこなした。一九五六年にはきわめて難解な実験を進めて、当時受け入れられていた物理学の「法則」、パリティの法則の誤りを明らかにした。この発見の意義は深く、翌年にはノーベル賞が与えられた。ところが、受賞したのは予測した理論物理学者２人だけ。健雄には何もなかった。スウェーデン王立アカデミーからは授賞の対象とされなかったが、20世紀に活躍した女性物理学者のなかでも、とくに称賛されるにふさわしいひとりである。健雄が障壁を打ち破り先鞭をつけてくれたおかげで、現在、そのあとに続く女性たちがいる。

呉健雄は一九三一年五月三十一日、中国江蘇省の六合区で生まれた。江蘇省は中国の東海岸に位置し、長い歴史を誇る南京市を省都としている。当時はまだ「一人っ子政策」は始まっておらず、健雄には兄と弟が一人ずついた。健雄は父親っ子で、父は彼女の関心をうまく育んでくれた。健雄のまわりにはいつも本や雑誌や新聞があった。健雄は生まれたときから大成する運命だったのかもしれない。というのも、彼女の名前には「英雄」という意味がある。健雄が生まれた頃の中国は、女子に対する教育を認め始めたばかりだった。それまでの伝統的な階層社会では、女子に正規の教育は必要ないとされ、女の子の人生における役割は、将来、夫を支えることであった。健雄は幸いなことに、国内に女子の学校がほとんどなかった時代に、江蘇省で初めて女子のための明徳中学校を創設した人が父親だった。

健雄は父の学校で初等教育を終えると11歳で故郷をあとにし、48キロほど離れた大きな街、蘇州の第二女子師範学校に入学した。第二女子師範学校は全寮制の学校で、教員養成コースと一般教育のコースに分かれていた。教員養成コースに入るほうがはるかに難しかったが、首尾よくいけば寮費も学費も払う必要がなく、卒業と同時に職も保証されていた。健雄は競争率の高い教員養成コースを選び、およそ1万人の志願者のなかで9番目の成績で合格した。

一九二九年に首席の成績で卒業すると、当時南京にあった国立中央大学に進学した。大学では教師になるべく勉強を続けるだろうと、まわりからは思われていた。教職は、その頃の中国で教育を受けた女性に開けていた、数少ない道のひとつだったからだ。しかし本当に学びたい学問は物理学だと健雄は父に打ち明けた。娘の話を聞くや、父は数学と物理学の専門書を買ってきてくれた。入学を待つ夏の間、健雄は貪るように読みふけった。

入学してすぐは数学に集中したが、しばらくして、やはり一番勉強したいのは物理だと気づいた。学部生（一九三〇年から三四年）の間は学生運動にも深く関わった。大日本帝国が南京あたりまで勢力を広げようとしていた頃で、中国と日本との間で緊張が高まっていた。日本は一九三一年から第二次世界大戦が終わるまで満州を支配下に置くことになる。健雄は学生運動の幹部に推薦された。優秀だったので関係当局に許されるか、悪くても目をつぶってもらえると思われたからだ。

大学を卒業すると小さな大学の教員となったものの、物理学を学び足りていないとの思いを抱えたままでいた。次いで上海の中央研究院で研究助手の職に就き、X線結晶学に関する研究をした。ここで物理学の実験に触れ、やがて実験物理学の分野で世界をリードすることになる。研究は楽しかったが、それでも正規の物理学教育への思いは断ちがたかった。その頃の中国では物理学の大学院課程は女子に門戸を開いていなかった。

故国中国を離れアメリカへ

中央研究院で健雄を指導したグ・ジンウェイ教授は、アメリカのミシガン大学で博士号を取得して中国に戻ってきた人だった。教授は健雄に、自分のようにアメリカに渡って博士号を取得し、専門知識を身につけ経験を積んでから中国に戻ってくることを勧めた。健雄はミシガン大学に出願し、大学院課程への進学を認められた。叔父に資金を用立ててもらい、一九三六年八月、友人のドン・ルオフェンといっしょにアメリカに向かった。客船プレジデント・フーバー号に乗った健雄を両親と叔父が見送ってくれた。健雄が3人の姿を見たのは、それが最後となった。

船がサンフランシスコに到着すると、ほどなくして物理学者の袁家騮《えんかりゅう》に出会った。自ら中国皇帝を名乗り、中華民国の初代大総統に就任した袁世凱《えんせいがい》の孫だった。家騮は健雄を、カリフォルニア大学バークレー校物理学部の学部長レイモンド・バージに引き合わせ、健雄は最終的にここで大学院課程に進学することを決めた。西洋に渡った中国人の多くが英語名を名乗るなか、健雄は生涯、中国名で通し、ミス・チェンシュー（健雄）、のちにはマダム・チェンシューと呼ばれた。中国の伝統も大事にし続け、西洋式の衣服は一度もまとわなかった。

健雄は講義でも研究でも、めきめき頭角を現した。指導教員は物理学者のアーネスト・ローレンスになっていたが、実質的にはエミリオ・セグレの指導を受けていた。セグレはイタリア出身のアメリカ人で、一九五五年に反陽子を発見し、一九五九年にはノーベル賞を受賞することになる。健雄の博士論文は2部で構成されていた。最初は制動放射と呼ばれる現象の研究。制動放射とは、電子が急激に減速されるときに放射するX線である。2番目はキセノンの放射性同位体の生成に関する研究だった。バークレー校の放射性研究所にあった直径37インチ（約0・9メートル）と60インチ（約1・5メートル）のサイクロトロンを利用し、ウランを衝突させてキセノンの同位体をつくった。

制動放射の研究では、ベータ粒子を放出する、リンの放射性同位体であるリン32を用いた。ベータ粒子は高速で移動する電子であり、他の物質を通り抜けるときに減速されるとX線を放出する。健雄はこのとき初めてベータ崩壊の研究に携わり、一九四〇年代後半にはこの分野で世界の第一人者となっていく。健雄は、物質の中で減速したベータ粒子の放出するX線を研究し、生成したX線のエネルギーの違いを見分ける実験方法を考え出した。健雄とセグレはさまざまな元素の放射性崩壊を実証していった。健雄の研究していたベータ放射体の核分裂によって生成した原子核と、放射性元素が崩壊して生成した元素を2人はすべて識別できた。

健雄は一九四〇年六月に博士号を取得した。アーネスト・ローレンスからもエミリオ・セグレからもバークレーに残るよう強く勧められたが、教員職には就けなかった。女性にはまだ道が開かれていない時代だった。かわりに放射線研究所でポスドク研究員として研究を続けた。この頃、自分の研究についてアメリカ国内で何度か講演をする機会があった。渡米前に英語を学んできてはいたが、流ちょうには話せず、発音や文法のせいでうまく伝わらない場面もあった。誤解を招かないよう、話す内容をあらかじめ書き出し、何度も予行練習して、本番ではできるだけ原稿に忠実に話をした。

英語は極めるまではいかなかったが、実験を極めるには何の問題もなかった。核物理学の分野では、細部まで行き届く、たぐいまれなる正確な目の持ち主であるとすでに評判を得ていた。実験に際しては重要となるところ、失敗につながりそうなところを的確に見抜き、他の科学者の間違いに対する指摘も核心を突いていた。一九四一年、『フィジカル・レビュー』誌で発表した論文では「実験結果と理論計算に見られる違いは、［磁］極面と壁の上で励起された外部のX線の一部が計数管に入り込んだ可能性によると考えられる」と記している。

研究を離れた生活も順調だった。カリフォルニア工科大学に移っていた袁家騮《えんかりゅう》と、一九四二年に結婚をした。式は、カリフォルニア工科大学の創設者のひとりで、ノーベル物理学賞受賞者のロバート・ミリカンの自宅で挙げた。どちらの家族も結婚式には参列できなかった。旅費の問題もあったが、アメリカは日本との戦争に突入していた。博士号を取得した家騮に、東海岸プリンストンのRCA研究所から声がかかり、彼はここで軍事研究の一環としてレーダーの開発に携わることになった。

健雄はマサチューセッツ州ノーサンプトンにある女子大の最高峰スミスカレッジの教員になった。2人は週末になると、プリンストンとノーサンプトンのちょうど中間のニューヨークで落ち合った。スミスカレッジでの職務は教育が主で、思うようには研究を続けられなかった。そのような状況にもどかしさを感じていた健雄は家騮と一緒に暮らせることもあり、プリンストン大学からの誘いを受け入れることにした。当時、女子の入学が認められていなかったプリンストン大学で教育をするために雇われたのだが、こちらもなかなか難しい立場だった。

当初、任された職務は海軍士官の教育だった。彼らは、工学技術を深く理解するべくプリンストンに送られてきていた。物理学は工学技術の基礎をなすので、健雄の物理学の講義は必須科目だった。研究で名を知られていた健雄は教育にも熱心で、学生の状態にも気を配った。当時を振り返り、「いい学生たちでしたよ。けれども、皆、物理学を恐れていました。まず、彼らの不安を取り除くことから始めました」と語っている。

プリンストンに移って数カ月後、健雄はニューヨークのコロンビア大学に向かった。ともにバークレーで一緒だったハロルド・ユーリーとギルバート・ルイスから、採用面接を受けるためだった。その頃、ユーリーらは、原子爆弾の製造を目指してウランを濃縮する方法を探っていた。自然界ではウランは同位体ウラン２３５とウラン２３８として産出する。ウラン２３８に比べるとウラン２３５のほうが不安定で、放射性が強い。自然界に存在するウランの99・２８４パーセントは、爆弾には利用できないウラン２３８なのでウランで爆弾をつくるためにはウラン２３５の割合を増やさなければならなかった。ウラン２３５の割合を増やす操作、すなわち濃縮法が模索され、コロンビア大学もその一端を担っていたのである。

この研究はマンハッタン計画に含まれ極秘裏に進められていた。軍事研究部で働いていたユーリーとルイスは、健雄がその職務に適任かどうかを見極めるために、丸2日かけて質問を浴びせた。自分たちの行っている計画には微塵《みじん》も触れないよう注意を払っていたつもりだったが、2日目の最後に健雄に、ここで何をしているかわかるかとたずねると、「残念ですが、私に気づかれたくなかったのなら、黒板をきれいにしておけばよかったですね」と笑顔で返ってきた。のちに、コロンビア大学にいた核物理学の第一人者エンリコ・フェルミは、核分裂連鎖反応を持続させるにあたって何か問題が生じたら健雄に聞くのが一番だとまわりに言っていたそうだ。

すぐに採用が決まった。一九四四年の三月からコロンビア大学の、公には「冶金《やきん》研究所」という名前の部署で働くことになった。マンハッタン計画に関わっている人以外は、そこで世界初の原子爆弾の開発研究が進められているとは夢にも思っていなかった。健雄は、核分裂性のウラン235を増やす濃縮方法「ガス拡散法」の開発に関わり、高純度のウラン235の取り出しに成功した。原子爆弾製造の鍵を握る部分である。健雄が貢献した、コロンビア大学での濃縮方法の確立なしでは、アメリカは原子爆弾の開発も配備もできなかった。

ベータ崩壊の研究

戦争が終わると健雄は研究の方向を絞り込まなければならなかった。じっくり検討し、今なおよくわかっていなかったベータ崩壊の解明に取り組むことにした。この選択がのちの偉業へとつながり、世界中から称賛を浴びることになる。ガス拡散法をみごとに成功させた健雄は大学に残るよう請われて、やっと人心地がついた思いだった。というのも、健雄の進もうとしていた核物理学という分野は学術機関以外では働き口がなかったからだ。物理学でも産業界から引く手あまたの分野はあったが、核物理学者には声はかからなかった。そのため選択肢が限られていた。

健雄は女性という理由で、学生を指導するいわゆる教授職ではなく、研究教授として採用された。研究教授には終身雇用は保障されていなかったが、教育に関しては何も求められなかったので研究にだけ集中できた。

フェルミは核分裂連鎖反応の持続を初めて成功させた人物だが、一九三三年にベータ崩壊に関する理論も導いていた。フェルミの理論が発表されてからは、その正当性を確かめるために多くの実験が行われ、さまざまな結果が得られていた。この分野こそまさに健雄の望むところだった。十代の半ばあたりから健雄は、「万物の基本となる構造に対する認識を変える」ほどの、大きなことを成し遂げたいと思っていた。健雄は実に現実的な科学者だった。研究対象は好奇心だけから選んだりせず、目的にかなっているかどうかを見極めた。そうでなければ、やる意味がないと考えていた。

装置をうまく改良する術を身につけた健雄は、中性子分光器にも手を加え、実験を正確に行えるようにした。分光器とは放射線や荷電粒子をさまざまなエネルギー範囲に分解して測定する装置である。光ならば振動数（または波長）ごとに、中性子ならば運動エネルギー、すなわち速度ごとに分ける。その頃、コロンビア大学で使っていた中性子分光器では、放射性核から放出される中性子のわずかなエネルギーの違いを識別できなかった。そこで健雄は少しいじって感度を上げた。一度につきそれまでの2倍測定するように改造し、電子機器も最新のものに取り替えて千分の一秒で応答する分光器に仕上げた。

改良した中性子分光器を用いて、放射性のカドミウム、イリジウム、銀の放出する中性子を測定し性質を明らかにした。画期的といえるほどの実験ではなかったものの核物理学の知見を深め、正確無比な実験家という自身の評判も高めた。この頃から健雄は、自然界に存在する4種類の力のうちの2種類、核力の到達距離も検討し始めていた。

4種類の力のうち、最初に発見されたのは重力である。一六〇〇年代後半にアイザック・ニュートンが万有引力の法則を導き出したときのことだ。一八〇〇年代半ばにはジェームズ・クラーク・マクスウェルが電磁気力を説明した。この頃は自然界に存在する力は2種類と考えられていたが、その後、放射能や原子核が発見されると、さらに2種類の力、すなわち強い核力と弱い核力が加わった。

弱い核力は放射性崩壊を引き起こし、強い核力は原子核をひとつにまとめる。原子核は2種類の粒子、正の電荷をもつ陽子と電荷をもたない中性子でできている。陽子どうしはたがいの電磁気力によって反発する。とすると、原子核はなぜ壊れないのだろうか。なぜならば、原子核の中では強い核力が作用して、中性子であれ陽子であれすべての粒子が引き合っているからである。この力は電磁気力よりはるかに強いので強い核力という。強い核力は、陽子がたがいにとても近いときにのみ、反発し合うのを防ぐ。

したがって、強い核力の到達距離はとても短い。陽子の直径のわずか数倍の長さだ。このくらい短い距離はフェルミ（エンリコ・フェルミにちなむ）という単位で表される。1フェルミは10^{-15}メートル、つまり千兆分の1メートルであり、原子のほうが数百万倍大きい。戦後ハーバード大学にいた理論物理学者ジュリアン・シュウィンガーが、強い核力の到達距離は0フェルミあるいは8フェルミと算出し、当時はどちらの予測も正しいように思われていた。そこで健雄は改良した分光器を用いて一連の細かい実験を行い、実測値は3フェルミであることを示した。健雄の実験手腕は誰もが認めるところであり、その数値に異議は出なかった。

健雄には、ベータ崩壊の解明というかねてからの目標があった。重要な分野ではあったが、選んだ理由はそれだけではない。自分ならば正確に実験を行い、フェルミのベータ崩壊理論が正しいかどうかを解決できると考えていた。放出されたベータ粒子（電子）が0から0・6メガ電子ボルトのエネルギーをもつことは、すでにわかっていた。通常のエネルギーの単位であるジュールは原子や原子核のエネルギーを表すには大きすぎるので、このような場合は電子ボルトを使う。フェルミの理論によれば、ベータ崩壊によって放出される電子のうち、何個が0・1メガ電子ボルトのエネルギーをもち、何個が0・2メガ電子ボルトのエネルギーをもつか、などが予測される。

このようなエネルギーの分布をエネルギースペクトルという。いくつかの実験で観察されたエネルギースペクトルはフェルミ理論の予測と一致しなかった。予測値よりもかなり小さいエネルギーをもつ電子が多かったのだ。しかもばらつきが大きく、観察された分布はどれも信頼に足らなかった。健雄は自分の出番だと思った。しかし、正確な実験だけでは十分ではなかった。研究者によって異なる結果が出た理由を説明できなければならなかった。

健雄は、放射線源の厚さに原因があると考えた。放射線源が厚すぎたため、ベータ崩壊によって放出された電子の多くは放射線源の中で他の原子に当たって跳ね返り（散乱し）、そのときにエネルギーを失ってしまったのだろう。とすると、観察された低エネルギー電子の数が予測より多いことも、厚さの異なる放射線源を用いた研究チームが異なる結果を出したことも説明できる。

薄い放射線源は簡単にはつくれなかった。この実験で使われる分光器には、磁場をつくるために大きな鉄心が入っていたからだ。この部分は、さまざまなエネルギーをもつ粒子を分ける際になくてはならない。したがって、放射線源には、場所を取らずに、同時にたくさんのベータ粒子をつくることが求められる。どちらの条件も満たすにはどうしても厚みが出てしまう。

中性子分光器の改造を成功させていた健雄は、ベータ崩壊測定用の分光器にも手を加えて、この問題を切り抜けることにした。鉄心の分光器を使うのはやめて、コロンビア大学の研究室にあった、筒型コイルを使用した古い分光器を引っ張り出してきた。すでにいろいろいじって、操作できるようによみがえらせていたものだ。これならば広い場所で、したがって薄い線源を使えるはずだ。

ここで新たな問題が発生した。まず、薄膜線源のつくり方を確立する必要があった。これまで誰も手がけたことはなく、健雄の研究チームはつくり方を考案するところから始めなければならなかった。線源には薄さだけでなく、均一な厚みも求められた。健雄は講じた方法の概略を論文にまとめ、一九四九年に『フィジカル・レビュー』誌に投稿した。「より均一な線源は $CuSO_4$［硫酸銅］溶液に洗剤を少量加えることによって得られる」と書かれていた。石鹸ひとかけが決め手とは！

改良した装置で実験を行ったところ、結果はフェルミの理論値とみごとに一致した。研究者によって結果が異なっていた原因は、厚い線源にあったことを健雄は立証した。やがて健雄はベータ崩壊の問題も解決し、世界中の核物理学者から称賛を浴びることになる。この方法をまとめた先の論文を元に、各国の研究室が同じ方法で薄膜線源をつくり、健雄の結果に間違いがないことを確かめた。

健雄がいかに比類なき実験物理学者だったかがわかる。普通の研究者ならば既存の実験を繰り返しがち、つまり今、確かめている実験の手続きをそのまま再現するところを、健雄は独自の方法で進めていった。新しい装置をつくり、誰よりも正確に測定した。一九八三年にノーベル賞を受賞した、カリフォルニア工科大学の物理学者ウィリアム・ファウラーは、健雄の「ベータ崩壊の研究は、信じられないほどの精密さという点でも重要でした」と記している。

健雄のベータ崩壊に関する研究を、研究者仲間の多くはノーベル賞に値するものと見ていた。ベータ崩壊の研究は、アーネスト・ラザフォードがさまざまな種類の放射性崩壊の存在に最初に気づいた一八九〇年代に始まり、健雄が結果を出した頃はフェルミの理論が提出されてから10年以上が経っていた。フェルミの理論を確かめようとヨーロッパとアメリカ中の研究者が何十回となく実験を繰り返し、どの実験でも生じていた誤差にけりをつける正確な実験を初めて成功させたのが健雄だった。

だがノーベル賞の規則では、授賞対象は発見のみとされていた。健雄は、フェルミの理論を確かめたのであり、新しいことは何も見つけていなかった。大きな意味をもつ実験ではあったが、規則に厳密に従えば授賞には該当しないと判断された。周知のことではあったが、当時のノーベル賞には科学よりも政治的色合いが強く見られた。ロバート・フリードマンは『ザ・ポリティクス・オブ・エクセレンス』(二〇〇一年)で「一九四〇年代半ばのノーベル賞は、功績の評価に基づき授与されていたわけではなかった。科学界の政治における大いなる手段と化していた」と指摘している。健雄がノーベル賞に値する研究を行ったのは、これが最後ではなかったが、それも見過ごされてしまうことになる。

反物質の研究

一九四二年に結婚をしてからは、健雄と家騮は学者夫婦には珍しくない生活を送っていた。同じ屋根の下で暮らすこともあれば、それぞれの仕事の事情で離れて暮らすこともあった。一九四七年には息子が生まれ、ヴィンセントと名づけた。一家はコロンビア大学のキャンパスから2ブロック離れたクレアモント通りのアパートに居を構えた。健雄は、その後50年以上、ここで暮らすことになる。愛して止まない実験室で長い時間を過ごすには文句なしの近さだった。

一九四〇年代から五〇年代という時代、女性は結婚をすると仕事を辞め、夫や子どもの世話をするものとされていた。しかし、健雄はそんなことは微塵も考えていなかった。ひたすら研究に打ち込み、息子がいるからといって仕事に向き合う時間を削ったりはしなかった。休みもほとんど取らず、いってみれば、立派な仕事中毒である。ある日、学生たちがお膳建てをして、健雄とヴィンセントに子ども向けの映画を観に行ってもらおうとしたことがあった。ひと晩くらい仕事から離れてゆっくり過ごして欲しいという思いも多少はあったが、なにより健雄から絶え間なく「手出し」されずに研究を進められる時間になるはずだった。だが、そのもくろみは失敗に終わった。その夜、健雄はいつもどおりに研究室に姿を見せた。自分のチケットは子守りの女性に譲ったとのこと。

健雄は学生にも、自分と同じだけの勤勉さと水準を求めた。休憩をとっている学生を見かけると渋い顔をし、宗教にからむ祝日で休んだ学生をしかりつけたこともあった。かつての指導学生ノエミー・コラーは次のように振り返っている。「とても刺激的でしたが、彼女には情け容赦ないところがありました。それはもう厳しいことを要求してきました。間違いのない結果を出すまで、学生のお尻を叩き続け、万事について最後の小数まで説明を求めるような感じでした。彼女が満足することはありませんでした。学生には、朝は早くから夜も遅くまで、土曜も日曜もなく研究をして、少しでも早く結果を出すことを望んでいました。休憩などもってのほかでした」

ベータ崩壊について詳細な研究をし終えると、次は自然界において最大級のエネルギーを引き起こす現象、粒子・反粒子の対消滅に取り組むことにした。物質と反物質が出会うととてつもない量のエネルギーがつくられる。核分裂どころではない。たとえば、それぞれ1キログラムの物質と反物質をくっつけると、広島に投下された原爆の2千倍以上のエネルギーが放出されることになる。

反物質の存在は一九二八年にポール・ディラックによって予言され、陽電子（電子の反粒子）は一九三二年にカール・アンダーソンの実験によって発見されていた。しかし、それ以降は、反物質を確かめるための実験はほとんど行われていなかった。健雄は、これこそ実験で掘り下げていく、ほぼ誰も足を踏み入れていない絶好の分野と見た。電子と陽電子が対消滅すると、高エネルギーのガンマ線が2本放出される。理論上は、2本のガンマ線には特有の性質があるのだが、それまでのところ確認されていなかった。したがって、果たして正しい理論なのかどうかは誰にもわからないままだった。その性質とは、2つの光子の偏光状態である。

偏光とは、それほど難しくない概念だ。偏光サングラスをかけると、まぶしい光を感じなくなる。特定の方向にのみ進む光、つまり偏光が通り抜けるからだ。光は波のように進む。その正体は、19世紀にジェームズ・クラーク・マクスウェルが示したとおり、電場と磁場からなる。電場と磁場がそれぞれの振幅の方向を直角にとりながら進むのだが、光の波の方向というときは、磁場よりも電場のほうがずっと強いので、すなわち電場の方向を指す。

太陽から届く光は、光の波の方向がばらばらである。偏光サングラスをかけて偏光フィルターを通すと、垂直に振動している光だけが通り抜けることができる。水面に当たった光は、垂直方向の光は反射されにくく、水平方向に偏光した光が反射される（したがって、きらきらして見える）。

電子と陽電子の対消滅によってできる2つの光子は、理論上は、たがいに垂直方向に偏光し、偏光の比は正確に1対2になるとされていた。この理論を確かめる実験はいまだうまくいったことがなく、健雄は新しい実験方法を編み出してなんとしても成功させたかった。同じように取り組んでいる研究グループは他にもあったが、誤差が大きすぎて、そもそも使い物にならなかったり、予言された偏光比と一致しない結果を出したりしていた。

このたやすくない実験に挑むにあたり、健雄はコロンビア大学のサイクロトロンと、陽電子をつくるために放射性の銅を使うことにした。陽電子を電子にぶつけ、放出される光子を測定するために計数管と検出器を複数台、装置の周辺に慎重に設置した。1台の検出器を1カ所に固定し、それ以外は装置のまわりを弧を描くように動かして、放出される光子をさまざまな角度から30時間かけて測定した。次に検出器を入れ替え、同じ操作をまた30時間繰り返した。その結果、偏光比は2・04、理論値の2・0にかなり近い数字が出た。

評判が高まるにつれて当然のことながら、中国から帰国を促す働きかけがあった。健雄と夫の家騮にも国立中央大学の椅子を用意するとのこと。辞退はありえなさそうな話だが、健雄はきっぱりと断った。国立中央大学側は1年待つと言ってきた。だが、いったん中国に帰ってしまえば、アメリカに戻れなくなることが健雄にはわかっていた。中国本土では中国共産党が実権を握っていて、アメリカと中国との関係は悪化していた。中国にいる父に相談をしたところ、娘との再会を切に願ってはいるが、今はその時期ではないと言われた。健雄と家騮はアメリカに居続けるほうを選び、一九五四年にアメリカ国民となった。健雄はその2年前にはコロンビア大学の准教授になっていたので、終身在職権のある身分も保障されていた。コロンビア大学で終身在職権の与えられた最初の女性科学者だった。そして、一九五八年には教授に昇進した。

パリティの研究

核物理学には、物理学全般と言ってもいいが、偏光の他にも重要な概念がある。パリティという。偏光ほどには聞き慣れない言葉だが、それはパリティサングラスなるものがないから！　では、独楽《こま》でパリティを考えてみよう。回転の向き（時計回りか反時計回りか）がわかるようにゆっくり回す。この独楽《こま》を鏡に映すと、鏡の中の像は反転するので、反対の向きに回っているように見える。見ている私たちは、実際の独楽《こま》と、鏡の中の独楽《こま》は同じ現実だと受け入れている。つまり、鏡によって現実の見え方が変わっただけである。物理学では、このように鏡で見られる現実の反転をパリティ変換（パリティ反転）という。

　パリティは、原子よりも小さい粒子の物理学的性質を考えるときにも登場する概念である。一九二四年にドイツ出身のアメリカの物理学者オットー・ラポルテによって提出された。ラポルテは、原子がある状態から別の状態に移るときに光を出すしくみを考えていた際、それぞれの状態をパリティという観点から見てみると、原子が光子を放出するときにパリティ対称性が保存される（変化しない）ことに気づいた。現在では、パリティ対称性が保存されるということは、その過程を鏡で見てもまったく同じに見えることを意味する。独楽の場合は反転して見えるので、パリティ対称性は保存されず変換されている。一九二七年、パリティの概念はユージン・ウィグナーによって物理学の根本原理にまで広げられた。ウィグナーは、電磁気力が関与するすべての相互作用はパリティ対称性を保存することを示した。原子レベルでもパリティ対称性は保存されるとする説は、その後数十年間、揺るぎないものとされていた。

　健雄は原子力委員会からの助成を受けて、鉛の放射性同位体である鉛２１０に関する研究を続けていた。一九三九年までは、鉛２１０の放射性崩壊は十分解明されていると思われていたのだが、測定技術の進歩とともに混乱が生じた。２つとして同じ結果が出なかったのだ。健雄は例によって細部まで気を配り慎重に実験を進め、鉛２１０の放出するガンマ線と電子（ベータ粒子）を正確に測定し、鉛の放射性崩壊に関する議論に終止符を打った。同じ頃、ドイツ出身のアメリカの物理学者でシカゴ大学にいたマリア・ゲッパート＝メイヤーが、後に殻模型とよばれるようになる原子核の構造を提出した。殻模型を使って原子核内のさまざまなエネルギーを説明し、一九六三年にはノーベル物理学賞を受賞した。殻模型を考えるなかでメイヤーは、ラポルテのように原子核を固有パリティという観点から見た。鉛２１０に関する実験を進めていた健雄も、原子核のパリティを避けては通れなかった。

当時、物理学には、難問中の難問といわれていた「タウ・シータパズル」が横たわっていた。タウとシータは一九四九年に発見された粒子である。ちょうど、サイクロトロンなど粒子加速器の性能が上がり、次々と新しい粒子がつくられていた時代だった。測定実験ではタウとシータは同一の粒子であるという結果が出る一方で、異なる粒子であることを示唆する挙動も観測されていた。タウとシータがもし同じ粒子ならば、それまで信じられていたパリティは保存されるという考えを捨てなければならない。ほとんどの物理学者が認めるのを嫌がっていた。

健雄は、自分がきっぱりと片をつけようと思い立った。第二次世界大戦後、粒子加速器を利用した実験をもとに素粒子物理学という分野が生まれ、基本的な3種類の粒子が発見されていた。電子は物質を形づくる最も基本的な粒子（基本粒子）のようだったが、陽子あるいは中性子にぶつけると、新しい粒子が大量に出てきた。物理学者は、何が起こっているのかを調べ、陽子と中性子がバリオンという種類の粒子だということを突き止めた。さらに、この実験ではまったく違う性質をもつ粒子もつくられ、これらは中間子と呼ばれた。

問題のタウ粒子とシータ粒子はともに中間子の一種だった。シータ中間子は壊れると2個のパイオン

（別の種類の中間子、パイ中間子ともいう）になり、タウ中間子は3個のパイオンになる。どう見ても、2つが同じ粒子だとは考えられなかった。ややこしいのは、シータ中間子とタウ中間子は質量は同じで、崩壊するまでの寿命も同じだったこと。とても偶然とは思えなかったので、同じ粒子と考える物理学者もいた。ところが、シータ中間子は崩壊するとパリティ対称性が正という状態になり、タウ中間子は負という状態になる。これが謎だった。質量も寿命もまったく同じ粒子なのに、壊れるとパリティ対称性の異なる粒子になる。

一九五六年四月三日、第6回ロチェスター会議（高エネルギー物理学国際会議）が開かれ、200人ほどの物理学者が集まった。おもな議題のひとつがタウ・シータパズルだった。考えられる可能性は2つあった。タウとシータは別の粒子でそれぞれパリティ対称性が保存されている、あるいは同じ粒子でパリティ対称性が壊れている。ウィグナーを思い返すと、彼は、パリティ対称性は電磁気力が関与する相互作用で保存されることを示していた。ところが、原子核の規模になると作用する力は電磁気力ではなく、強い核力と弱い核力である。放射性崩壊の原因は弱い核力だ。弱い核力についてはパリティ対称性が保存されている証拠はどこにも提出されていなかった。つまり推測の域を出ていなかったのだ。

ロチェスター会議の数週間後、ともに当時、理論物理学の第一線にいた楊振寧《ヤン・ジェンニン》と李政道《リー・ジョンダオ》がニューヨークのカフェで落ちあい、弱い相互作用におけるパリティ対称性の破れの問題について話し込んだ。その後、しばらくして健雄は李政道から、ベータ崩壊においてパリティ対称性が保存される、あるいは破れることを示した実験を知っているかとたずねられ、聞いたことがないと答えた。電磁気力ではパリティ対称性の保存が証明されていたが、弱い相互作用については誰も証明していなかったことに李と楊は気づいた。2人はこの問題点を論文にまとめ、一九五六年六月二十二日『フィジカル・レビュー』誌に「弱い相互作用におけるパリティ保存に関する疑問」というタイトルで発表した。

李政道《リー・ジョンダオ》は、ベータ崩壊におけるパリティ対称性の保存を調べるなら、核反応でつくられた原子核か、原子炉でできた原子核を使うといいと人から勧められたと健雄に相談した。だが健雄は、それではうまくいかないと見抜いた。のちのインタビューで「その2つの方法のいずれも、私はかなり疑ってかかっていました。一番確実なのはコバルト60［原子量60のコバルト線源］だと伝えました」と答えている。パリティ対称性の保存を確かめる作業は健雄にとって、かねてからの輝かしい業績を凌ぐきわめて重要な実験となった。原子核をつくる陽子にはスピンと呼ばれる性質がある。陽子を小さな惑星になぞらえて考えてみよう。惑星が自転軸のまわりを一定の方向に向かって回転しているように、陽子も回転（スピン）しているとする。磁場の中に原子核を置くと、含まれている陽子のスピンはすべて同じ方向にそろい、原子核に対する正味のスピンが得られる。外部磁場がなければ、陽子のスピンはたがいに打ち消し合ってしまう。

時計回りのスピンをこの分野では上向きという。時計回りにスピンしている原子核を鏡に映すと下向き（反時計回り）にスピンしているように見える。パリティ対称性が保存されているとすると、反応によって放出される粒子は、上向きでも下向きでも同じ数になるはず。保存されていなければ、鏡には違って映る。そこで、健雄はコバルト60線源から出てくる「上向き」スピンの電子の数と、「下向き」スピンの電子の数を数えることにした。両方の数が同じであれば、パリティ対称性は保存されている。違っていればパリティ対称性は破れていると考えたのだ。

実験室の呉健雄（1963年）

李政道との間で意見を交わした年は、健雄が中国を離れ、バークレーで家騮《かりゅう》と出会ってからちょうど20年目を迎えた年だった。その記念に、２人は豪華客船に乗って中国まで戻り、お祝いをする計画を立てていた。クイーン・エリザベス号の客室も予約し、久しぶりに一緒に過ごす、しかも初めての長期休暇になるはずだった。ところが出航のその日、船に乗っていたのは家騮《かりゅう》、ひとりだった。パリティ対称性の破れに関する論文を李《リー》と楊《ヤン》が『フィジカル・レビュー』誌に投稿しようとしていることを健雄が知ったのは、予約を入れたあとだった。論文が世に出て、重要性に気づいた研究者が先に実験を成功させてしまうかもしれないと思うと、いても立ってもいられなくなり、健雄は研究室で実験を進めるほうを選んだのだった。

まず頭の中で実験を組み立ててみた。磁場中で陽子のスピンをそろえるには、コバルト60を冷やすとうまくいくかもしれない。熱エネルギー（温度は熱エネルギーの測定値）があると、磁場を加えても陽子が整列しなくなってしまうからだ。約０・０１Ｋ（絶対零度、すなわちマイナス２７３℃より１００分の１℃高い温度）まで下げればいいと算出した。

当時、コロンビア大学の研究室にはそこまで冷却できる技術はなく、アメリカ中を探しても２、３カ所だった。そのひとつ、ワシントンＤＣの国立標準局低温実験所の所長アーネスト・アンブラーに共同研究を頼み込んだ。健雄は、硝酸セリウムマグネシウムの基板の上にコバルト60の薄膜を蒸着させ、実験に臨んだ。

できるだけ秘密裏に進めたい、誰にも負けたくないと思っていたのだが、噂は広がった。核物理学者のビクター・ヴァイスコップは、一九三〇年にニュートリノの存在を予言した理論物理学者ヴォルフガング・パウリから、アメリカの核研究ではいったい何が起こっているのかとたずねられたそうだ。弱い相互作用でパリティ対称性が保存されているかどうかを呉健雄が確かめているところだと答えると、自説に自信をもち、辛辣な物言いをすることで有名だったパウリは手紙を書いてよこした。「呉夫人は時間を無駄にしています。パリティ対称性が保存されているほうに大金を賭けてもいい。僕は、神が弱い左利きだとは思いません。実験は対称性を示す結果に終わる、こちらにいくらでも賭ける用意ができています」

パウリからの手紙がヴァイスコップのもとに届くよりも先に、健雄はパリティ対称性の破れを明らか

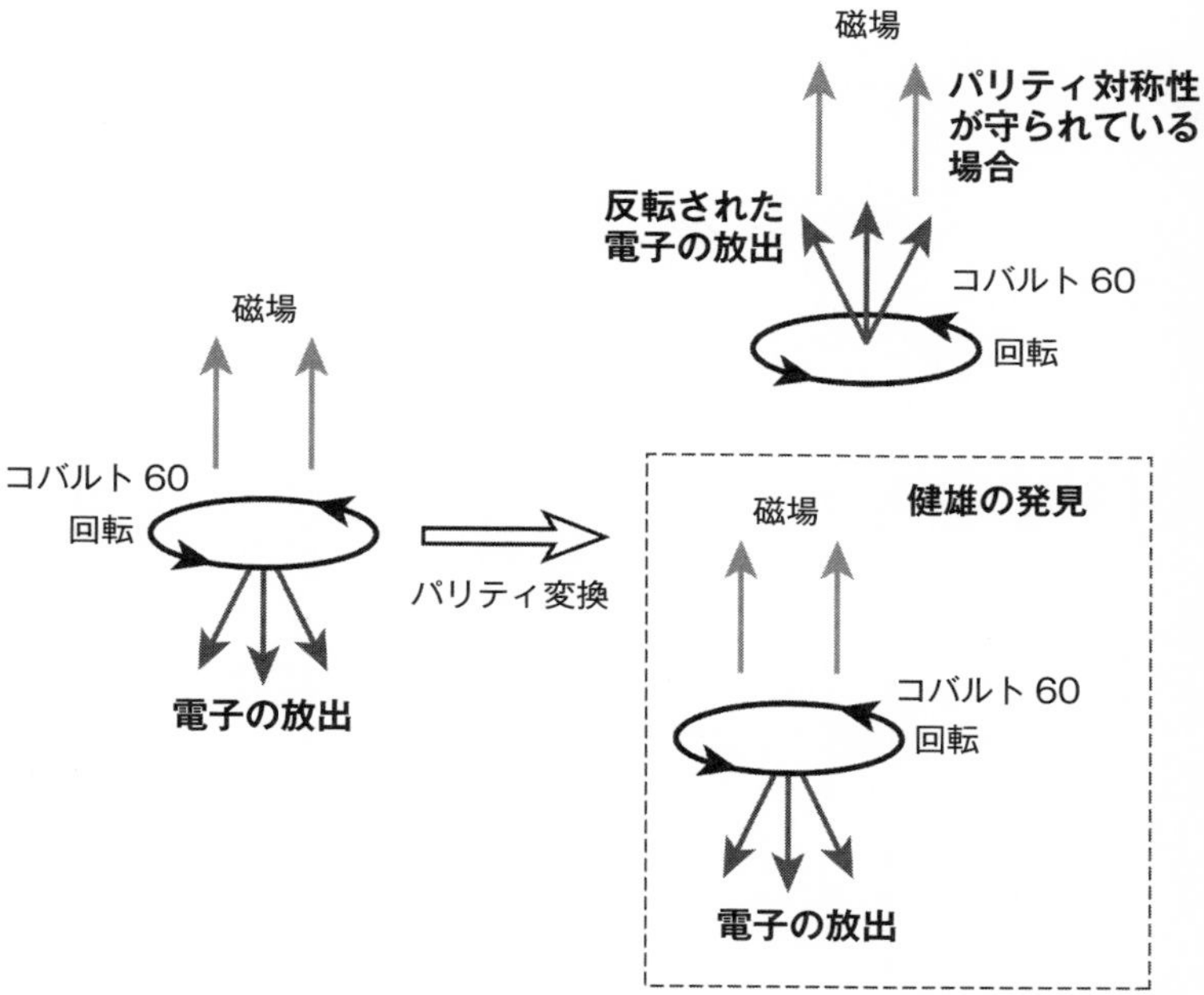

パリティ対称性が保存されているならば、実験の向きを逆にすると、電子の放出される方向が変わるはずだ。ところが、電子は必ず、コバルト原子のスピンに対して同じ方向に飛び出していた。すなわち、弱い力はパリティの法則を破っていることを健雄は突き止めた（出典：https://galileospendulum.org/2014/03/08/madame-wu-and-the-backward-universe）。

にしていた。最初の実験は失敗した。この恐ろしく難しい実験を進めていくと、次から次へと問題が立ちはだかったのだが、そのひとつが、コバルト60の薄層の上で原子核の整列がすぐに壊れてしまうことだった。薄層の温度の高さが原因と思われたが、温度上昇の理由はわからなかった。硝酸セリウムマグネシウム基板の厚みに問題があるとみた健雄は、単結晶の薄膜形成用基板をつくることにした。ところが、そんな大きさの結晶をどこから手に入れたらよいのかわからなかった。健雄曰く「創造力と判断力と運だけを頼りに、私たち3人（意欲あふれる化学者と勉強熱心な学生と私）は休みも取らず働きづめで、3週間が過ぎる頃には、半透明で大きくて完全な硝酸セリウムマグネシウムの単結晶を10個ほどつくりました。貴重な結晶を抱えてワシントンDCに戻ったあの日、私は世界中の誰よりも幸せで、得意の絶頂にいました」

一九五六年のクリスマスの2日後に健雄はアーネスト・アンブラー率いる国立標準局の研究チームに合流した。研究室では電子やガンマ線を計測する装置が動き、アーネスト・アンブラーはノートに数字を書き留めていた。硝酸セリウムマグネシウムの結晶から気泡を取り除く真空ポンプの音と、コバルト60を絶対零度に限りなく近い温度に保つ大型冷却装置のコンプレッサーの音だけが響き、あとは教会のようにしんとしていた。物理学の「法則」が崩れるかどうか、いよいよわかる瞬間が訪れるのを待ちながら、一同は息を吸うのがやっとなほどだった。

最初の結果はパリティ対称性の破れを示唆していた。だが、興奮したのもつかの間で、同じ実験を繰り返したところ、再現されなかった。数日かけて慎重に調べなおして、ある向きに放出される電子の数が、反対向きに放出される電子の数よりも少ないことを確認した。パリティ対称性は破れていた！物理学で信じられてきた法則が間違っていたことを健雄は示したのだった。

健雄らは急いで論文2報をまとめ、『フィジカル・レビュー』誌に投稿した。報道発表も済ませ、翌日のニューヨーク・タイムズ紙の一面には「物理学の基本概念、実験で覆される」と見出しが踊った。健雄の結果は、物理学の基本的な法則の誤りを示しただけでなく、タウ・シータパズルも解決していた。パリティ対称性が破れているのなら、シータ中間子とタウ中間子は同一の粒子ということになる。現在は、シータ中間子とタウ中間子はK中間子とよばれる。K中間子は、パリティ対称性が保存されないので2種類の崩壊をする。

パリティ対称性の破れを示した健雄の実験は、世界でも有数の巧妙な実験と認められ、この研究の重要性を認識したノーベル委員会も、通常なら数年かけて検討するところを、パリティ対称性の破れの発見に対しては一九五七年に授与を決めた。ただし、受賞者は健雄ではなかった。授賞の対象となったのは、楊振寧《ヤン・ジェンニン》と李政道《リー・ジョンダオ》の、パリティの破れに関する理論研究だった。これはどう見ても、ノーベル委員会の最大級の過ちのひとつである。ただ、健雄本人が不満を漏らしたことはなく、一九五八年以降は、国内外の物理学の賞を次々と受賞し、名誉学位もいくつか授与された。

弱い核力の測定

パリティの破れの証明は、健雄の最大の功績とされているが、もうひとつ忘れてはならない業績がある。弱い核力に関する研究だ。一九四〇年代後半に、電磁気力は電荷間の粒子（光子）の交換によって説明されうるという仮定に基づく理論が提出された。現在は量子電磁力学と呼ばれるこの理論は、いくつもの現象をうまく説明したので、自然界に存在する4種類の力（重力、電磁気力、強い核力、弱い核力）はすべて、粒子の交換によって説明されるかもしれないと考えられるようになった。この理論に従うと、たとえば、炭素12（中性子を6個もつ炭素）の放出するベータ線と窒素12（中性子を5個もつ窒素）の放出するベータ線は同じ「形」になる、つまり異なる放射性原子が、一定のエネルギーをもつベータ粒子を同じ数だけ放出するはずだ。

数十年にわたってベータ崩壊に取り組んできた健雄にとって弱い核力はお手のものだった。誰よりも正確にエネルギーを測定できると踏んだ。またもや手持ちの分光器をいじり始め、さらに経路を外れたベータ粒子が分光器の壁面に跳ね返らないことも確認した。他の研究者も同じ実験を試みていたのだが決定的な結果は得られていなかった。健雄は、たちまちにして確かめた。理論と実験結果は厳密に一致した。一九六三年、論文「ホウ素12および窒素12のベータスペクトルに関する保存ベクトルカレント理論の検証実験」にまとめ『フィジカル・レビュー・レターズ』誌で発表した。この実験結果は、弱い核力に関する理論の確認にとどまらず、自然界の基本的な力を理解する新たな道も示していた。現在では、一八〇〇年代半ばにマイケル・ファラデーとジェームズ・クラーク・マクスウェルが考えついたままに、4種類の力が場と力線をもっているとは考えない。4種類の力はすべて粒子を交換することによって働くと理解されている。

その後、健雄は引退するまで生物物理学の実験に力を注ぎ、赤血球に含まれるタンパク質であるヘモグロビンを研究した。ヘモグロビンの構造を詳しく調べ、とくに赤血球で酸素を運ぶ鉄の電気的性質に着目した。正常な赤血球でも病的な赤血球でも鉄に違いはないが、正常な赤血球は酸素と親和性が高く、病的な赤血球では高くないことを示した。健雄の研究によって、鎌状赤血球貧血《かまじょうせっけっきゅうひんけつ》の研究がかなり進んだ。分野は違えど人類の役に立つと思えば、自分の専門知識を総動員した。生物物理学への進出は、最後の研究プロジェクトとなった。引退をひかえた健雄は、科学における女性の立場の向上にも関心を向けた。各地を訪ね、自分の研究人生を語った。故国を訪れた際には、「中国のキュリー夫人」と呼ばれた。健雄の女性としての人生は、優れた研究成果を残すこと、そして母であり妻であることが不可能ではないことを体現していた。

一九九七年、ニューヨークで脳卒中に襲われ84歳で生涯を終えた。健雄の影響は今なお大きく残っている。健雄から直接指導を受け技術を身につけた教え子たちが活躍している。原子核と自然界の基本的な力の仕組みに関する理解は、健雄の研究により深まった。そして何よりも、健雄は、まわりの励みとなる存在の人だった。意志をもってひたすら専念すれば、性別や人種による壁も乗り越えられることを身をもって示した。教え子のノエミー・コラーが寄せた追悼文より。「呉健雄が初めてカリフォルニアに降り立った一九三六年を思うと、物理学も女性研究者に対する認識もかなり進歩しました。その多くが、たゆまぬ努力を続け、教え導き、成果を出してきた彼女のような女性たちに負っています。科学にも学生たちにも熱心に向き合っていた、いかにも呉健雄らしい姿を私たちは忘れることはありません」

『世界を変えた10人の女性科学者』に寄せて ロールモデルはたくさんいた方が良い

東北大学　副学長・医学研究科教授　大隅　典子

本好きだった父の影響か、小学校では図書室の本を片端から借りて読んだ。1冊借りて1日で読み、翌日、返却してまた次の本を借りるという具合。低学年で読んだものは『長くつ下のピッピ』や『点子ちゃんとアントン』くらいしか覚えていないが、学年が上がるにつれ、アガサ・クリスティやシャーロック・ホームズ、江戸川乱歩の推理小説シリーズが愛読書になった。子ども向けのサイエンスの本はあまり読んだ記憶がないが、美しい写真の載った各種の図鑑は好きだった。もう一つ、制覇するモチベーションを掻き立てられたのは『児童伝記全集』という書籍だ。

のちに『児童伝記シリーズ』となり、計50人の世界の偉人のなかに取り上げられた女性は、キュリー夫人、ヘレン・ケラー、ナイチンゲール、そしてなんと、紫式部の4人。キュリー夫人、ヘレン・ケラー、ナイチンゲールは覚えていたのだが、ほかにも、誰か女性の伝記が書かれていたのか、国立情報学研究所のデータベースでファクトチェックしてみたところ、最初に刊行された10冊には、たしかに女性の伝記が3名分、含まれていた。ところが、その後に刊行された40冊のなかには、女性はたった一人、紫式部だけだった。

シリーズ４作目で取り上げられていたキュリー夫人は、とても印象に残っていた。母国の名を冠したポロニウムとラジウムを発見し、一九〇三年にノーベル物理学賞を受賞、一九一一年には、なんとノーベル化学賞を単独で受賞という偉業を成し遂げた女性科学者の業績は、両親ともに生物学者であった子どもの私には、一番インパクトがあった。実際、一人で２つのノーベル賞を受賞した科学者は、マリー・キュリー以降にも存在しない。『児童伝記シリーズ』には男女問わずあまり科学者が取り上げられていないのは、マリー・キュリーの存在感が大きすぎたからかもしれない。

その後、中学から高校時代には、女性科学者のロールモデルについて知る機会は、ほとんどなかったように思う。実際には、一九七七年にロサリン・ヤローがノーベル生理学・医学賞を受賞していたのだが、日本のメディアではほとんど取り上げられなかった。一九八三年のバーバラ・マクリントックのノーベル生理学・医学賞は記憶にある。「動く遺伝子」の発見は、分子生物学の教科書に書かれていた。

＊＊＊

さて、本書は科学や世界を変えた10名の女性科学者の伝記を集めたものである。上記のマリー・キュリーのほかに、ノーベル化学賞を一九六四年に受賞したドロシー・ホジキン、生理学・医学賞を受賞したリータ・レーヴィ＝モンタルチーニ（一九八六年）とガートルード・エリオン（一九八八年）も名を連ねる。そのほかには、新生児のリスクをスコア化した麻酔科医のヴァージニア・アプガー、書籍により環境問題を世に問うた生物学者のレイチェル・カーソン、銀河系の距離を測定する原理を考えた天文学者のヘンリエッタ・リービット、ウランの核分裂を発見した核科学者のリーゼ・マイトナー、第二次世界大戦中に英国の配給食開発に関わった栄養学者のエルシー・ウィドウソン、そして、「パリティの法則」の常識を覆す観測を行った実験物理学者の呉健雄が登場する。

国や時代も少しずつ異なる10名だが、それぞれの辿った人生から学べることは多い。誰も生涯にわたって順風満帆であることなどなく、持って生まれた才能を開花させる努力を惜しまなかったことは共通項として挙げられる。それぞれのバイオグラフィーだけで丸々1冊の書籍になるくらいの方々だが、あえて10名まとめたことに大きな意義がある。

リーゼ・マイトナーや呉健雄も「惜しくもノーベル賞を逃した」と見なされている科学者である。だが、ノーベル賞を受賞することが科学者の目的ではない。究極の目的は、ノーベルの遺言にあるように「人類の福祉に貢献すること」だ。「科学」と呼ばれる営みは、21世紀に入って、さらに広がりを見せて、より学際的になりつつある。したがって、多様なロールモデルが今こそ必要だ。

私がもっとも会いたかった方を3名挙げておこう。

まずは、リータ・レーヴィ＝モンタルチーニ博士。私自身、神経発生分野で研究をしているため、以前に読んだ自伝『美しき未完成』でも、ナチス・ドイツの迫害のなか、自宅に孵卵器を持ち込んで実験を行ったというエピソードにとても感動した。90歳を超えてもなお矍鑠としてお元気だったので、いつか会えると信じていたのだが、その夢は実現しなかった。生前の講演やスピーチは今でも動画で観ることができる。

2人目はレイチェル・カーソン氏。生物学の専門教育をノンフィクション・ライターという職業に活かした方だ。本書では、有名な海の三部作や『沈黙の春』を中心にまとめられているが、私が気に入っている書籍は、『センス・オブ・ワンダー』。遺稿となった短い文章に美しい自然の写真が取り合わされた書籍は、デジタルな社会にあって、ときにアナログに頭を使うことの重要性を思い出させてくれる。幸い、翻訳書は文庫となって蘇る予定となっている。

最後はエルシー・ウィドウソン博士。この方のことは本書を読むまで存じ上げなかったが、食品の成分分析を正確に行うとともに、英国で戦時中の配給食糧の策定に関わったという社会的貢献のインパクトは、とても大きい。当時の配給食糧の栄養が実はもっとも健康的だった、というのは英国らしいエピソードだが、妊婦の栄養状態が次世代の健康や疾病に影響するというDOHaD（Developmental Origin of Health and Disease）というコンセプトは、のちに一九八〇年代になって英国のデビッド・バーカー博士らの提唱に繋がるという意味でも興味深いと感じた。エルシーの行った活動は実に多角的で、アカデミア、行政、教育等、さまざまな分野を繋いでいることが素晴らしい。

＊　＊　＊

本書で取り上げられている10名の女性科学者は、いずれもすでに鬼籍に入っているため、現代を生きる中高生、あるいは大学生や大学院生にとって、遠い存在と感じられるかもしれない。だが、人々は亡くなってからこそ、初めて客観的に評価されることができるし、変化の早い世の中だからこそ、普遍的な原理原則を知ることに意義があるだろう。二〇二〇年にゲノム編集技術の開発に関してノーベル化学賞を受賞した2人の女性科学者、エマニュエル・シャルパンティエ博士も、ジェニファー・ダウドナ博士も、キュリー夫人の伝記を読んで育った。どんな分野にも超えるべき困難があり、誰か
が初めてそこ

に道を拓くことになるのだ。

私は、保護者や次世代の教育を担う方々にも本書を読んでほしいと願う。もし身近に科学好きの少女がいたら、そっと背中を押してあげて欲しい。「あなたも一生懸命努力すれば、こんな人生を歩むことができるかも……」。最低限、「女性が科学者を目指して大丈夫？」などと心配しないで欲しい。そして、もし今から50年後に同様の本が世に出るときには、10人のなかに複数の日本人女性が入っていて欲しい。ロールモデルはキュリー夫人だけではないのだから。

そして、あなたはどんな人にもなれるのだから。

訳者あとがき

本書は『Ten Women Who Changed Science, and the World』の邦訳である。著者は免疫学の博士号をもつサイエンスライターのキャサリン・ホイットロックと、天体物理学の博士号をもち大学講師の傍ら講演や著作活動を行っているロードリ・エバンス。伝記を著すのは、キャサリンは本書が初めてで、ロードリは2作目だ。

タイトルどおり10人の女性科学者の小伝集である。マリー・キュリーのほかは馴染みが薄いかもしれないが、頭数をそろえるために集めた10人ではない。科学をたしかに前進させた人物ばかりだ。専攻分野も生き方もまさに十人十色の研究人生が描き出されている。だが決して偉人伝然とはしていない。社会の流れに巻き込まれ、周囲の人との絡み合いのなかで貫いた科学者の生き様が語られている。科学が人間の営みであり、歴史や社会と隔絶した学問ではないことも改めて知らされる。さらに10人が女性ゆえに受けた冷遇の数々とそれをはねのけていく姿は、痛ましくもあり小気味よくもあり。科学と女性を巡る、現在につながる歴史の一端も覗ける。

科学を志す人や、その道の真っただ中にいる方にはもちろん、科学にゆかりのない方にもぜひ一読いただけたらと思う。

最後に、解説を寄稿いただいた東北大学副学長・医学研究科教授の大隅典子先生には、この場を借りてお礼を申しあげます。本書に引き合わせ編集の労を執ってくださった化学同人編集部の佐久間純子さん、特徴をよくとらえた似顔絵を添えてくださったイラストレーターのＫａｍｅｙｏｎさん、お世話になり、ありがとうございました。

二〇二一年七月

伊藤 伸子

用語集

DDT　ジクロロジフェニルトリクロロエタン。殺虫剤に利用される合成有機化合物。環境に長く残るため食物連鎖の上位にいる動物に集まりやすい。現在では使用を禁止している国が多い。

DNA　デオキシリボ核酸。染色体の主要な成分としてほぼすべての生物に存在する、自己複製をする物質。遺伝子というかたちで遺伝情報を運ぶ。

X線　高エネルギーをもつ電磁波。波長が短く多くの物体を通り抜けるが、すべてではなく吸収されるとフィルムに画像を残す。人体では骨など高密度の部分がX線を通さないので白く写る。皮膚や薄い組織の大部分は密度が低くX線を通すため、黒く写る。

X線結晶学　分子の結晶にX線を照射し回折パターンを調べて分子の構造を研究する学問分野。

天の川銀河　太陽と太陽系が属する銀河。天の川の光の帯をつくる無数の恒星を含む。

アミノ酸　タンパク質の構成要素。人体のタンパク質は20種類のアミノ酸でできている。そのうち9種類は体内でつくられないため食物から摂取する。このようなアミノ酸を必須アミノ酸という。

アルファ崩壊　放射性原子の原子核からアルファ粒子が放出される現象。

アルファ粒子　3種類の放射線の一種。陽子2個と中性子2個からなる。ヘリウムの原子核と同一。アルファ崩壊でつくられる。

イオン　電子と陽子の数の違いによって生じる、正あるいは負の電荷をもつ原子。

イオン化　電子を付加あるいは除去してイオンができる現象。電子を失うと正のイオン、受け取ると負のイオンになる。

宇宙　あらゆる物質を含む空間。直径は百億光年よりも大きく、膨大な数の銀河を含むと考えられている。約130億年前のビッグバンで誕生して以来膨張し続けている。

ウラン　原子番号92の金属元素。最も多く存在するウランの同位体は^{238}U。自然界に存在するウランの99.3%を占める。残りの0.7%は^{235}U。^{235}Uはあまり安定していないので核反応に用いられる。

疫学　病気の発生頻度や分布、制御の可能性、あるいは健康に関する要因などを研究する学問分野。

塩基対　2本鎖核酸分子の中の相補的な塩基の組み合わせ。片方の鎖のプリン塩基に対して、もう片方の鎖のピリミジン塩基が水素結合してできている。シトシンはグアニン、アデニンはチミン（DNA）またはウラシル（RNA）と必ず対になる。

化学式　化合物に含まれる元素とその数を相対的な比で示す化学記号の組み合わせ。

化学療法　化学物質を使った病気の治療法。とくに細胞障害性薬剤などによる抗がん治療。

核酸　ヌクレオチドと呼ばれる単位が繰り返してできた長い鎖1本あるいは2本からなる。ヌクレオチドは窒素を含む塩基（プリンまたはピリミジン）に糖とリン酸が結合した分子。核酸にはDNAとRNAがある。

核物理学　原子核とその相互作用、とくに核エネルギーの発生を研究する物理学。

核変換　元素あるいは同位体が核分裂反応を起こして別の元素あるいは同位体に変わる現象。

核融合　2種類の原子核がくっついて、エネルギーを放出しながら1個の原子核をつくる反応。太陽や恒星のエネルギーの源。

核力　強い核力は陽子と中性子を引きつけ原子核をひとつにまとめる。弱い核力はある種の原子の放射性崩壊を引き起こす。

核連鎖反応　一連の核分裂反応。核分裂に先立ってつくられる中性子によって開始する。

化合物　2種類以上の元素が化学結合してできた物質。含まれる元素の原子の数を示す化学式で表される。

ガンマ線　3種類の放射線の一種で、もっとも高いエネルギーをもつ電磁波。自然界では放射性同位体の崩壊によって放出される。人体組織にがんなどの損傷を与える。

寄生　宿主生物の体外あるいは体内にすみついた植物あるいは動物が宿主から栄養をもらい、宿主には何ももたらさない生活をすること。寄生の結果、宿主に害が生じることもある。

拮抗薬　ある物質の生理作用に対して反対のはたらきをする薬や化学物質。たとえば、刺激薬（特異的な受容体に結合して活性化させる物質）の受容体を遮断する。

基本粒子　それ以上小さな成分にわけることのできない原子より小さな粒子。素粒子ともいう。それより小さな内部構造をもつという証拠がない限り基本粒子に分類される。レプトン、クォーク、ボソンなど31種類が知られてい

る。陽子は3種類のクォークからなるので基本粒子ではない。電子は内部構造をもたないので基本粒子。

銀河　数千億個ほどの恒星とガスやちりが重力でまとまっている天体。

筋緊張　静止時の筋肉組織の緊張状態。

駆除剤　有害生物（昆虫、齧歯類、真菌、雑草など）を殺すために用いられる化学物質。

効力　効果を及ぼすことのできる能力。薬の治験結果を分析する際にも用いられる。

原子　物質の基本的な単位。密度の高い原子核と、そのまわりを雲のように広がって取り囲む負の電荷を帯びた電子からなる。原子核は正の電荷をもつ陽子と電荷をもたない中性子でできている。

原子質量　原子核に含まれる陽子と中性子の数の合計。

原子爆弾　核分裂または核融合を利用した爆弾。

原子番号　原子核に含まれる陽子の数。原子番号によって周期表での元素の位置や沸点などの化学的性質、他の元素との反応の仕方がわかる。

原子量　元素の相対的な質量。自然界に存在する同位体の原子質量の平均から求められる。

元素　1種類の原子（原子番号が同じ）だけからなる物質。最も基本的な物質であり、化学反応によってそれ以上分解できない。

光子　光を含む電磁波の最小単位あるいは量子。光を粒子で考えた場合の基本単位。

恒星視差　遠くにある天体を背景とした場合の近くにある恒星（あるいは天体）の見かけの位置の変化。

抗生物質　細菌などの微生物を破壊したり、その成長を阻害したりする薬。

酵素　特定の生化学反応を触媒する、生物によってつくられる物質。

抗体　血液中の特定の免疫細胞によってつくられるタンパク質。ウイルスや細菌などの病原体を攻撃したり、殺したりして病気と闘う。

光度　星の明るさを表す尺度。恒星や銀河などの天体が単位時間当たりに放出するエネルギーの総量。

光年　天体の距離を表す単位。光が1年間に進む距離に等しい。9.4607×10^{12}キロメートル。

光分　光が真空中を1分間に進む距離。約1800万キロメートル。

古生物学　動物や植物の化石を研究する学問。

サイクロトロン　粒子加速器の一種。

殺虫剤　昆虫を殺すために使用される化学物質。

サリドマイド　鎮静剤やつわりの薬として使われた化学物質。1960年代に妊娠中にサリドマイドを服用した母親から先天性の四肢欠損症をもつ新生児が生まれたため回収された。

産科学　妊娠、出産、新生児に関する処置や治療を担う医学の専門分科。

シータ　基本粒子の一種。

自己免疫疾患　自分の体の組織を免疫系が誤って攻撃するために起こる病気。多発性硬化症、1型糖尿病、リウマチ性関節炎、全身性エリテマトーデスなど。

脂肪酸　脂肪や脂質の構成要素。

脂肪組織　エネルギーを脂肪として蓄える、ゆるい結合組織。

周期　天文学では、恒星や惑星が軌道を回って同じ場所に戻ってくるまでにかかる時間。

周期表　元素を原子番号や化学的性質といった周期律に従って並べた表。ロシアの科学者ドミトリー・メンデレーエフが1869年に考案。

植物学　植物を研究する学問分野。

植物相　特定の地域あるいは特定の時代に生息する植物。

神経学　神経および神経系の構造、機能、病気を研究する医学の一分野。

神経細胞　神経系の基本となる構成単位。ニューロンともいう。体の中の遠い部位とも電気信号をやり取りする。

神経生物学　神経系を研究する学問。

神経節　脳と脊髄以外の神経系に存在する神経細胞の集合した構造。a）末梢神経から受け取った信号を脳に送る感覚神経節とb）信号を入ってきた方向の反対側に送る自律神経節の2種類がある。

新生児学　新生児の医療を担う小児科の専門分科。とくに疾病のある新生児や未熟児を対象とする。

星雲　宇宙に広がるガスとちりからなる雲。

生化学　生物の中で起こっている化学現象を研究する学問分野。

星座　図形として見ることのできる星のまとまり。昔から、その形にちなんだ名前がつけられてきた。神話の登場人物に見立てた名前もある。

生態学　生物と他の生物や環境との関係を研究する学問分野。

成長因子　細胞の成長、増殖、創傷治癒、分化を促進する、生体内で産生される物質。たとえば、細胞間の情報伝達分子として作用する。

生理学　人間や動物の体が機能する仕組みを研究する学問。

セファイド　一定の周期で明るさの変わる変光星。セファイドの変光周期と光度の関係を元に地球からの距離を推測する。

先天性異常　生まれつきの病気や体の異常。
組織学　生物の組織や細胞の構造を顕微鏡レベルで研究する学問分野。
素粒子物理学　素粒子の性質、関係、相互作用などを研究する学問。
代謝　生命を維持するために生体内で起こる化学過程。
代謝産物　代謝の過程で生じる物質。
タウ　基本粒子の一種。
タンパク質　アミノ酸がつながった鎖からなる大きな分子。体の細胞、組織、器官の構造、機能、調節などで重要なはたらきをする基本的な物質。
地質学　固体地球の歴史を研究する学問分野。岩石に刻まれた記録、とくに岩石の構造と長い時間をかけて岩石が変化する過程を読み解く。
中間子　電子と陽子の中間の重さをもつ粒子。陽子と中性子を原子核にまとめる強力な力を媒介する。
中性子　原子核の中に存在する、電荷をもたない粒子。
超ウラン元素　原子番号が92（ウランの原子番号）より大きな元素。自然界には存在せず、実験室で合成される。不安定なため放射性崩壊をして、より安定な別の元素になる。
超新星　恒星が質量の大部分を放出する大爆発を起こし、明るく輝く現象。
通過　見晴らしのよい場所にいる観察者が見たとき、恒星などの天体が別の天体の表面を一部隠しながら横切るように見える現象。
電子　負の電荷をもつ粒子。原子核のまわりに広がる電子雲の中を回っている。
電磁気力　電流や電場と磁場との相互作用によって生じる力。
天文学　宇宙を研究する学問分野。
同位体　陽子の数は同じだが、中性子の数が異なる元素。^{12}C と ^{13}C と ^{14}C はすべて炭素の同位体。いずれも陽子は6個だが、中性子はそれぞれ6、7、8個。同じ元素の同位体ならば周期表の位置も同じ。
等級　地球から観測した恒星の見かけの明るさを表す尺度。明るく見える天体ほど等級の数字が小さい。
同型置換　結晶の構造を変えることなく分子中の元素を別の元素で置き換えること。タンパク質は分子置換体や重原子置換体をつくることができるので、タンパク質の構造決定でよく用いられる。
動物学　動物を研究する学問分野。
動物相　特定の地域あるいは特定の時代に生息する動物。
胚　発生の途中にある、生まれる前の、あるいは孵化する前の個体。ヒトの場合、受精後2～8週目までを胚、それ以降を胎児という。
パイオン　電子の約270倍の質量をもつ中間子。

バリオン　陽子と同じ、あるいは陽子より重い質量をもつ素粒子。核子やハイペロンなど。

半減期　物質（たとえば医薬品や不安定な放射性原子）が元の量の半分にまで減る、あるいは崩壊するのに要する時間。

反物質　反粒子でできた物質。物質の粒子にはそれぞれ対応する反物質の反粒子が存在する。たとえば、電子の反粒子は陽電子。陽電子は電子と同じ質量をもつが、電子とは反対の電荷をもつ。

反粒子　ある素粒子と質量は同じだが、電荷や磁性が反対の素粒子。どの素粒子にもそれぞれ反粒子が存在する。

ピッチブレンド　ウランやラジウムを含む黒褐色の鉱石。

ピリミジン体　炭素と窒素からなる単環構造の塩基。チミンとシトシンはそれぞれ DNA 分子中で相補的なプリン体と対になり、二重らせん構造をつくる。

プリン体　炭素と窒素からなる二環構造の塩基。核酸の成分。代表的なアデニンとグアニンはそれぞれ核酸の DNA と RNA に含まれ、相補的なピリミジン体と対になる。

分光法　物質と電磁波領域との相互作用を利用した分析方法。かつては可視光を利用していたが、現在では X 線、ガンマ線、紫外線領域も用いられる。

分子　原子（同じ元素の場合も、違う元素の場合もある）がたがいに化学的に結合している粒子。

分裂　生物学では細胞分裂の最初に起こる、細胞核が 2 つに分かれる現象。物理学では原子核が壊れて小さな原子核ができる反応。原子核が分裂すると中性子と光子と膨大なエネルギーが放出される。核の分裂の結果できる核分裂片は新しい元素なので核分裂は核変換である。

ベータ崩壊　放射性原子の原子核からベータ粒子が放出される現象。

ベータ粒子　3 種類の放射線の一種。放射性原子の原子核から放出される電子または陽電子。

偏光　同一平面で振動している光の波。2 平面以上で振動している光の波を非偏光という。自然光は非偏光。

変光星　明るさの変わる恒星。変化が周期的なものと、不規則なものがある。

崩壊系列　ある元素が崩壊して放射性を有する別の元素に変わっていく一連の崩壊現象または核変換。安定な元素または同位体ができたところで終了する。

放射能　物質をつくる原子の核が不安定なため崩壊あるいは分裂し、アルファ粒子、ベータ粒子、ガンマ線といった放射線を放出する性質。

麻酔薬　痛みに対する感覚を消失させる薬。

マゼラン雲　南天にある不規則銀河。大マゼラン雲（LMC）と小マゼラン雲

（SMC）からなる。地球を含む天の川銀河に最も近い独立した恒星系で、天の川銀河のまわりを公転している。

免疫抑制　免疫応答を一部、あるいはすべて抑制する作用。

薬学　薬の利用、効果、作用を研究する学問。

陽子　原子核に含まれ、正の電荷をもつ粒子。原子核のまわりを回る電子の負の電荷を打ち消す。陽子の数によって元素の原子番号と周期表の位置が決まる。

陽電子　電子の反物質。反電子ともいう。質量は電子と同じだが、電荷は反対。

粒子　原子を構成する成分。陽子、中性子、電子など。基本粒子を指すこともある。

粒子加速器　電場や磁場を利用して粒子を高速で加速する装置。加速した粒子を他の粒子に衝突させて研究に用いたり、高エネルギーのX線やガンマ線を発生させたりする。

理論物理学　数学的手法を用いて自然現象を説明する学問分野。

もっと読みたい人のために

ヴァージニア・アプガー

M. A. Apel, “Virginia Apgar: Innovative Female Physician and Inventor of the Apgar Score,” Rosen Central (2004).

V. Apgar, J. Beck, “Is My Baby All Right? ,” Simon & Schuster (1972).

レイチェル・カーソン

レイチェル・カーソン,『センス・オブ・ワンダー』, 上遠恵子訳, 新潮社 (1996).

レイチェル・カーソン,『潮風の下で』, 上遠恵子 訳, 岩波書店 (2012).

レイチェル・カースン,『われらをめぐる海』, 日下実男 訳, 早川書房(ハヤカワ・ライブラリ 1965年)(ハヤカワ文庫 1977).

レイチェル・カーソン,『海辺——生命のふるさと』, 上遠恵子 訳, 平凡社 (2000).

レイチェル・カーソン,『沈黙の春』, 青樹簗一 訳, 新潮社 (新潮文庫 1974) (新装版 2001).

C. M. Jameson, “Silent Spring Revisited,” Bloomsbury (2012).

W. Souder, “On a Farther Shore: The Life and Legacy of Rachel Carson,” Random House (2012).

マリー・キュリー

V. Cobb, “DK Biography: Marie Curie,” Dorling Kindersley (2008).

エーヴ・キュリー,『キュリー夫人伝』, 河野万里子 訳, 白水社 (2006).
バーバラ・ゴールドスミス,『マリー・キュリー――フラスコの中の闇と光』, 小川真理子 監修, 竹内 喜 訳, WAVE 出版 (2007).
スーザン・クイン,『マリー・キュリー 1, 2』, 田中京子 訳, みすず書房 (1999).

ガートルード・エリオン

J. MacBain, "Gertrude Elion: Nobel Prize Winner in Physiology and Medicine," Rosen Central (2004).
シャロン・バーチュ・マグレイン,『お母さん、ノーベル賞をもらう――科学を愛した 14 人の素敵な生き方』, 中村桂子 監訳, 中村友子 訳, 工作舎 (1996).
S. St. Pierre, "Gertrude Elion: Master Chemist," Rourke Pub Group (1993).

ドロシー・ホジキン

G. Ferry, "Dorothy Hodgkin: A Life," Granta Books (1998).
シャロン・バーチュ・マグレイン,『お母さん, ノーベル賞をもらう――科学を愛した 14 人の素敵な生き方』, 中村桂子 監訳, 中村友子 訳, 工作舎 (1996).
K. Thiel, "Dorothy Hodgkin: Biochemist and Developer of Protein Crystallography," Cavendish Square (2017).

ヘンリエッタ・リービット

R. Burleigh, "Look Up! Henrietta Leavitt, Pioneering Woman Astrono-

mer," S Simon & Schuster/Paula Wiseman Books (2013).
ジョージ・ジョンソン,『リーヴィット——宇宙を測る方法』, 渡辺 伸 監修, 槇原 凛 訳, WAVE 出版 (2007).

リータ・レーヴィ＝モンタルチーニ

J. Dash, "The Triumph of Discovery: Women Scientists Who Won the Nobel Prize," Julian Messner (1991).
S. T. Hitchcock, "Rita Levi-Montalcini: Nobel Prize Winner," Chelsea House (2005).
リータ・レーヴィ＝モンタルチーニ,『美しき未完成——ノーベル賞女性科学者の回想』, 藤田恒夫, 曽我津也子, 赤沼のぞみ訳, 平凡社 (1990).
シャロン・バーチュ・マグレイン,『お母さん、ノーベル賞をもらう——科学を愛した 14 人の素敵な生き方』, 中村桂子 監訳, 中村友子 訳, 工作舎 (1996).
L. Yount, "Rita Levi-Montalcini: Discoverer of Nerve Growth Factor," Chelsea House (2009).

リーゼ・マイトナー

S. Calvin, "Beyond Curie: Four Women in Physics and Their Remarkable Discoveries, 1903 to 1963," Morgan & Claypool Publishers (2017).
W. Conkling, "Radioactive!: How Irène Curie and Lise Meitner Revolutionized Science and Changed the World," Algonquin Young Readers (2018).

P. Rife, "Lise Meitner and the Dawn of the Nuclear Age," Birkhäuser (1999).
R. L. サイム，『リーゼ・マイトナー——嵐の時代を生き抜いた女性科学者』，米沢富美子 監修，鈴木淑美 訳，シュプリンガー・フェアラーク東京 (2004).

エルシー・ウィドウソン

"McCance & Widdowson: A Scientific Partnership of 60 years," ed. by M. Ashwell, British Nutrition Foundation (1993).
E. Widdowson, "All Creatures Great and Small . . . Adventures in Nutrition," The Nutrition Society (2006).

呉健雄

S. Calvin, "Beyond Curie: Four Women in Physics and Their Remarkable Discoveries, 1903 to 1963," Morgan & Claypool Publishers (2017).
R. Hammond, "Chien-Shiung Wu: Pioneering Nuclear Physicist," Chelsea House Publications (2009).
T.-C. Chiang, "Madame Wu Chien-Shiung: The First Lady of Physics Research," Translated by W. Tang-Fong, World Scientific (2013).

【わ】

【な】

【は】

【た】

【か】

索　引

■著者

キャサリン・ホイットロック　Catherine Whitlock

ロンドン大学バークベックカレッジでサイエンスコミュニケーションの学位を取得。免疫学でも博士号をもつ。現在はフリーランスのライター。英国勅許生物学者、英国免疫学会および英国サイエンスライター協会会員。ケント州にて夫と3人の子どもと暮らす。HP https://www.catherinewhitlock.co.uk/

ロードリ・エバンス　Rhodri Evans

インペリアルカレッジ・ロンドンで物理学を学んだのち、カーディフ大学で天体物理学の博士号を取得。各国の大学で講義をする。ポピュラーサイエンスの記事も多数執筆。BBCで物理学と天文学関連の番組に出演。ブログ（https://thecuriousastronomer.wordpress.com/）も充実している。

■訳者

伊藤 伸子（いとう のぶこ）

翻訳者。北海道大学農学部卒業。同大学院理学研究科修士課程修了。訳書に『物理学者たちの20世紀』（朝日新聞社、共訳）、『周期表図鑑［元素］完全理解』（ニュートンプレス）、『ヒトは食べられて進化した』『DK手のひら図鑑 ⑬　ネコ』・『DK手のひら図鑑 ⑭　元素周期表』（いずれも化学同人）ほか。

■解説

大隅 典子（おおすみ のりこ）

東北大学副学長。東北大学大学院医学系研究科教授。1985年東京医科歯科大学歯学部卒業。1989年同大学院歯学研究科博士課程修了（歯学博士）。著書・共著書に『脳の誕生　発生・発達・進化の謎を解く』（ちくま新書）、『脳からみた自閉症』『理系女性の人生設計ガイド』（いずれも講談社ブルーバックス）ほか多数。

世界を変えた10人の女性科学者
——彼女たちは何を考え、信じ、実行したか

2021年8月28日　第1刷　発行

著　者　キャサリン・ホイットロック
ロードリ・エバンス
訳　者　伊藤　伸子
解　説　大隅　典子

発行者　曽根　良介
発行所　㈱化学同人
〒600-8074　京都市下京区仏光寺通柳馬場西入ル
編集部　TEL 075-352-3711　FAX 075-352-0371
営業部　TEL 075-352-3373　FAX 075-351-8301
振替　01010-7-5702
e-mail　webmaster@kagakudojin.co.jp
URL　https://www.kagakudojin.co.jp
印刷・製本　日本ハイコム㈱

検印廃止

乱丁・落丁本は送料小社負担にてお取りかえします。

ISBN978-4-7598-2041-6